Matthias Müller

Roboter mit Tastsinn

Fortschritte der Robotik

Herausgegeben von Walter Ameling und Manfred Weck

Band 7
Ralph Föhr
Photogrammetrische Erfassung räumlicher Informationen aus Videobildern

Band 8
Bernhard Bundschuh
Laseroptische 3D-Konturerfassung

Band 9
Hans-Georg Lauffs
Bediengeräte zur 3D-Bewegungsführung

Band 10
Meinolf Osterwinter
Steuerungsorientierte Robotersimulation

Band 11
Markus a Campo
Kollisionsvermeidung in einem Robotersimulationssystem

Band 12
Jürgen Cordes
Robuste Regelung eines elastischen Teleskoparmroboters

Band 13
Guido Seeger
Selbsteinstellende, modellgestützte Regelung eines Industrieroboters

Band 14
Ralph Gruber
Handsteuersystem für die Bewegungsführung

Band 15
Wei Li
Grafische Simulation und Kollisionsvermeidung von Robotern

Band 16
Harald Rieseler
Roboterkinematik – Grundlagen, Invertierung und symbolische Berechnung

Band 17
Angelika Höfer
Steuerung der Konfiguration eines redundanten Manipulators

Band 18
Peter Kovács
Rechnergestützte symbolische Roboterkinematik

Band 19
Andreas Zabel
Werkstattorientierte Programmierung von Industrierobotern für automatisiertes Lichtbogenschweißen

Band 20
Matthias Müller
Roboter mit Tastsinn

Band 21
Andreas Meisel
3D-Bildverarbeitung für feste und bewegte Kameras

Matthias Müller

Roboter mit Tastsinn

Mit 130 Bildern und 10 Tabellen

vieweg

Die Deutsche Bibliothek – CIP-Einheitsaufnahme

Müller, Matthias:
Roboter mit Tastsinn: mit 10 Tabellen / Matthias Müller. –
Braunschweig; Wiesbaden: Vieweg, 1994
(Fortschritte der Robotik; Bd. 20)
Zugl.: Braunschweig, Techn. Univ., Diss., 1993

NE: GT

Fortschritte der Robotik

Exposés oder Manuskripte zu dieser Reihe werden zur Beratung erbeten an:
Prof. Dr.-Ing. Walter Ameling, Rogowski-Institut für Elektrotechnik der RWTH Aachen, Schinkelstr. 2, D-52062 Aachen
oder
Prof. Dr.-Ing. Manfred Weck, Laboratorium für Werkzeugmaschinen und Betriebslehre der RWTH Aachen, Steinbachstr. 53, D-52074 Aachen
oder an den
Verlag Vieweg, Postfach 58 29, D-65048 Wiesbaden.

ISBN-13: 978-3-528-06608-6 e-ISBN-13: 978-3-322-87817-5
DOI: 10.1007/978-3-322-87817-5

Wissenschaft ist ... eine Kunst,
die einen Teil ihrer Kunst
darauf verwendet, zu verbergen,
daß sie eine Kunst ist.
(Daher erscheint sie nicht
als Kunst.)

A. M. KLAUS MÜLLER
DAS UNBEKANNTE LAND [39]

Kurzfassung

In der vorliegenden Dissertation ist ein System für eine 6-achsige gemischte Positions- und Kraftregelung eines Roboters beschrieben, das am Institut für Regelungstechnik der TU Braunschweig entwickelt und aufgebaut wurde.

- Die experimentelle Realisierung umfaßt einen Gelenkroboter Manutec r3, eine modifizierte zugehörige Robotersteuerung RCM 3, ein angekoppeltes Prozessor-Netzwerk aus 4 Transputern T 800, das über einen einfachen PC bedient wird und in der Hochsprache Occam 2 programmiert ist, sowie einen am Markt erhältlichen, steif konstruierten Kraft-/Momenten-Sensor (Stahl, DMS-Technik), für den eine neue Auswerteelektronik entwickelt wurde. Gelenkebene und kartesische Ebene des Systems arbeiten einheitlich im 2-ms-Takt.
- Mit dem beschriebenen System wird die Roboter-Kraftregelung auch bei „hartem" Umgebungskontakt experimentell beherrscht. Die mechanische Kette „Roboter–Sensor-Greifer–Umgebung" darf so steif sein wie erzielbar, so daß der Roboter mechanisch das weichste Glied in der Kette ist und im Betrieb keine sichtbaren Nachgiebigkeiten auftreten. Dies ist die entscheidende Voraussetzung für Positions- und Orientierungstreue in den nicht als kraftgeregelt selektierten kartesischen Freiheitsgraden.
- Die Bedeutung der Jacobi-Matrix in der Robotik, insbesondere bei der Roboter-Kraftregelung, wird grundlegend und anschaulich dargestellt. Als fundamentale Begriffe werden hierbei das „Bahnprinzip" oder „$\mathbf{J}^{-1}$-Prinzip", das „Kraftprinzip" oder „$\mathbf{J}^{\mathrm{T}}$-Prinzip" und der „$\mathbf{J}^{-1}$,$\mathbf{J}^{\mathrm{T}}$-Konflikt" eingeführt.
- Mit vier neu entwickelten Kraftregelgesetzen werden die stets auftretenden Bewegungsphasen Heranfahren, Aufprall und Kontakthalten vereint beherrscht. Die Kraftregelgesetze tragen die Bezeichnungen $\mathbf{J}^{-1}$,$\mathbf{J}^{\mathrm{T}}$-Wechsel-Regelung, $\mathbf{J}^{-1}$,$\mathbf{J}^{\mathrm{T}}$-Kombi-Regelung, H-K-Regelung und H-K-$\mathbf{J}^{\mathrm{T}}$-Regelung. Hinzu kommt für freie Führvorgänge die $\mathbf{J}^{-1}$-Regelung.
- Eine große Zahl von Meßschrieben stellt nicht nur das Regelverhalten in einzelnen Achsen, sondern auch mehrdimensionale kartesische Kraftregelungsexperimente mit ihren Verkopplungen dar. Die Meßschriebe zu allen Bereichen der Implementierung dokumentieren zusammen mit den zugrundeliegenden Systemstrukturen einen neuen Stand bei der Systemdynamik auf dem Gebiet Roboter-Kraftregelung.

Vorwort

Die vorliegende Dissertation entstand während meiner Tätigkeit als wissenschaftlicher Mitarbeiter am Institut für Regelungstechnik der Technischen Universität Braunschweig. Ich verdanke sie zunächst dem Umstand, daß mir seinerzeit ein Ernst-von-Siemens-Promotionsstipendium verliehen wurde.

Mein besonderer Dank gilt natürlich Herrn Prof. Dr.-Ing. Dr. h.c. W. Leonhard, dem Leiter des Instituts für Regelungstechnik, der das gewünschte Forschungsthema gern aufgriff und die Arbeit mit wachsendem Interesse förderte. Durch regelmäßige Gelegenheiten zu Vorführungen der Roboterexperimente vor Institutsgästen schuf er eine kreative Atmosphäre, in der eine stetige Verbesserung der experimentellen Verwirklichungen möglich war und schließlich auch ein beeindruckender Grad an Härtung gegen „Vorführeffekte" erreicht werden konnte.

Für die Übernahme der Mitberichterstattung danke ich Herrn Prof. Dr.-Ing. H. Ulbrich vom Institut für Fertigungsautomatisierung und Handhabungstechnik.

Meinem ehemaligen Schreibtisch-Kollegen Dr.-Ing. G. Seeger, davor einmal Betreuer meiner Diplomarbeit, gilt in mehrfacher Hinsicht mein herzlicher Dank. Er erstellte anfangs die wissenschaftliche Formulierung des Forschungsthemas, gab mir in wichtigen Fragen immer verläßliche Antworten und hinterließ mir einen leistungsfähigen und funktionssicheren Robotersteuerungs-Laboraufbau. So war hier eine Weiterentwicklung auf hoher Stufe möglich. Zuletzt übermittelte er mir seine umfangreichen Erfahrungen von der Formatierung seiner eigenen Dissertation.

Allen Mitarbeitern des Instituts sei für die nette Zusammenarbeit und wichtige Tips gedankt. Gesondert danken möchte ich Herrn B. Schramm für Bauteilebeschaffungen, den Mitarbeitern der Institutswerkstatt für Qualität und Zeiten der Teileherstellung und Frau J. Stich für das Zeichnen der Bilder 2.22 und 3.4. Bei meinen inzwischen diplomierten ehemaligen Studenten B. Rechtenbach, W. Rech, A. Meister, E. Schulze und T. Jann bedanke ich mich für die hochmotivierte Mitarbeit und ihre zum Gelingen dieser Arbeit wesentlichen Beiträge.

Schließlich danke ich der Siemens AG für die Gewährung des Promotionsstipendiums der Ernst-von-Siemens-Stiftung sowie für die weitere leihweise Überlassung des von Dr. Seeger übernommenen Industrierobotersystems, die Finanzierung von Hardware-Komponenten und eines modernen PC's und für die Bereitstellung eines leistungsfähigen, komfortablen Transientenrekorders. Ohne diese Unterstützung wäre die dieser Dissertation zugrundeliegende experimentelle Forschung nicht möglich gewesen.

Cremlingen-Destedt *Matthias Müller*

Inhaltsverzeichnis

1 Einleitung

1.1 Roboter und Tastsinn

Roboter sind im Rahmen dieser Arbeit keine Science-Fiction-Geräte, sondern Industrie-Roboter. Dies sind i.a. stationär eingesetzte Handhabungsgeräte, deren Bewegungsmöglichkeiten im Großen und Ganzen denen eines einzelnen menschlichen Arms einschließlich der Hand entsprechen. Daher auch die Bezeichnung *Roboterarm*. Das Handhaben entsprechend der Funktion der menschlichen Finger wird von einem als *Greifer* bezeichneten Element auf anwendungsspezifische Weise nachgebildet. Ein Greifer wird am Ende eines Roboterarms angeflanscht; der Flansch wird hier als *Roboterhand* bezeichnet[1]. Die Art des jeweiligen Greifers ist für die *Regelung* eines Roboterarms, um die es hier geht, kaum relevant. Daher kann man den Greifer (mit oder ohne Werkstück) auch als in sich ruhende Verlängerung der Roboterhand ansehen.

Tastsinn am Roboter wird gebraucht, wenn der Robotergreifer im *Kontakt* mit der *Umgebung* arbeiten soll, während die Umgebung nicht genau festgelegt oder bekannt ist bzw. im Betrieb veränderlich ist. Da die Roboterbewegung somit nicht vollständig vorprogrammiert sein kann, muß der Roboter dann selbst sehen, wie er sich aufgrund der Tastsinn-Informationen bewegt. Der Roboter muß jeden Moment mit Eintreten eines Umgebungskontakts *(Aufprall)* rechnen und kontinuierlich auf Veränderungen des Umgebungskontakts reagieren können, während er ansonsten „im dunkeln tappt".

Die hier theoretisch betrachtete und experimentell verwirklichte Form des Begriffs „Tastsinn" umfaßt einen Kontaktkraft-Vektor und einen Kontaktmomenten-Vektor zwischen Greifer und Umgebung in einem frei wählbaren Bezugspunkt am Greifer, der z.B. der Berührpunkt sein kann. Die beiden Istwert-Vektoren lassen sich mit einem an der Roboterhand fest montierten Kraft-/Momenten-Sensor messen und über Umrechnungen bestimmen.

Tastsinn bedeutet hier also nicht eine linien- oder flächenförmige taktile Sensorik an Greiferfingern oder -backen, wie sie z.B. bei dem multisensoriellen Robotergreifer der DLR [22] verwirklicht wurde, welcher darüberhinaus neben der o.g. Kraft-/Momenten-Sensorik auch noch verschiedene entfernungsmessende Sensoren und Stereokameras enthält. Es interessiert hier *nicht* ein Tastsinn für ein

1) Je nach Zusammenhang wird hier teilweise auch der weiter außen liegende, die *Handachsen* umfassende Teil des Roboterarms unter *Roboterhand* verstanden.

geregeltes *Zugreifen* innerhalb des Robotergreifers, sondern taktile Sensorik zwischen dem Greifer und der Umgebung.

In der vorliegenden Arbeit geht es um die *Regelungstechnik* bei Robotern mit Tastsinn zu ihrer Umgebung. Bei der regelungstechnischen Verwirklichung ist ein einfacher Kraft-/Momenten-Tastsinn, wie sich zeigt, schon kompliziert genug; die vorliegende Arbeit deckt eine große Breite dieser Problemstellung ab.

1.2 Bewegungsführung von Industrierobotern

Die Möglichkeiten der Bewegungsführung von Industrierobotern kann man wie folgt systematisch nach aufsteigender Komplexität einteilen:

- Die Bewegung des Robotergreifers erfolgt ohne in Betracht zu ziehende Behinderungen **frei** im Raum und zu einem **geplanten** Ziel.
    - Die einzelnen Gelenke des Roboterarms werden abschnittsweise **unabhängig** voneinander verfahren.
    - Alle Gelenke erzeugen kontinuierlich kartesisch **koordiniert** eine geplante Positions-/Orientierungs-Trajektorie der Roboterhand.
- Die Roboterbewegung wird von einem zwischen Greifer und Umgebung wirkenden **Sensor** beeinflußt.
    - Das **Ende** einer begonnenen kartesischen Bewegung wird von einem während der Bewegung aktiven Sensor gesteuert.
    - Die Bewegung des Robotergreifers ist in einem oder mehreren Freiheitsgraden **kontinuierlich** von einem kartesischen Sensorsystem abhängig.
        - Das Sensorsystem ist ortsfest in den kartesischen **Sollwertzweig** integriert (Joystick, Sensorkugel [19]).
        - Der Sensor ist an der Roboterhand montiert und liefert Istwerte für eine **kartesische Regelung**.
            - Die kartesisch geregelte Bewegung erfolgt **berührungslos** (Abstands-/Orientierungsregelung).
            - Der Greifer bewegt sich in einem oder mehreren Freiheitsgraden mit **Umgebungskontakt** (Kraft-/Momenten-Regelung).
                - Der Umgebungskontakt findet mit einer sichtbaren **Nachgiebigkeit** statt.
                - Das System „Roboter–Sensor–Greifer–Umgebung" ist so **steif**, daß die Nutzkräfte und -momente keine sichtbaren Verformungen in der mechanischen Kette verursachen.

Der letzte Punkt stellt den interessantesten und am schwierigsten zu verwirklichenden Fall dar und ist Gegenstand dieser Arbeit. Nicht nur die Theorie, sondern auch die experimentellen Erfahrungen werden hier ausführlich dokumentiert.

1.3 Regelungstechnische Grund-Aspekte

Bei der Hinzunahme von Tastsinn gelangt man von einer Lageregelung zur Kraft-/Momenten-Regelung eines Roboters, kurz als Roboter-Kraftregelung bezeichnet. Dies bedeutet natürlich nicht, daß die Möglichkeiten der Positionsregelung nicht mehr gebraucht werden. Vielmehr sind mit Robotern zu lösende *Kraftregelungsaufgaben* dadurch gekennzeichnet, daß auf kartesischer Ebene *gleichzeitig* Positionsvorgabe oder Positionsregelung und Kraftregelung stattfinden.

Dies scheint zunächst ein Widerspruch zu sein, denn Positions- und Kraftregelung schließen sich in ein und demselben Freiheitsgrad gegenseitig aus. Während bei Positionsregelung Kräfte oder Kraftänderungen die Störgrößen darstellen, sind bei Kraftregelung die Störgrößen Positionen oder Lageänderungen.

Bei Kraftregelungsaufgaben wird daher für jeden kartesischen Freiheitsgrad separat gewählt, ob er als Positions- oder als Kraftfreiheitsgrad eingesetzt wird. Aus der dementsprechenden *gemischten Zuteilung* von Positions- und Kraftregelzielen ergeben sich die interessanten Anwendungsmöglichkeiten [37].

Kraft- oder Momentenregelung bedeutet, daß man es im Gegensatz zur Lageregelung mit Istwerten zu tun hat, bei denen physikalisch betrachtet sprungförmige Änderungen möglich sind (z.B. Aufprall). Gleichzeitig ist im Hinblick auf Anwendungen ein besonders steif konstruiertes Gesamtsystem anzustreben; dies heißt aber, daß sehr kleine Positionsänderungen bereits große Kraftänderungen hervorrufen. Außerdem ist der Umgebungskontakt *nichtlinear*, indem er nur in einem bestimmten Bereich auftritt, so daß es zu einem Wechselspiel zwischen *Andruck* und *Abheben* kommen kann.

Dies sind sehr anspruchsvolle Anforderungen im Hinblick auf die Stabilität einer Kraft-/Momenten-Regelung. Da *harte* mechanische Störungen bzw. Rückwirkungen durch Umgebungskontakt am Greifer *unverzögert* auf die Robotermechanik einwirken, hat die signalverarbeitungstechnisch bedingte Laufzeit des verwendeten Regelkreises hier einen besonders starken Einfluß auf die Stabilität und die Regelgüte.

Dies trifft zusammen mit den regelungstechnisch schwierigen Streckeneigenschaften eines Roboterarms: Der Arm ist eine *„wackelige“ Kette* aus Armteilmassen und Antriebsträgheiten mit federnden Achsen und Getrieben dazwischen. Dynamisch gesehen „reitet“ jede Roboterachse auf der vorherigen in der Kette. Selbst bei vernachlässigbarer Regelkreis-Laufzeit bleibt es hier keine leichte Aufgabe, auf harte Störungen am Ende der trägen und wackeligen Kette durch gleichzeitige Änderungen der Stellgrößen zwischen den „Kettengliedern“ richtig zu reagieren, wobei man, genauer betrachtet, nur bei jedem *zweiten* Kettenglied überhaupt eingreifen kann.

1.4 Kraftregelungsaufgaben

Bei einer gemischten Positions- und Kraftregelung werden k_F ausgesuchte kartesische Raumrichtungen kraftgeregelt betrieben, während in den übrigen $6-k_F$ Raumrichtungen kartesische Positionsvorgabe vorgenommen oder eventuell sogar kartesische Positionsregelung durchgeführt wird. Die Anzahl der kraftgeregelten Richtungen ergibt sich aus der zu lösenden Kraftregelungsaufgabe, die dadurch definiert wird, daß in einem aufgabenbezogen gewählten Zwangskoordinatensystem C (*constraint space* [37]) die kraftgeregelten Richtungen selektiert und Teilregelziele festgelegt werden, welche zusammen zu einem gewünschten Gesamtregelziel führen. Das **Bild 1.1** zeigt drei Beispiele hierfür.

Im Fall a) soll der Greifer gleichzeitig gegen drei orthogonale Wände drücken (Teilregelziele), was dazu führt, daß insgesamt die Raumecke unbekannter Position aufgefunden wird (Gesamtregelziel). Im Fall b) soll mit dem Tastkörper eine Andruckkraft auf eine unbekannte Umgebung ausgeübt werden, während gleichzeitig alle Kontaktdrehmomente zu Null auszuregeln sind. Dies entspricht dem Gesamtregelziel eines „satten" Aufliegens des Tastkörpers, auch bei unebener Oberfläche. Im Fall c) soll der fest mit einem Kurbelgriff verbundene Robotergreifer die Kurbel stets in Tangentialrichtung drehen, ohne daß mechanische Überlastungen der geometrisch nicht genau bekannten Kurbel auftreten.

Wie aus **Bild 1.1** hervorgeht, kann das Zwangskoordinatensystem C entweder umgebungs- oder greiferbezogen definiert werden und im Betrieb veränderlich sein, so daß die absoluten Richtungen für die Kraftregelung im Raum nicht unbedingt feststehen. Der Begriff *Zwangs*koordinatensystem rührt daher, daß der Robotergreifer durch den mit der Kraftregelungsaufgabe verbundenen Umgebungs-*Kontakt* bestimmter Positions-*Freiheitsgrade beraubt* wird, so daß sich in entsprechenden Richtungen eine Positions-*Einprägung verbietet*. Beim Ansatz einer Kraft-*Regelung* in jenen Richtungen kommt man ohne die i.a. schwierige Formulierung kinematischer Schließbedingungen für die geschlossene kinematische Kette aus.

Formal geschieht die Auswahl der Kraftrichtungen innerhalb eines festgelegten Zwangsdreibeins durch Besetzung einer diagonalen Selektionsmatrix ${}^{C}\mathbf{S}$ mit Nullen und Einsen (**Bild 1.1**). Die Hauptdiagonale, das sogenannte Selektionstupel, enthält die drei translatorischen vor den drei rotatorischen Elementen.

Die mit der Roboter-Kraftregelung zu erschließenden Hauptanwendungen sind:

1. Kraft-/Momenten-Überlast-Überwachung (auch im nicht kraftgeregelten Betrieb (Kollisionen); ggf. Sicherheitsabschaltung)
2. Intuitives Führen des Robotergreifers (Teach-in-Phase; frei im Raum oder unter Umgebungskontakt)

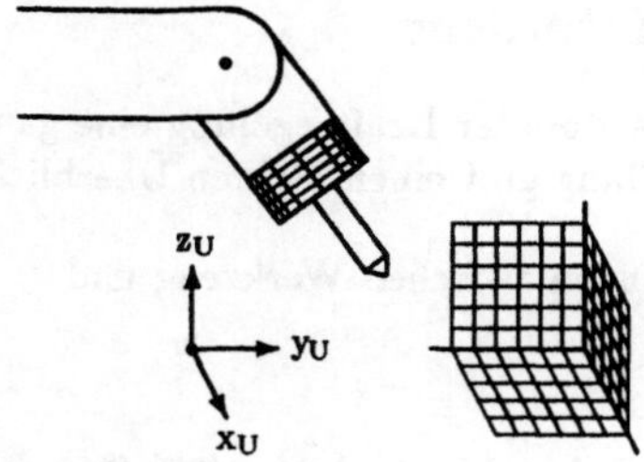

a.) Raumecke finden

C = U = const
(umgebungsbezogen, fest)

$$^{C}\mathbf{S} = \begin{pmatrix} 1 & & & & & \\ & 1 & & & 0 & \\ & & 1 & & & \\ & & & 0 & & \\ & 0 & & & 0 & \\ & & & & & 0 \end{pmatrix}$$

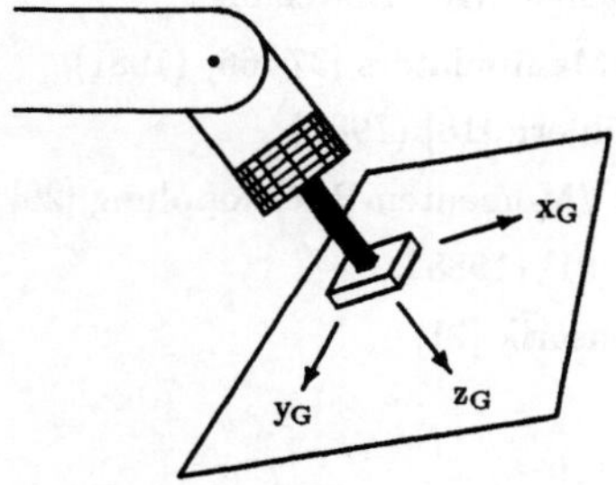

b.) Flächennormale ertasten

C = G = const
(greiferbezogen, fest)

$$^{C}\mathbf{S} = \begin{pmatrix} 0 & & & & & \\ & 0 & & & 0 & \\ & & 1 & & & \\ & & & 1 & & \\ & 0 & & & 1 & \\ & & & & & 1 \end{pmatrix}$$

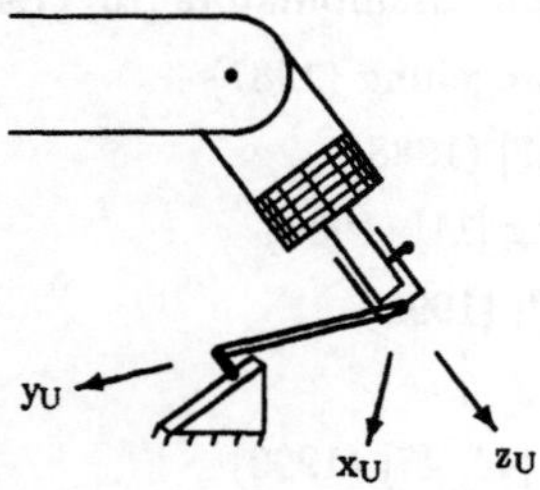

c.) Kurbel drehen

C = U = var
(umgebungsbezogen, stellungs-abhängig)

$$^{C}\mathbf{S} = \begin{pmatrix} 0 & & & & & \\ & 1 & & & 0 & \\ & & 1 & & & \\ & & & 1 & & \\ & 0 & & & 1 & \\ & & & & & 0 \end{pmatrix}$$

Bild 1.1: Konfigurierung der kraftgeregelten Richtungen:
- Wahl eines Zwangskoordinatensystems
- Selektion der Freiheitsgrade (1 $\hat{=}$ Kraft)

3. On-line-Anpassung an unbekannte Werkstückgeometrien unter Kraftschluß (z.B. Konturverfolgung unter Kraftschluß, oder z.B. Ertasten von Ebenen-Normalen)

4. Montageaufgaben (Fügeoperationen ohne Verklemmen oder Verkeilen)

5. Entgraten von Werkstücken (kraftschlüssiges Bearbeiten; z.B. periodische Fräsbewegung mit konstanter Andruckkraft, oder z.B. Steuerung der Vorschübe zur Regelung der Zerspanleistung)

6. Schleifen oder Polieren von Freiformflächen (Kombination von **3** und **5**)

1.5 Anknüpfungen an die Literatur

In der Literatur findet man zum Thema Roboter-Kraftregelung eine ganze Reihe von Benennungen. Die folgende Aufstellung gibt einen kleinen Überblick:

- Regelung kraftschlüssiger Bewegungen zwischen Werkzeug und Werkstück [84] (1987)
- Steifigkeitsregelung [73] (1980)
- Compliance and Force Control of Robot Manipulators [37] (1981)
- Compliant Motion [37] (1981, „Nachgiebige" Bewegung)
- Hybrid Position/Force Control of Manipulators [37, 66] (1981)
- Roboter mit Kraft-/Momenten-Fühlern [18] (1982)
- Sensorgeführte Roboter mit Kraft-/Momenten-Rückkopplung [20] (1985)
- Roboter mit Sensor-Rückführung [21] (1988)
- Roboter mit Kraft-/Momenten-Sensorik [21]
- Hybridregelung [23, 84] (1987)
- Trajectory and Force Control [1] (1986)
- Unified Motion and Force Control of Robot Manipulators [26] (1987)
- Robot Force Control [90], Roboter-Kraftregelung (1987)
- Concurrent Motion and Force Control [12] (1988)
- Kombinierte Positions- und Kraftregelung [11] (1989)
- Selektive Kraft- und Positionsregelung [8] (1991)
- Kraft-Lage-Regelung [48] (1991)
- Gemischte Positions- und Kraftregelung [44, 47] (1990)

Diese nicht vollständige Liste läßt bereits erkennen, daß es sehr viele Anstrengungen gegeben hat, die regelungstechnischen Probleme der Kraft-/Momenten-Rückführung bei Robotern in den Griff zu bekommen. Beispielsweise hat allein die Entwicklung von geeigneten Sensoren bei der DLR Oberpfaffenhofen etwa 15 Jahre gedauert [74, 22]. Haupt-Hemmschuh bei der Entwicklung der Roboter-Kraftregelung war das Fehlen bzw. die Unzugänglichkeit schneller Schnittstellen an industriellen Serien-Robotersteuerungen zur Ankopplung leistungsfähiger Labor-Mikrorechner, ein Problem, das von Seeger gelöst wurde bzw. gelöst werden konnte [81]. Bis dahin mußte man sich auf der experimentellen Ebene oft auf Off-line- oder Open-loop-Anwendungen des Tastsinns beschränken (z.B. Taktiles Scannen von Kanten und Oberflächen [29]).

Soll eine Roboter-Kraftregelung trotz größerer Abtast- und Laufzeiten trotzdem einigermaßen funktionieren, setzt dies — zumindest im naheliegenden Fall

einer unterlagerten Gelenk-Lageregelung — das Vorhandensein von Nachgiebigkeiten im mechanischen Aufbau voraus. Man erreicht damit dann zwar nur noch den vorletzten „Schwierigkeitsgrad“ aus Abschnitt 1.2, aber die Systemdynamik wird dadurch gutartiger, wenn auch langsamer. Diese Erkenntnis führte zur Entwicklung nachgiebig konstruierter Kraftsensoren [22].

Im Prinzip kann stattdessen auch der Roboter selbst besonders nachgiebig konstruiert werden. Dieser Fall wurde von Richter im Hinblick auf den Einsatz von Leichtbaurobotern und die mögliche Einsparung des Kraft-/Momenten-Sensors untersucht [72]. Letzteres beruht auf der Idee, die elastische Struktur des Roboters gleich anstelle eines mechanischen Kraftsensormoduls zu verwenden, da die nennenswerten Verbiegungen des Roboters ohnehin sensorisch erfaßt werden müssen, um die Greifer-Istposition überhaupt zu kontrollieren. Den beiden Vorteilen stehen jedoch einige gewichtige Nachteile gegenüber:

1. Nutzlast und Umgebungskontaktkräfte gehen in die Bahnplanung ein.
2. Ein Betrieb ohne komplizierte dynamische Modelle ist nicht möglich.
3. Kraft-Istwertsignale werden aufgrund der Massebehaftung des Arms nur quasi tiefpaßgefiltert gewonnen.
4. Das Kraftmeßprinzip unterliegt (stellungsabhängig) Singularitäten.
5. Hohe Kraftauflösung und hohe Nutzlast stellen gegenläufige Forderungen an die Elastizitäts-Auslegung des Arms.

In der vorliegenden Arbeit wird dagegen von einem steifen Roboter *und gleichzeitig* von einem steifen Kraftsensor ausgegangen. Diese Konfiguration entspricht am meisten den Gegebenheiten bzw. Anforderungen der Praxis.

Der Beitrag der Arbeit besteht nun u.a. darin, daß der *„harte Umgebungskontakt“* experimentell beherrscht wird, d.h. daß die Roboter-Kraftregelung auch bei einem so steif wie unter den gegebenen Umständen erzielbar konstruierten System „Roboter–Sensor–Greifer–Umgebung“ funktioniert. Außerdem wurden Kraftregelgesetze entwickelt, mit denen die drei Phasen *Heranfahren*, *Aufprall* und *Kontakthalten* für die gemischte Positions- und Kraftregelung vereint beherrscht werden. Für die Berechnung der hierbei auftretenden *Jacobi-Matrix* wurde ein kinematik- und koordinaten-unabhängiger Universal-Algorithmus entwickelt, der nach Ansicht des Autors immer den kürzesten Rechenweg ergibt und der daher auch stets als Ausgangspunkt für die eventuelle Ableitung kinematik- und koordinaten-spezifischer Algorithmen dienen kann. Schließlich stellt die Dokumentation durch den hohen Anteil an *Meßschrieben* eine Art experimentellen Status quo zum Thema bereit.

Einen kurzen Einblick in die Kraftregelungsexperimente gibt der Video-Zusammenschnitt [50], der Teil einer Konferenz-Videokassette des IEEE ist.

2 Kraft-/Momenten-Signalverarbeitung

2.1 Vorüberlegungen zur Kraft-/Momenten-Messung

Der in Abschnitt 1.2 zuletzt erwähnte Fall eines mechanisch besonders steif konstruierten Kraftregelungssystems ist für Anwendungen aus folgendem Grund interessant: Meistens definiert man nur einen Teil der kartesischen Freiheitsgrade als kraftgeregelt; in den übrigen Richtungen sind Positionstreue bzw. Orientierungstreue gewünscht — und zwar möglichst *unabhängig* von den aktuellen Kraftbeträgen in den *beliebig wählbaren* kraftgeregelten Richtungen.

Genauso wie für das System „Roboter“ gilt aber auch für ein System „Roboter–Sensor–Greifer“: Da das räumlich (kartesisch) resultierende passive Steifigkeitsverhalten immer wesentliche Verkopplungen aufweist und kartesische Absolutpositionen nicht gemessen werden, also auch nicht regelbar sind, liegt die einzige Lösung in der konstruktiven Annäherung an ein steifes Gesamtsystem. Denn eine nachgiebige Konstruktion „Sensor–Greifer“ macht die mit einer unnachgiebigen Roboterkonstruktion gewährleistete Positioniergenauigkeit teilweise zunichte.

Eine weitere wichtige Vorüberlegung zur Kraft-/Momenten-Regelung ist, daß Kräfte an Körpern sich sprungförmig ändern können, Lagen von Körpern sich hingegen nur stetig ändern können. Im Gegensatz zur Lageregelung treten daher bei der Kraftregelung häufig sehr steile bis sprunghafte Istwertverläufe auf. Dies gilt für kleine wie für große Amplituden. Zu den zu beherrschenden Betriebszuständen gehört auch der Aufprall beim Aufbau eines Kontakts zwischen dem steifen System „Roboter–Sensor–Greifer“ und einer starren „Umgebung“. Deshalb muß ein Kraftregelkreis für eine hohe Signalverarbeitungsgeschwindigkeit ausgelegt werden. Das bedeutet, daß Istkrafterfassung, Regelgesetz-Abarbeitung und Stellgrößenweitergabe zusammen sehr schnell erfolgen müssen.

Beim Aufbau des Kraftregelungssystems war an dem vorhandenen Manutec r3 das Problem der schnellen Stellgrößensignalübertragung bereits gelöst: Seeger [82] hatte eine Transputer-Ankopplung an die Achsregelungsrechner der Robotersteuerung RCM3 verwirklicht [81, 9], bei der im Achsregelungstakt von 2 ms neue Soll-Lagen, Vorsteuergeschwindigkeiten und Vorsteuermomente vorgegeben werden können und bereits am Beginn des nächsten oder übernächsten 2-ms-Abtastintervalls in den Stromregelkreisen zur Wirkung kommen (**Bild 2.1**).

Für die Abarbeitung aller der Achsregelung übergeordneten Aufgaben verwendete Seeger zwei Transputer [3, 81, 82]. Das vom Autor aufgebaute Kraftregelungssystem arbeitet mit vier Transputern [47, 50, 24] und bearbeitet einen vollen

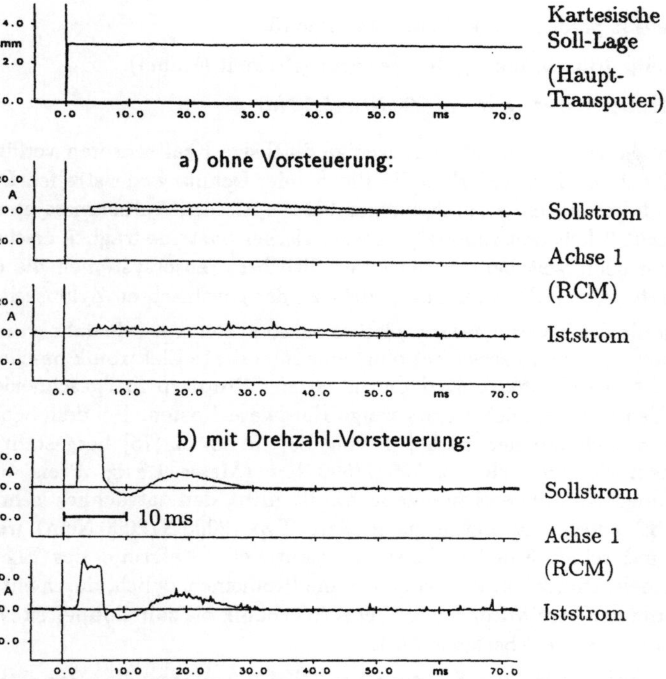

Bild 2.1: Laufzeit bei der 2-ms-Transputer-Ankopplung [81] an die Robotersteuerung RCM 3

kartesischen Regelzyklus in 2 ms, also im Takt der unterlagerten Achsregelkreise.

Aufgrund der gegebenen kurzen Ankopplungs-Laufzeit und Zyklusdauer wurde bei der Konzeption der Kraft-Istwerterfassung ebenfalls auf schnelle Signalverarbeitung Wert gelegt [43, 38].

2.2 Zugrundeliegendes 6-achsiges Sensorelement

Bei der Auswahl des Kraft-/Momenten-Sensorsystems waren folgende Kriterien wichtig:

1. Kartesisch 6-achsig messender Sensor.
2. Mechanisch steifer Sensor.
3. Konstantes Signal im statischen Lastfall.
4. Mechanischer Schutz gegen Überlastung.
5. Schnittstellenzyklus unter 2 ms.

6. Sensor passend zu Roboter Manutec r3.
7. Keine Einschränkung der Bewegungsfreiheit (Kabel).
8. Meßbereich etwa bis zu 200 N und 1 Nm.

Auf dem Markt waren 1989 nur wenige 6-achsige Kraftsensoren verfügbar. Dem Punkt 2 entsprechen Aufnehmer in Piezo- oder Dehnungsmeßstreifen(DMS)-Technik; Produkte mit einem nachgiebigen feder-optischen Aufnehmersystem scheiden aus. Punkt 3 läßt den Einsatz piezoelektrischer Systeme fraglich erscheinen. Leider paßte seinerzeit bei am Markt erhältlichen Sensorsystemen die erreichbare Sensordatenrate (z.B. 5-ms-Takt) nicht zu der gewünschten Zykluszeit.

Anstelle des Kaufs eines kompletten Sensorsystems wurde daher nur ein einzelnes passives Aufnehmerelement ohne eine integrierte Elektronik beschafft und die gesamte Auswerteelektronik dann als eigener Prototyp maßgeschneidert. Dabei entstanden nur vergleichsweise geringe Hardware-Kosten. Bei dem Sensorelement handelt es sich um den nach [74] von [83] in Lizenz [75] hergestellten Typ 3S mit einem Nennbereich von 500 N/500 Ncm (Masse 1,8 kg, Preis ≈4000 DM). Die Momenten-Meßbereichsangabe erfüllt nicht den tatsächlich sehr wichtigen Punkt 8; jedoch war der nächstgrößere Typ (2000 N/2000 Ncm) wegen seiner Größe und seiner 8-fachen Masse indiskutabel. Aufgrund des Eigenbaus der Auswerteelektronik war es aber ganz ohne Probleme möglich, durch entsprechende Auslegung der Verstärkungen die Sensormechanik bis zum doppelten Nennbereich auszunutzen, siehe Abschnitt 2.6.1.

Die Konstruktion des Sensors ist in **Bild 2.2** dargestellt. Der aktive Teil der Mechanik besteht aus zwei verschieden großen Flanschringen zur Einleitung von actio und reactio und einem Verbindungsblock, die durch 4 radiale und 4 axiale Biegebalken verbunden sind. Das Sensorelement wird mit seinem großen Basis-Flanschring an der Roboterhand befestigt und der Greiferanbau dann an den kleinen Ring angeflanscht.

Zum Schutz der Biegekonstruktion vor Überlastung dient ein massiver, über den beweglichen Flanschring gestülpter und auf dem Basisring fest aufsitzender Hohlzylinder mit 4 eingeschobenen Paßstiften, die in Bohrungen des beweglichen Flanschrings hineinragen. Nach allen Seiten verbleibt dabei durch papierdünn konstruierte Spalte nur ein kleines Spiel, das die Beweglichkeit des greiferseitigen Flansches auf den Bereich zulässiger Verformungen begrenzt.

Die 8 Biegebalken tragen 8 aktive DMS-Paare, die mit einem weiteren am Basisring quergeklebten gemeinsamen Referenzstreifenpaar zu einem DMS-Halbbrücken-Netzwerk zusammengeschaltet sind (**Bild 2.3**). Das Sensorelement liefert so 8 linear von der mechanischen Belastung abhängige Meßspannungen, die über eine lineare Abbildung auf 6 Kraftkomponenten — 3 Kräfte und 3 Momente — abgebildet werden. Die Abbildung ist eine durch einmalige Eichung bestimmte 6×8-Matrix (**Bild 2.4**), die aufgrund der orthogonalen Sensorkonstruktion theoretisch nur zu einem Drittel, im praktischen Fall aber voll besetzt ist. Im Lieferumfang des

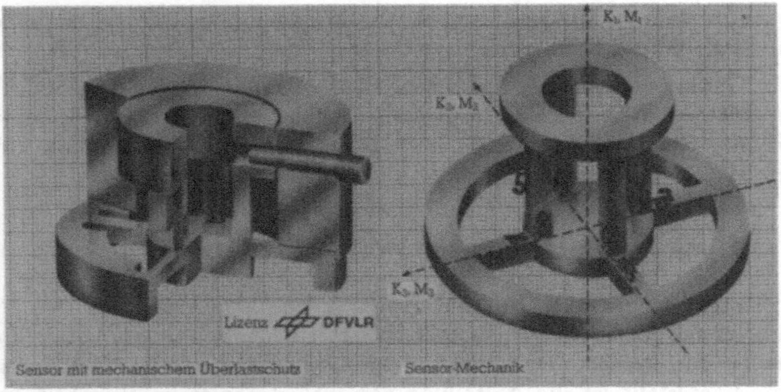

Bild 2.2: 6-achsiger Kraft-/Momenten-Sensor [83] (Lizenz DFVLR [74, 75])

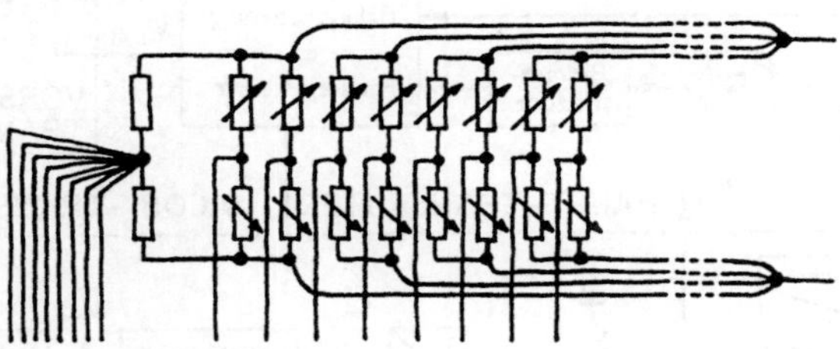

Bild 2.3: DMS-Netzwerk (8 Halbbrücken mit gemeinsamem Referenzzweig)

$$\begin{pmatrix} K_1 \\ K_2 \\ K_3 \\ M_1 \\ M_2 \\ M_3 \end{pmatrix} = \begin{pmatrix} -\alpha & o & +\alpha & o & -\alpha & o & +\alpha & o \\ o & o & o & +\beta & o & o & o & -\beta \\ o & +\beta & o & o & o & -\beta & o & o \\ o & -\gamma & o & +\gamma & o & -\gamma & o & +\gamma \\ o & o & -\delta & o & o & o & +\delta & o \\ -\delta & o & o & o & +\delta & o & o & o \end{pmatrix} * \begin{pmatrix} U_1 \\ U_2 \\ U_3 \\ U_4 \\ U_5 \\ U_6 \\ U_7 \\ U_8 \end{pmatrix}$$

$o \approx 0$

Bild 2.4: Ideale 6×8-Sensor-Matrix (zu $\frac{1}{3}$ besetzt, pro Spalte 2 Elemente)

$$\begin{bmatrix} -1347 & 43 & 12 & -13 & -46 & -2974 \\ -56 & -14 & 2248 & -2317 & -6 & -161 \\ 1168 & 14 & -50 & 33 & -3058 & 105 \\ 55 & 2352 & 150 & 2816 & -71 & -195 \\ -1185 & -4 & 15 & 25 & -159 & 2987 \\ -63 & 235 & -2272 & -2452 & -34 & 274 \\ 1195 & 17 & -4 & 19 & 3123 & 187 \\ 42 & -2186 & -111 & 2227 & 44 & 138 \end{bmatrix}$$

Bild 2.5: Reale 6×8-Sensor-Matrix (voll besetzt, transponiert abgedruckt) ohne Auswerteelektronik gekauften Sensors war die individuell bestimmte Sensor-Matrix nach **Bild 2.5** inbegriffen.

Zur Gewinnung eines auf das Sensor-Meßzentrum bezogenen augenblicklichen Kraft-/Momenten-Datensatzes sind die Augenblickswerte der 8 Meßspannungen gleichzeitig abzutasten und dann nach Übertragung in einen Rechner mit der Sensor-Matrix durchzumultiplizieren.

2.3 Struktur der Sensorsignalverarbeitung

Bei genauerer Betrachtung sind auf dem Weg von den elektrischen Signalen des Sensors bis zur Soll-Ist-Vergleichsstelle im kartesischen Kraftregelgesetz zahlreiche Stufen zu durchlaufen. Diese ganze Istwerterfassungskette ist im **Bild 2.6** zu sehen. Dargestellt ist die Aufteilung des analogtechnischen Verarbeitungsteils

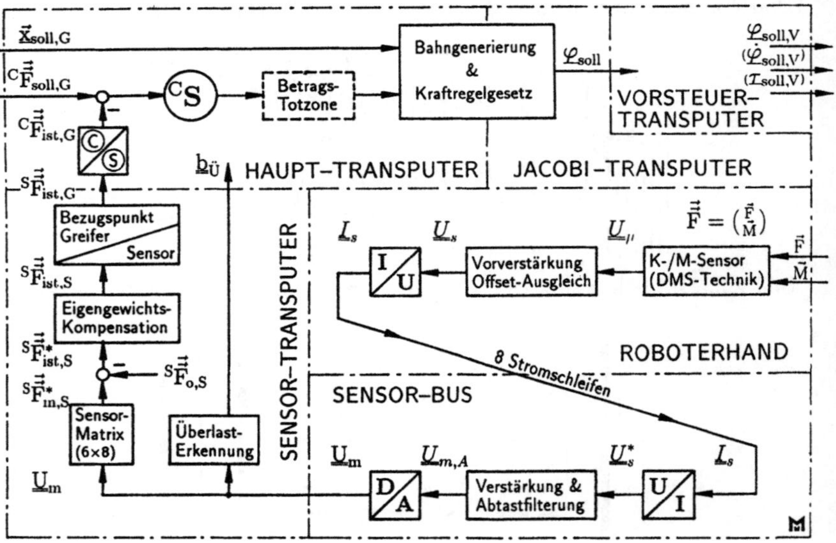

Bild 2.6: Struktur der Kraft-/Momenten-Signalverarbeitung

auf zwei räumlich getrennte Systeme („Roboterhand" und „Sensor-Bus") und die Verteilung des digitalen Teils der Sensorsignalverarbeitung auf zwei Transputer („Sensor-Transputer"und „Haupt-Transputer") eines 4-Transputer-Netzwerks.

Die DMS-Brückenspannungen des Sensors sind sehr schwache Signale: Ein Inkrement bei der späteren 12-Bit-A/D-Umsetzung entspricht hier nur ungefähr einem Mikrovolt. Die 8 Sensorspannungen werden daher zuerst in einem in der Nähe des Sensors auf der Roboterhand angebrachten Kasten etwa um den Faktor 1000 vorverstärkt, in 8 Stromschleifensignale umgesetzt und so in einem am

Roboterarm entlang verlegten mehradrigen Kabel zum Rechneraufbau übertragen. An jedem Gelenk befinden sich ausreichende Schlaufen im Kabel, so daß die volle Beweglichkeit des Roboters erhalten bleibt (**Bild 2.7**). Das im Inneren des Roboters verlegte „Kunden-Kabel" wurde nicht verwendet, da dessen begrenzte Polzahl eine Aufteilung in verdrillte Litzenpaare für die Stromschleifen nicht ermöglicht hätte.

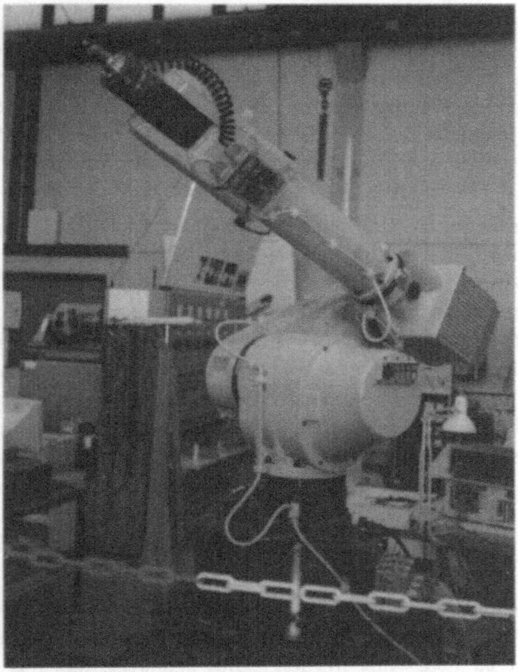

Bild 2.7: Roboter „Manutec r3" mit Kraft-/Momenten-Sensor, Vorverstärkungseinheit und außen verlegtem Stromschleifenkabel

Im Rechneraufbau werden die 8 Schleifenströme wieder als Spannungen dargestellt, nachverstärkt und für die nachfolgende Abtastung analog gefiltert. Nach Umsetzung über 8 gleichzeitig arbeitende 12-Bit-A/D-Wandler werden die Signale in Gestalt von 16 Bytes über ein Transputer-Link dem Sensor-Transputer zugeführt. Vom Sensor bis zu den A/D-Wandlern ist die Analogelektronik für alle 8 Kanäle symmetrisch aufgebaut. Diese Verachtfachung verlangt, den analogen Schaltungsaufwand möglichst gering zu halten; jedoch braucht davon nur der erste — die störsichere Übertragung garantierende — Teil sich in dem Kasten am Roboterarm zu befinden (**Bild 2.7**).

Im Sensor-Transputer erfolgen zunächst die Durchmultiplikation der Meßspannungen mit der Sensor-Matrix und eine von den sensorelektrischen und mechanischen Anfangsbedingungen abhängige Software-Nullkorrektur. Damit stehen die im Sensor-Meßzentrum gemessenen Istkräfte in Sensorkoordinaten zur Verfügung. Anschließend muß nun der durch räumliche Orientierungsänderungen des Sensors modulierte Signalanteil aufgrund des Eigengewichts von Greiferanbau und dem greiferseitigen Teil der Sensormechanik (kleiner Flanschring) rechnerisch kompensiert werden, damit das Kraftsignal nur noch die von außen auf das System wirkenden Kräfte beinhaltet. Hierfür genügt ein statisches Lastmodell. Danach wird das Kraftsignal so modifiziert, daß es einer virtuellen Verlagerung des Sensor-Meßzentrums in den kinematisch frei wählbaren Greiferbezugspunkt (Werkzeugbezugspunkt) gleichkommt. Der Sensor-Transputer liefert somit das kartesische Signal eines virtuellen gewichtslosen und punktförmig im Greiferbezugspunkt angeordneten Kraft-/Momenten-Sensors — allerdings noch in Sensorkoordinaten.

Während dieser zur Gewinnung der Istkraft erforderlichen Umrechnungen kann der Haupt-Transputer die Abarbeitung des Kraftregelgesetzes noch nicht beginnen, weil die Istkraft ja noch fehlt. Diese Zeit kann jedoch dazu genutzt werden, die Drehtransformation des Istkraftvektors aus den Sensorkoordinaten S in das Zwangskoordinatensystem C [37] vorzubereiten, in dessen Koordinatenrichtungen die Kraftregelungsaufgabe definiert ist und das Kraftregelgesetz gerechnet wird. Die Abbildungsmatrix der Drehtransformation hängt i.a. nichtlinear von allen Robotergelenkstellungen ab und ändert sich damit laufend, aber für die abzubildenden Kräfte ist es eine lineare Abbildung, also von den abzubildenden Größen selbst unabhängig. Damit kann die gesamte Rechenarbeit zur *Bereitstellung* der Matrix bereits durchgeführt werden, bevor die damit abzubildenden Richtungsvektoren bekannt sind (Parallelarbeit von Haupt-Transputer und Sensor-Transputer, siehe Abschnitt 2.5.6).

Die kartesische Kraftregelabweichung wird im Haupt-Transputer formal mit der diagonalen Selektionsmatrix ${}^{C}\mathbf{S}$ multipliziert, deren Diagonalelemente entweder zu 0 oder zu 1 gewählt werden. Dies bedeutet, daß das Kraftregelgesetz nur in gewählten kraftgeregelten Richtungen aktiv ist. Das Fehlen einer komplementären Matrix $(\mathbf{E}-{}^{C}\mathbf{S})$ besagt dagegen, daß auch in kraftgeregelten Richtungen eine Positions-Einprägung erlaubt ist. Diese Asymmetrie beruht darauf, daß kartesisch bei den Positionen und Orientierungen i.a. keine *Regelung*, sondern nur eine *Vorgabe* mit daraus resultierender Bahngenerierung vorgenommen wird.

Im folgenden werden die einzelnen Stufen des analogen und des digitalen Systemteils detailliert beschrieben.

2.4 Analoger Systemteil

Die Stufen Vorverstärkung, Offset-Ausgleich und die Spannungs-Stromschleifen-Umsetzung sind zusammen mit der Spannungsversorgung des Sensor-DMS-Netz-

werks auf der erwähnten in Sensornähe am Roboterarm montierten Platine untergebracht, die im Hinblick auf die Stromschleifenübertragung als „Sendekarte“ bezeichnet werden soll. Dementsprechend sind die Stufen Stromschleifen-Spannungs-Umsetzung, Nachverstärkung und Abtastfilterung auf einer Platine namens „Empfangskarte“ zusammengefaßt.

2.4.1 Sendekarte

Die Schaltung der Sendekarte ist in **Bild 2.8** in auf einen Kanal reduzierter Form wiedergegeben. Stützkondensatoren für die Versorgungsspannungen sind nicht dargestellt.

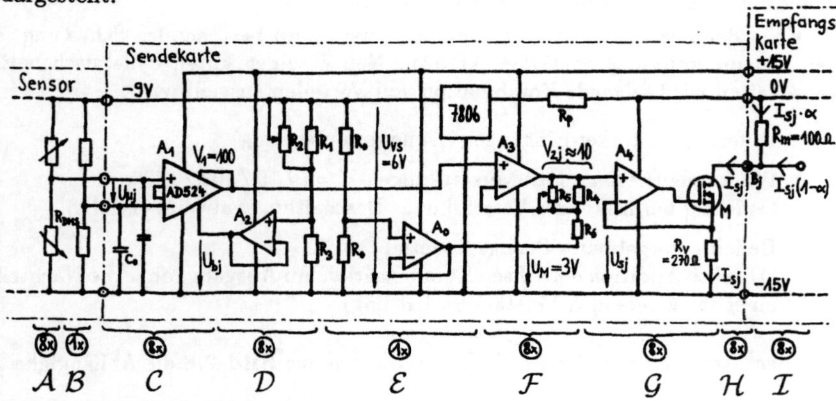

Bild 2.8: Sendekarte: Vom DMS-Signal zum Stromschleifensignal (1 Kanal)

Für die einzelnen Stufen der Schaltung, gekennzeichnet durch Großbuchstaben am unteren Bildrand, ist jeweils angegeben, ob sie kanalweise, also achtfach parallel, oder insgesamt nur einmal vorhanden sind. Die Stufen haben die folgenden Funktionen:

$\mathcal{A}$: Signal-DMS-Paar

$\mathcal{B}$: Referenz-DMS-Paar

$\mathcal{C}$: Differenz-Vorverstärkung $V_1 = 100$

$\mathcal{D}$: Offset-Ausgleich durch individuelles Bezugspotential U_{bj}

$\mathcal{E}$: Lokale Versorgung $U_{VS} = 6\,V$ und Referenz $U_M = 3\,V$

$\mathcal{F}$: Nachverstärkung $V_{2j} \approx 10$

$\mathcal{G}$: Spannungs-Stromschleifen-Umsetzung $\frac{1}{R_V}$

$\mathcal{H}$: Stromschleifen

$\mathcal{I}$: Spannungsabfälle an Meßwiderstand R_m

Bei der Konzeption der Schaltung war von zentraler Bedeutung, daß das DMS-Netzwerk des Sensors im unbelasteten Zustand erhebliche Offset-Signalspannungen $U_{\mu oj}$ aufweist. Unter den 8 Kanälen kommt hier als maximaler Betrag das Dreifache des vollen einseitigen Nutzsignalhubs vor; problemlos sind jedoch nur Beträge bis zum einfachen Hub. Da der Offset mitverstärkt wird, kann unter diesen Umständen der Offset-Ausgleich außerdem nicht erst am Ende der Vorverstärkung (unmittelbar vor der Stromschleifen-Umsetzung) erfolgen, wenn man aus Gründen des Signal-Rausch-Abstands den vollen Hub der Stromschleife ausnutzen will. Aus diesen beiden Gründen findet sich keine Lösung, die auf einem einzigen beschalteten marktgängigen Spezialbaustein beruht. Die Sendekarte muß daher aus diskreten Stufen aufgebaut werden.

Kern der nur aus nichtinvertierenden Verstärkern bestehenden Schaltung ist der Instrumentierungsverstärker AD 524. Neben seinen guten dynamischen Eigenschaften wird folgende Kombination von Vorteilen ausgenutzt:

1. Differenzverstärker-Eingänge (Grundvoraussetzung)
2. Pin-konfigurierbare Fest-Verstärkungen V = 1 / 10 / 100 / 1000
   (Wichtig bei Mikrovolt-Verstärkung. Beschaltungsaufwand entfällt)
3. Beliebig vorgebbares Bezugspotential
   (Direkte Addition der Offset-Kompensation am Ausgang, ohne die Nachteile einer invertierenden Verstärkerschaltung)

Für den Strom I_{sj} der Stromschleife j ergibt sich aus **Bild 2.8** die Abhängigkeit :

$$
\begin{aligned}
I_{sj} = \frac{1}{\mathrm{R_V}} U_{sj} &= \frac{1}{\mathrm{R_V}} \left\{ \mathrm{U_M} + \mathrm{V_{2j}} \left[(\mathrm{U_{bj}} + \mathrm{V_1} U_{\mu j}) - \mathrm{U_M} \right] \right\} \\
&= \frac{\mathrm{V_1 V_{2j}}}{\mathrm{R_V}} U_{\mu j} + \left[\mathrm{V_{2j}} \frac{\mathrm{U_{bj}} - \mathrm{U_M}}{\mathrm{R_V}} + \frac{\mathrm{U_M}}{\mathrm{R_V}} \right]
\end{aligned}
$$

Die in den Strom I_{sj} der (4...20 mA)-Stromschleife j umzusetzende Ausgangsspannung U_{sj} liegt dabei in folgendem Wertebereich:

$$
U_{sj} = \begin{cases} 5,40\,\mathrm{V} & \text{bei} \quad I_{sMax} = 20\,\mathrm{mA} \\ 3,24\,\mathrm{V} & \text{bei} \quad I_{sMed} = 12\,\mathrm{mA} \\ 1,08\,\mathrm{V} & \text{bei} \quad I_{sMin} = \ \ 4\,\mathrm{mA} \end{cases}
$$

Dies setzt Operationsverstärker voraus, bei denen für Signalspannungen bis zu 1 Volt an die Versorgungsspannungen heran noch Linearität gegeben ist. Verwendet wurde für A_0 und die A_2, A_3 und A_4 einheitlich der Typ LT 1001. Von diesem Einfach-Operationsverstärker sind insgesamt $1 + (8 \times 3)$, also 25 Stück, auf der Sendekarte angeordnet. Im Falle einer platzbedingten Zusammenfassung von Einzelverstärkern zu Vierfach-OP-Bausteinen ist zu beachten, daß die Verstärker A_4 als einzige ein anderes oberes Versorgungspotential besitzen und daher

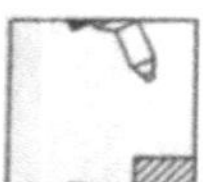

nicht mit den anderen Verstärkern gemischt gruppiert werden können. Das reduzierte Versorgungspotential gewährleistet, daß die MOSFET's M (BSS 98) bei den in der Abgleichphase auftretenden Übersteuerungen der Schaltung nicht durch Gate-Überspannungen zerstört werden können.

2.4.2 Empfangskarte

Das **Bild 2.9** zeigt den Schaltplan der Empfangskarte nach demselben Muster wie bei der Sendekarte. Die dort begonnene stufenweise Aufzählung der Schaltungs-

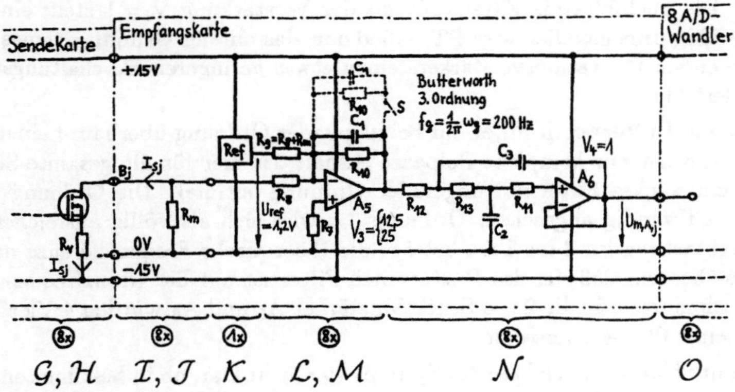

Bild 2.9: Empfangskarte: Ab Stromschleifensignal bis zur A/D-Wandlung (1 Kanal)

funktionen wird hier fortgesetzt:

$\mathcal{J}$: Stromquelle mit Innenwiderstand R_m

$\mathcal{K}$: Referenzspannungsquelle $U_{ref} = 1{,}2$ V für die Signal-Symmetrierung

$\mathcal{L}$: Addition von U_{ref} für unipolar-bipolar-Symmetrierung jedes Eingangssignals

$\mathcal{M}$: PT_1-Filter mit umschaltbarer Verstärkung V_3 (bei gleicher Zeitkonstante)

$\mathcal{N}$: PT_2-Filter (komplexes Polpaar) mit Verstärkung $V_4 = 1$

$\mathcal{O}$: 8 parallele A/D-Umsetzer

Der Meßwiderstand R_m zum „Empfang" des Stromschleifensignals bildet zusammen mit der durch die (−15 V)-Versorgungsspannung getriebenen Stromschleife eine reale Stromquelle mit dem Innenwiderstand R_m, die gemäß **Bild 2.10** einer realen Spannungsquelle mit negativer Signalspannung äquivalent ist. Deren negativer Mittelwert wird zunächst durch die Addition einer entgegengesetzt gleichen Konstantspannung (Baustein LM 10) kompensiert. Der Innenwiderstand R_m der äquivalenten Spannungsquelle bildet einen Teil des Eingangswiderstands R_9 des nachfolgenden invertierenden Operationsverstärkers A_5, mit dem in einer Stufe

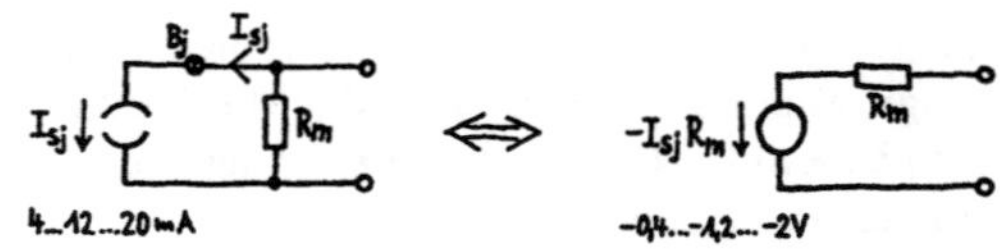

Bild 2.10: Stromschleife und Meßwiderstand als Strom- oder Spannungsquelle

der Addierer zur Signal-Symmetrierung und ein Einzelpol für ein Butterworth-Abtastfilter [85] ungerader Ordnung realisiert werden und der dabei auch gleich die aus der Stromschleifen-Schaltung resultierende Signalinvertierung wieder kompensiert. Die nachfolgende Filterstufe mit der Verstärkung $V_4 = 1$ stellt ein schwingungsfähig dimensionierbares PT_2-Glied dar, das auf der Grundlage eines nichtinvertierenden Operationsverstärkers einen etwas geringeren Beschaltungsaufwand erfordert [85].

Da ein Butterworth-Filter nur bei ungerader Ordnung überhaupt einen Einzelpol und sonst nur komplexe Polpaare enthält, ist hier für die gesamte Schaltung stets ein solches Filter mit ungerader Ordnung optimal. Die Ordnung 5 wurde als zu aufwendig angesehen; Ordnung 3 erwies sich als völlig ausreichend. Für eine Abtastung im 2-ms-Takt beträgt die theoretische Frequenzgrenze nach dem Abtasttheorem 250 Hz; das Butterworth-Filter ist auf die Grenzfrequenz 200 Hz dimensioniert. Für die 2×8 Stück Verstärker A_5 und A_6 wurden 4 Vierfach-OP-Bausteine TL 084 eingesetzt.

In der Konzeptionsphase des Systems war nicht klar, ob in bestimmten Anwendungsfällen eine feinere Auflösung der Kraftsignale wichtiger sein könnte als die Abdeckung des vollen Meßbereichs. Aus diesem Grunde wurde die Verstärkung des Analogsystems umschaltbar ausgeführt. Nach **Bild 2.11** führt eine Vergrößerung der Hardware-Verstärkung um den Faktor V_{HW}, die nach der A/D-Umsetzung mit einem reziproken Software-Kompensationsfaktor V_{SW} natürlich wieder korrigiert werden muß, zu einer gespreizten Abbildung des analogen Signalbereichs auf die nichtlineare Wandlerkennlinie und damit am Ende zu einem verkleinerten,

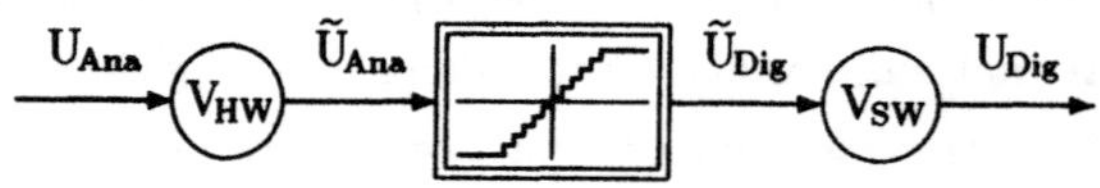

Bild 2.11: Steigerung der Auflösung bei Verkleinerung des digitalen Meßbereichs

aber feiner aufgelösten digitalen Meßbereich. Durch Betätigung des durch einen Satz Reed-Relais verkörperten Schalters S im **Bild 2.9** kann zwischen zwei Fällen gewählt werden:

$$V_{HW} \cdot V_{SW} = \begin{cases} 1 \cdot 1 & \text{für normale Auflösung} \\ 2 \cdot 0,5 & \text{für doppelte Auflösung} \end{cases}$$

Da es sich um eine Meßschaltung handelt, wurden im Hinblick auf den Leitwert keine Halbleiterschalter eingesetzt; die Reed-Relais (Bauform DIL, 2 Schließer)

sind durchaus auch sehr kompakt.

Im praktischen Einsatz des Systems hat sich gezeigt, daß unter den Einsatzbedingungen des Kraftsensors die Möglichkeit der feineren Auflösung gar nichts einbringt (siehe **Bild 2.17**, Seite 24) und daher die — in **Bild 2.9** gestrichelt gezeichnete — Umschalt-Option weggelassen werden kann. Gleichwohl sind etwaige Meßbereichsanpassungen in entsprechender Weise an dieser Stelle der Schaltung vorzunehmen.

2.4.3 Abgleich des Analogsystems

Nimmt man die mit dem Kraftsensor gelieferte Sensor-Matrix als endgültig gegeben an, so muß sichergestellt sein, daß vom Sensorstecker bis zu den A/D-Wandlern alle 8 Kanäle mit der gleichen Analogverstärkung arbeiten. Trifft dies zu, fehlt nur noch ein durch ein paar Testbelastungen zu ermittelnder Software-Eichfaktor, der zur gewählten Sensorversorgungsspannung proportional ist, um mit der Sensor-Matrix die Kräfte und Momente in N und Ncm zu erhalten. Damit die Rechnung mit der Sensor-Matrix nicht nur im statischen, sondern auch im dynamischen Fall gültig ist, ist ein Abgleich der Verstärkung nicht ausreichend; es müssen die Sprungantworten der 8 Butterworth-Abtastfilter deckungsgleich sein.

Der Abgleich des Analogsystems „Sensor–Sendekarte–Empfangskarte" findet kanalweise in den folgenden Schritten statt. Die Eingriffe hierzu erfolgen jeweils an nur einer Stelle im System für die ganze Kette, wobei alle zum Abgleich dienenden Bauteile über Steckfassungen eingebracht werden:

I. Grob-Offset-Abgleich durch eine individuell zu findende Festwiderstandspaarung R_1, R_3 (Sendekarte)

II. Verstärkungsabgleich am Spindelpotentiometer R_5 (Sendekarte)

III. Fein-Offset-Abgleich am Spindelpotentiometer R_2 (Sendekarte)

IV. Anstiegszeit-Anpassung mit Parallelkondensator zu C_2 (Empfangskarte)

V. Überschwinger-Anpassung mit Parallelkondensator zu C_3 (Empfangskarte)

Punkt I ist erforderlich, um jeden Kanal überhaupt erst in einen Zustand ohne Übersteuerung zu bringen. Darüberhinaus ist es jedoch wichtig, dem Nullpunkt schon recht nahe zu kommen (max. 10 % Abweichung), damit der Einfluß des 20-gängigen Spindelpotentiometers R_2 später nur noch gering ist und der Abgleich damit auch erschütterungssicher wird. Die Festwiderstände sollten aus Gründen des Rauschens möglichst niederohmig sein und werden im Bereich $0,75 \ldots 2\,\mathrm{k}\Omega$ gewählt. Hier eine geeignete Paarung zweier Festwiderstände zu finden, gelingt weder mit der Widerstandsreihe E12 noch durch bloßes Probieren.

Stattdessen müssen ausgehend von einer ersten Einstellung ohne Übersteuerung der abzulesende Ausgangs-Offset $U_{m,A,o}$ verstärkungsmäßig auf das Offset-

Ausgleichspotential zurückgerechnet werden (ΔU_b), dementsprechend ein neu gewünschtes Spannungs-Teilverhältnis x bestimmt werden und dieses in ein zu findendes Widerstandsverhältnis R_a/R_b umgerechnet werden:

$$\Delta U_b \approx \frac{1}{50}\, U_{m,A,o}$$

$$x_u = \frac{R_b}{R_a + R_b} \qquad \text{Spannungs-Teilverhältnis}$$

$$\Longleftrightarrow \quad \left(\frac{R_a}{R_b}\right) = f\,(x_u) = \frac{1 - x_u}{x_u} \qquad \text{Widerstandsverhältnis}$$

Das gesuchte Widerstandsverhältnis muß dann wegen der nur einseitigen Feinabgleichmöglichkeit in einem einseitigen Toleranzband von 100 % bis max. 103 % gefunden werden. Im Falle von Einzel-Steckplätzen für R_a und R_b gelingt dies nur mit der E24-Widerstandsreihe unter Einbeziehung von Exemplarstreuungen.

Die zum Verstärkungs-Feinabgleich nach Punkt II erforderlichen definierten Signalsprünge auf den einzelnen DMS-Kanälen können nur dadurch hervorgerufen werden, daß sie von einer elektrischen Testschaltung injiziert werden. Dazu wird an der Schnittstelle zwischen Sensor und Sendekarte ein „Kalibrieradapter“ eingefügt, der die Schaltung nach **Bild 2.12** enthält:

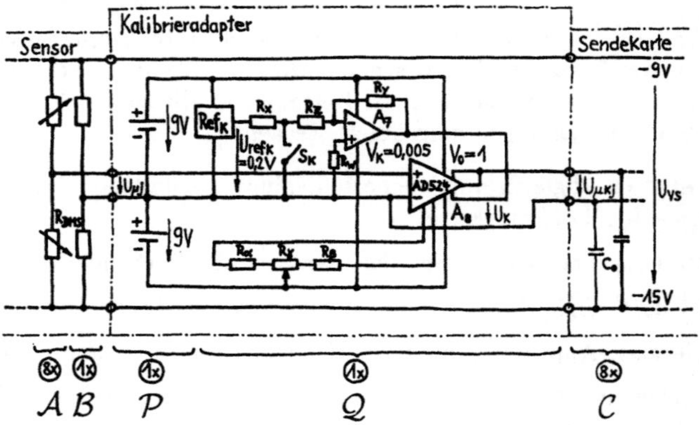

Bild 2.12: Kalibrieradapter: Aufschaltung eines Testsprungs auf ein DMS-Signal

$\mathcal{P}$: Versorgung durch Batterien (Einfachste Lösung bei den engen Potentialverhältnissen ohne belastbares Mittenpotential)

$\mathcal{Q}$: Injektion eines 1-mV-Testsprungs U_K:

$$U_{\mu Kj} = U_{\mu j} + U_K \quad , \qquad U_K = \begin{cases} 0 & \text{wenn } S_K \text{ geschlossen} \\ -1\,\text{mV} & \text{wenn } S_K \text{ offen} \end{cases}$$

Das aufzuschaltende 1-mV-Testsignal U_K wird in der Schaltung durch „Verstärkung“ einer Referenzspannung $U_{ref\,K} = 0{,}2$ V mit dem Faktor 0,005 erzeugt (Baustein LM 10). Die Einspeisung erfolgt wieder vorteilhaft mit einem — diesmal

auf Verstärkung 1 konfigurierten — Instrumentierungsverstärker AD 524. Durch eine größere Anzahl von Steckbrücken auf dem Kalibrieradapter kann die Testschaltung nacheinander auf jedem der 8 DMS-Kanäle zwischengeschaltet werden, während gleichzeitig die übrigen 7 Kanäle direkt durchzuverbinden sind, damit die übrigen Schaltungsteile nicht übersteuern (wichtig wegen der kanal-übergreifenden Vierfach-OP-Bausteine). Beim Verstärkungsabgleich werden die durch Betätigung des Kalibrieradapter-Schalters S_K erzeugten Sprünge auf der oszillographierten Empfangskarten-Ausgangsspannung $U_{m,A,j}$ des Kanals j auf ein für alle Kanäle einheitliches Maß gebracht, $|\Delta U_{m,A,j}| \stackrel{!}{=} U_{m,A,K} \approx 5\,V$.

Der Abgleichschritt Punkt III ist selbsterklärend. Wegen des Einflusses des Sensor-Eigengewichts auf die Signale muß dabei von einer definierten räumlichen Orientierung des Sensors ausgegangen werden.

Die Maßnahmen IV und V, die zur Vereinheitlichung der Filtersprungantworten dienen, sind im Zusammenhang mit der Basis-Dimensionierung der Filterbeschaltung zu betrachten (**Bild 2.9**).

Im Gegensatz zur Sendekarte sind auf der Empfangskarte für verschiedene Beschaltungselemente zwei Bestückungsplätze erforderlich, die entsprechend dem Summenwiderstand bzw. der Summenkapazität verschaltet sind, so daß die berechneten Werte genauer zu treffen sind. Dies gilt für die Elemente R_9, R_{10}, C_1 und C_2, C_3, R_{12}, R_{13}. Da Kondensatorwerte nur in E6-Staffelung verfügbar sind, beläßt man es bei C_2 und C_3 bei einem Grobwert, stellt die Nennwerte für die RC-Kombinationen anhand von je zwei Elementen für R_{12} und R_{13} ein und führt zuletzt die Einschwing-Anpassungen unter Ausnutzung der Parallelsteckplätze zu C_2 und C_3 durch. Bei der Einstellung der Einzelpol-Zeitkonstante steht R_{10} nicht zur Disposition, da dieser Wert bei der Dimensionierung der Verstärkung bereits festgelegt wurde. Hier wird lediglich der rechnerische Wert für C_1 mit den zwei vorgesehenen Teilelementen angenähert; ein Abgleich ist beim Einzelpol unwichtig. Für die Anpassung der einen oder anderen Filtersprungantwort an den Durchschnitt von allen 8 Kanälen genügen die Eingriffe nach **Bild 2.13**.

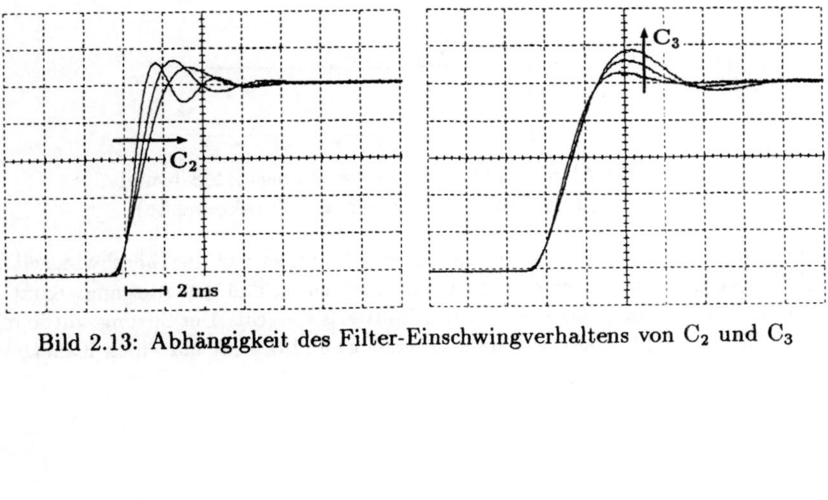

Bild 2.13: Abhängigkeit des Filter-Einschwingverhaltens von C_2 und C_3

Mit einem Speicheroszilloskop werden die Einschwingverläufe der Kanäle übereinander dargestellt, so daß erkennbar wird, bei welchen Kurven noch etwas korrigiert werden muß. Ziel ist eine Deckungsgleichheit aller 8 Verläufe nach Augenmaß.

Dieser Filterabgleich kann auch nur mit der Empfangskarte allein durchgeführt werden, wenn man an die Stromschleifeneingänge eine einfache — z.B. batteriebetriebene — Testschaltung anschließt, mit der zwischen zwei verschiedenen eingeprägten Gleichströmen hin- und hergeschaltet wird.

2.4.4 Dynamik des Analogsystems

Die dynamischen Eigenschaften der vorgestellten Systems werden nun anhand einiger Plots demonstriert. In **Bild 2.14** ist die kontinuierliche Sprungantwort des Butterworth-Filters zu sehen, dagegen in **Bild 2.15** die Sprungantwort der

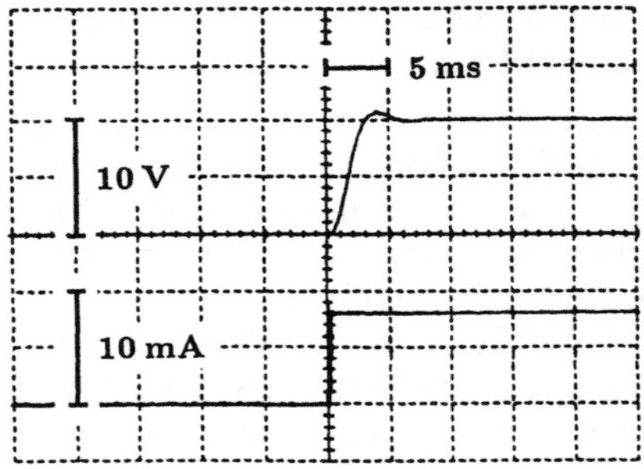

Bild 2.14: Sprungantwort des Butterworth-Filters (Empfangskarte, 1 Kanal)

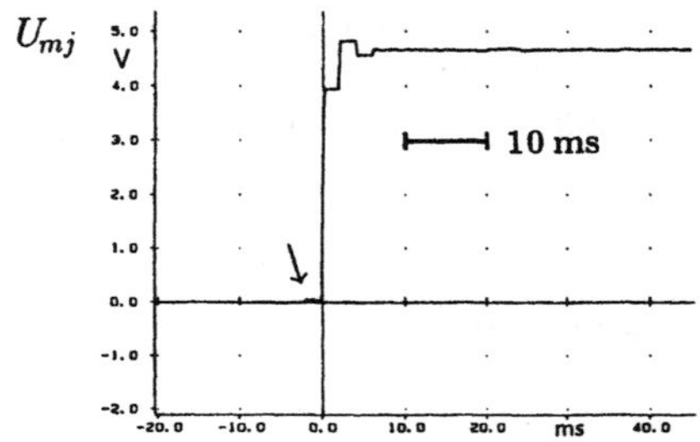

Bild 2.15: Abgetastete Sprungantwort eines DMS-Kanals
(2-ms-Takt, Testsprung ≈ 1000 Inkremente)

ganzen analogen Systemkette in abgetasteter Form, so daß die Einschwingzeit in Relation zum Abtastraster erkennbar ist. Man sieht, daß das Ausgangssignal in nur einem 2-ms-Schritt bereits 80 % des Endwerts erreicht. Der Sprung wurde mit dem Kalibrieradapter, also synthetisch, erzeugt und betrifft nur einen Kanal.

Dagegen wurde Bild 2.16 mit einem experimentellen Kraftsprung aufgenommen — erzeugt durch Kappen eines dünnen Drahtes, mit dem eine Masse von 4,2 kg am Sensor aufgehängt war. An der Kurve a) sind nun nach Maßgabe der Sensor-Matrix alle 8 Kanäle beteiligt, davon wesentlich 4 Kanäle. Außerdem leistet die „bewegliche" Eigenmasse des Sensorsystems (kleiner Flanschring 0,3 kg plus externer Tastspitzenanbau 0,2 kg) im Lastversuch einen Beitrag zur Dynamik, da diese Massenbehaftung dem Kraftsensor Beschleunigungsaufnehmer-Eigenschaften verleiht. Die Kurve b) zeigt zeitgleich eines der Stromschleifensignale, das wegen seines hohen Gleichanteils nur über das Hochpaß-Eingangsfilter des Oszilloskops aufgenommen werden konnte (AC-Mode). Das Rauschen dieses Signals, das z.T. auch durch den Meßaufbau bedingt ist, ist so hochfrequent, daß es vom Abtastfilter praktisch vollständig gedämpft wird.

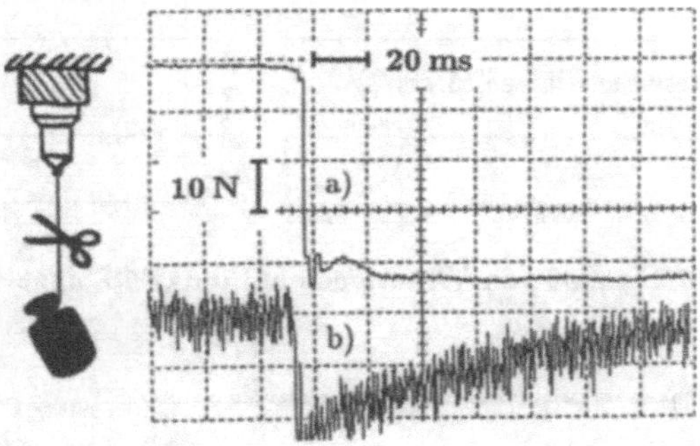

Bild 2.16: Abschneiden einer Versuchslast: a) z-Komponente Kraft (2-ms-Takt)
b) Schleifenstrom j (AC-Mode)

Beispielhaft für das System ist in **Bild 2.17** für einen Kanal das Ruhe-Rauschen zusammen mit den Vibrationseinflüssen aufgrund der erwähnten Beschleunigungsaufnehmer-Eigenschaften dargestellt. Letztere sind unvermeidbar; abgesehen von der greiferseitigen Sensormasse werden sie allein schon durch den individuellen Greiferanbau verursacht. Dabei wirkt sich aufgrund der Empfindlichkeit für Drehmomente neben der Masse des Anbaus insbesondere auch dessen Schwerpunktabstand zum Sensormeßzentrum aus (hier 38 mm). Die Verläufe sind in der Parkstellung des Roboters (**Bild 2.7**) aufgenommen und zeigen ausgehend von völliger Ruhe im Labor → a), wo nur das unterste Bit wackelt, daß sich bereits die Vibrationen der Ventilatoren der Robotersteuerung → b) ein wenig auf das Sensorsignal auswirken. Sehr deutlich macht sich dann das Vibrieren des Roboterarms aufgrund eingeschalteter, aber noch auf Stillstand geregelter Antriebe bemerkbar → c), während dies beim kartesischen Fahren, also bei Bewegung aller 6 Antriebe, extrem sichtbar wird → d). Die Gegenüberstellung der Verläufe für doppelte und für normale Auflösung macht deutlich, daß eine Option für doppelte Auflösung zusammen mit dem Roboter keine Vorteile bringt. Hierauf

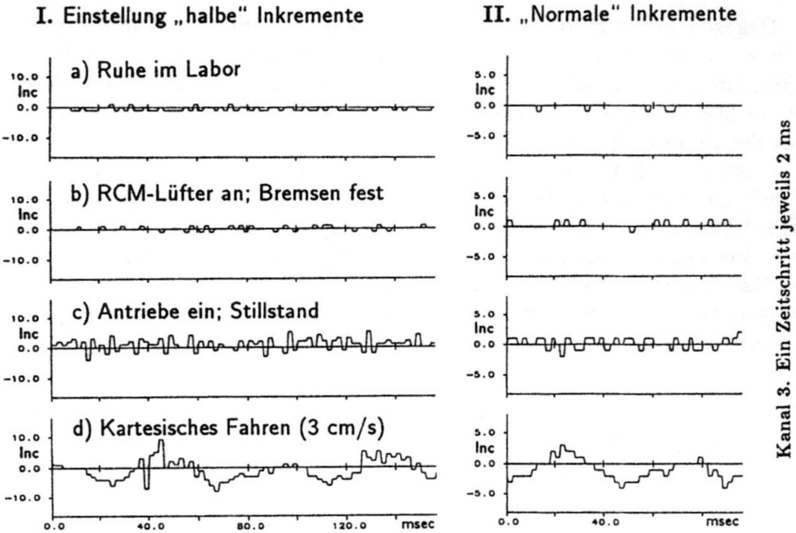

Bild 2.17: Einfluß von Vibrationen auf die DMS-Signale (12 Bit)

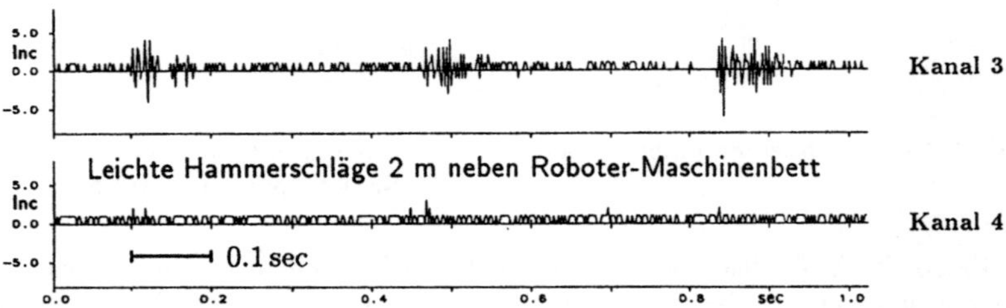

Bild 2.18: Signalempfindlichkeit bei Erschütterungen auf dem Fußboden

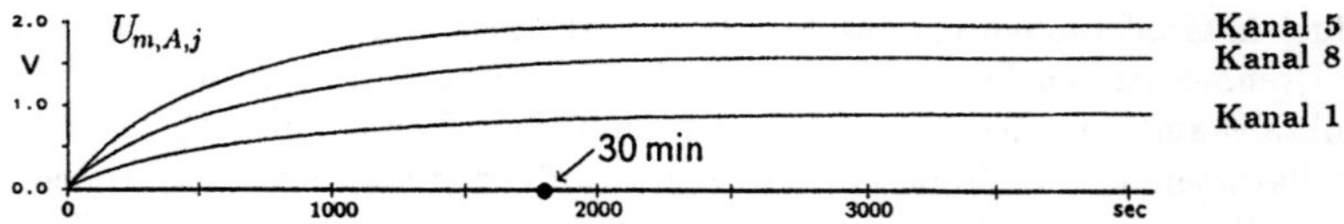

Bild 2.19: Selbstaufheizung der analogen Auswerteelektronik

wurde im Abschnitt 2.4.2 schon hingewiesen.

Zur Minimierung des Ruhe-Rauschens trug auch bei, den Sensor zwischen Roboterhand und Greiferanbau durch Zwischenlagen und Kunststoffschrauben elektrisch isoliert zu montieren und ihn so allein über die Sendekarte und das

außen am Roboter verlegte Kabel mit Massepotential zu verbinden.

Für die Situation entsprechend **Bild 2.17** Fall II.a) zeigt das **Bild 2.18** in einem anderen Zeitmaßstab die Empfindlichkeit der Sensorik gegenüber Erschütterungen in der Nähe. Als Beispiel dienen Hammerschläge (3 Hz) auf den Fußboden in 2 m Entfernung zum Roboter-Maschinenbett. Kanal 3 gehört zu den radia-

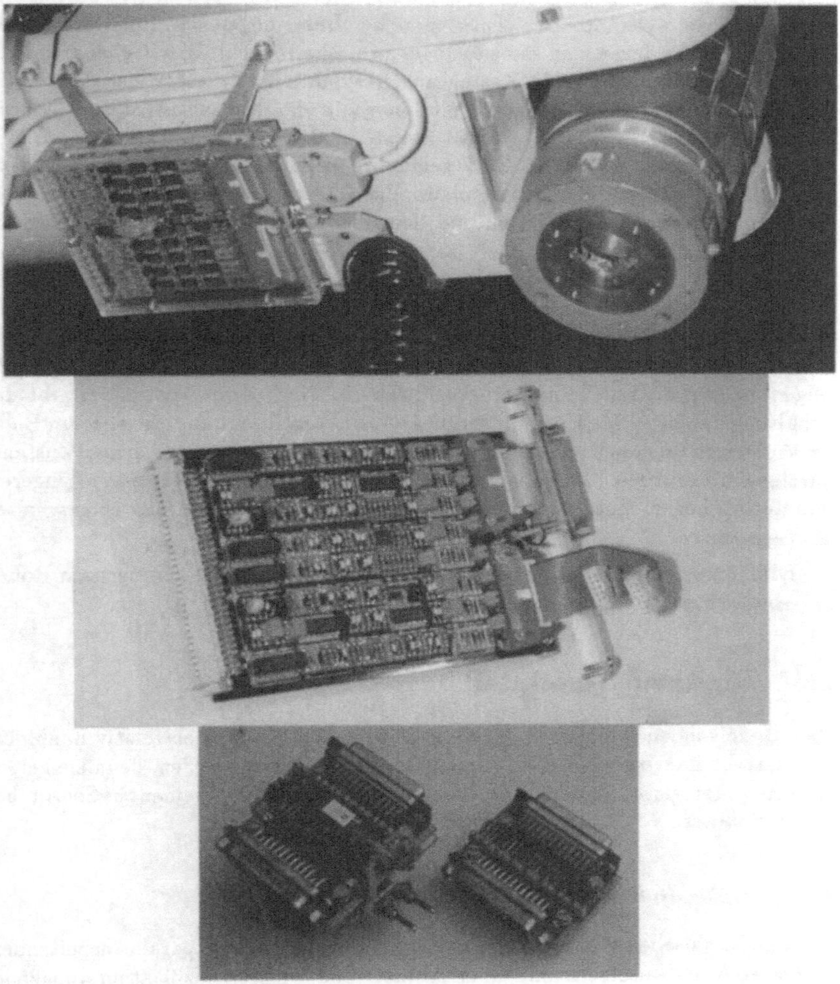

Bild 2.20: Sensor und Sendekarte am Roboter (Greiferanbau demontiert), Empfangskarte, Kalibrieradapter und ein Strommeßadapter

len Biegebalken des Sensors, die aufgrund der Geometrie wesentlich empfindlicher sind, und Kanal 4 zu den axialen Biegebalken (Numerierung siehe **Bild 2.2**).

Als wichtiger Aspekt bei der Analogsignalverarbeitung mit Mikrovoltverstärkung ist noch die Temperaturdrift des Nullabgleichs zu nennen. Die Nullpunktverschiebung aufgrund der Selbstaufheizung der Schaltung ist so stark, daß die Sensorik erst benutzt werden kann, wenn sich eine konstante Arbeitstemperatur eingestellt hat. Dieser stationäre Zustand ist durch den Kühleffekt von Zugluft stark gefährdet (Deckenlüfter, Fahrtwind bei Bewegungen des Roboters). Daher muß die Sendekarte in ein geschlossenes, thermisch träges Gehäuse eingebaut sein; gewählt wurde ein Kasten aus Acrylglas. Auf diese Weise dauert die Aufheizphase zwar etwas länger, und innerhalb des Kastens wird eine höhere Temperatur erreicht (53 °C), aber es herrschen dann im Einsatz konstante Betriebsbedingungen. Das **Bild 2.19** zeigt die Drift der analogen Ausgangsspannungen $U_{m,A,j}$ während der Aufheizphase; die drei Kanäle j = 1, 5, 8 demonstrieren die Spannweite des Effekts in ein und derselben Schaltung. Der Hauptanteil an den jeweiligen Temperaturkoeffizienten hängt an den Instrumentierungsverstärkerbausteinen, wie ein Ringtauschversuch zeigte. Obwohl schon die thermisch bessere Variante des Bausteins (Prädikat B, AD 524 B) eingesetzt wurde, zeigen die Meßschriebe, daß die Aufheizdrift ausgehend von Raumtemperatur bis zu 2 V erreicht, also volle 10 % des ganzen Meßbereichs von ±10 V! Sämtliche Kanäle zeigen einen positiven Temperaturkoeffizienten: Nach dem Einschalten gibt die Schaltung durchweg Meßspannungen negativen Vorzeichens aus, die sich am Ende der Aufheizphase nahe Null einfinden, da die Abgleicharbeiten im warmen Zustand durchgeführt wurden. Wie man erkennt, muß die Schaltung für einen längeren ununterbrochenen Einsatz mindestens schon eine halbe Stunde lang eingeschaltet gewesen sein.

Bild 2.20 zeigt hier abschließend Sendekarte und Sensor, montiert am Roboter, sowie Fotos von Empfangskarte und Kalibrieradapter.

2.5 Digitaler Systemteil

Die nun folgenden digitalen Signalverarbeitungsschritte können relativ unabhängig von dem hier beschriebenen Analogsystem betrachtet werden, denn sie gelten teilweise oder ganz für den Einsatz jeder Art von Kraft-/Momenten-Sensor bei einem Roboter.

2.5.1 A/D-Umsetzung und Digitalschnittstelle

Bei dem beschriebenen System erfolgt die A/D-Wandlung in 8 parallel arbeitenden Sampling-A/D-Umsetzern mit einer Abtast- und Umsetzspezifikation von 25 μs (ADC-574 ZB). Die Übertragung der so gewonnenen Digitalwerte in den Rechner kann natürlich trotzdem nur nacheinander erfolgen. Im Hinblick auf den

Transputer-Einsatz, wo die schnelle Kommunikation über Transputer-Links im Vordergrund steht, gibt es hier folgende Möglichkeiten:

1. Die A/D-Elektronik wird auf der Digitalseite über eine Bus-Schittstelle bedient.
   (a) Der Transputer-Rechner verfügt nicht über eine externe Bus-Schnittstelle. Somit muß die Ankopplung über eine Transputer-Link-Schnittstelle erfolgen: 2 Adernpaare, bidirektional seriell, byte-orientiertes Link-Protokoll mit 10 oder 20 MBit/s (!). Dies wird indirekt über einen Hilfs-Bus-Master und einen Link-Adapter-Peripheriebaustein gelöst. Letzterer ist ein bidirektionaler Parallel-seriell-Wandler für eine 8-Bit-Verbindung zwischen einem Bus und einem Link (Hilfsbaustein C012 aus der Transputer-Familie).
   (b) Der Transputer-Rechner ist Bus-Master auf einem zur A/D-Elektronik passenden Bus-System.
2. Die A/D-Elektronik verfügt auf der Digitalseite über eine eng an die Umsetzerbausteine angekoppelte Transputer-Link-Schnittstelle und ist damit Teil der „Transputer-Welt“. Vorteilhafterweise sind sämtliche A/D-Kanäle auf einem einzigen Link zusammengefaßt, da die Anzahl der Links eines Transputers nicht groß ist (bislang: 4 Stück).

Beim Empfang der 8 digitalisierten Sensor-Meßspannungen über ein Transputer-Link werden 16 einzelne Bytes übertragen.

Die genannten Möglichkeiten sind nach aufsteigender Schnittstellenleistung geordnet. Bis Anfang 1991 standen nur die Hardware-Voraussetzungen für die Variante 1.(a) zur Verfügung: Eingesetzt wurden zwei Vierfach-A/D-Karten mit SMP-Bus-Anschluß [76], ein SMP-Bus-Link-Interface (Einstellung 10 MBit/s), das Bestandteil der verwendeten Doppel-Transputer-Karten [67] ist, und eine 80186-Rechnerkarte [57] als Master auf dem zu installierenden Hilfs-Bus.

Diese Lösung stellt gemessen an den beiden anderen Varianten und an den übrigen Verarbeitungszeiten im System einen Flaschenhals dar (siehe die Angaben zu Rechenzeiten im Abschnitt 2.5.6). Nach der Entwicklung eines Transputer-SMP-Bus-Masters [4] am Institut wird inzwischen die Möglichkeit nach Punkt 1.(b) in zahlreichen Fällen eingesetzt. Eine diesbezügliche Umstellung bei der Kraftsensorik war jedoch angesichts einer laufenden Entwicklung gemäß Punkt 2 noch nicht lohnend. Mit einer bereits existierenden dazu dualen Lösung für D/A-Ausgabe, einer Link-orientierten 8-Kanal-D/A-Karte [77], wurde beispielsweise der größte Teil der Meßschriebe zur Roboter-Kraftregelung erzeugt.

2.5.2 Gewinnung der Roh-Istkraftkomponenten

Die 8 Komponenten des in den Rechner übertragenen Meßspannungs-Tupels $\underline{\underline{U}}_m$ sind zum Zeitpunkt der Systeminitialisierung nie alle genau bei Null, weil der sta-

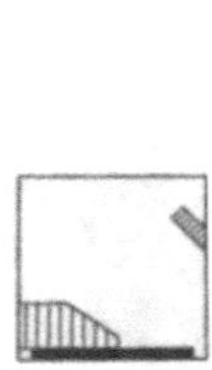

tionäre Zustand nach **Bild 2.19** von der Umgebungstemperatur abhängt; außerdem ist der merkliche Eigengewichtseinfluß aufgrund der aktuellen Orientierung der Sensor–Greifer–Einheit im Raum zu beachten. Daher muß in der Initialisierungsphase eine Software-Nullung durchgeführt werden.

Eigentlich wäre diese Kompensation als erstes vor der weiteren Verarbeitung erforderlich. Da mit der Durchmultiplikation mit der 6×8-Sensor-Matrix **M** eine lineare Abbildung folgt, kann diese Differenzbildung jedoch auch erst anschließend erfolgen, wo sie nur noch 6 statt 8 Größen betrifft (siehe **Bild 2.6**, Seite 12):

$$\boxed{{}^{S}\vec{F}^{*}_{m,S} = \mathbf{M}\,\underline{\underline{U}}_{m}} \tag{2.1}$$

$$ {}^{S}\vec{F}^{*}_{ist,S} = \mathbf{M}\left(\underline{\underline{U}}_{m} - \underline{\underline{U}}_{mo}\right) = {}^{S}\vec{F}^{*}_{m,S} - {}^{S}\vec{F}_{o,S} \tag{2.2}$$

Auf diese Weise erhält man die Roh-Istkraftkomponenten ${}^{S}\vec{F}^{*}_{ist,S}$, die jedoch nur einen Zwischenschritt darstellen. Die Eigengewichtseinflüsse sind noch nicht kompensiert (Index *), der Bezugspunkt ist zunächst das Sensormeßzentrum (unten S) und die Darstellungskoordinaten sind die Sensorkoordinaten (links oben S). Der Kräfte-Offset ${}^{S}\vec{F}_{o,S}$ wird in der Initialisierungsphase im einfachsten Fall durch Abfrage von ${}^{S}\vec{F}^{*}_{m,S}$ und — im Hinblick auf **Bild 2.17** — Mittelung über eine Zeitspanne von z.B. 200 ms bestimmt.

Die Sensor-Matrix **M** wird in der Initialisierungsphase bereitgestellt als Produkt aus der durch Zeilentausch gemäß Abschnitt 2.5.5 aus der gelieferten Sensor-Matrix gebildeten Matrix $\mathbf{M}^{*}$, dem durch Versuche ermittelten skalaren Eichfaktor V_{Eich} und dem Verstärkungs-Kompensationsfaktor V_{SW} (Abschnitt 2.4.2):

$$\boxed{\mathbf{M} = V_{SW}\, V_{Eich}\, \mathbf{M}^{*}} \tag{2.3}$$

2.5.3 Statische Eigengewichtskompensation

Die Roh-Istkraft $\vec{F}^{*}_{ist}$ enthält neben der interessierenden von außen bewirkten Kontaktkraft einen auf der Massenbehaftung des Effektors (Definition siehe **Bild 2.21**) beruhenden „inneren“ Fehleranteil, der in einen statischen und einen dynamischen Beitrag zerfällt. Dieser Fehleranteil wird im Idealfall rechnerisch voll kompensiert.

$$\vec{F}^{*}_{ist} = \vec{F}_{außen} + \vec{F}_{innen} \tag{2.4}$$

$$\vec{F}_{innen} = \vec{F}_{stat} + \vec{F}_{dyn} \tag{2.5}$$

$$\vec{F}_{ist,\,ideal} = \vec{F}_{außen} = \vec{F}^{*}_{ist} - \vec{F}_{innen} \tag{2.6}$$

Der statische Fehleranteil $\vec{F}_{stat}$ ist von der Greiferorientierung abhängig und kann durch ein einfaches Lastmodell leicht kompensiert werden. Der dynamische Bei-

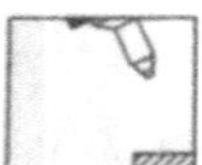

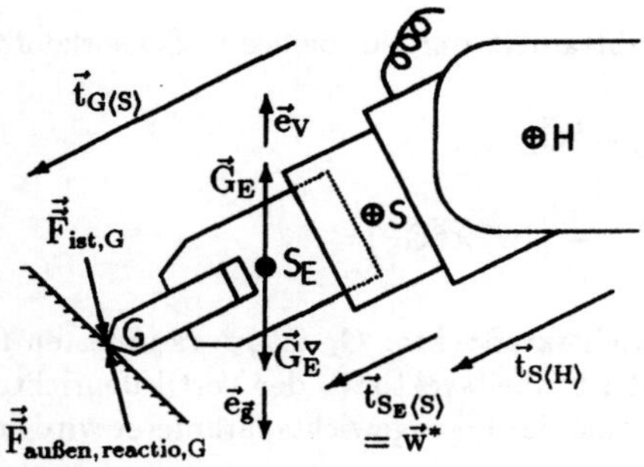

Bild 2.21: Effektor = freier Teil des Sensors + Greifer + Nutzlast
H = Handwurzelpunkt
S = Sensormeßzentrum
S_E = Effektor-Schwerpunkt
G = Greiferbezugspunkt (= Werkzeugbezugspunkt)

trag ist geschwindigkeits- und beschleunigungsabhängig. Er kann bei der Roboter-Kraftregelung vernachlässigt werden, weil hier abgesehen vom kurzen Moment eines Aufpralls relativ langsame und vorsichtige Bewegungen stattfinden. Mit

$$\vec{\vec{F}}_{dyn} \cong \vec{\vec{0}} \tag{2.7}$$

und (2.5) wird daher im folgenden entsprechend Gleichung (2.6) das statisch kompensierte Kraftsignal $\vec{\vec{F}}_{ist,S}$ nach **Bild 2.6** gewonnen.

Die Parameter für das statische Lastmodell zur Berechnung von $\vec{\vec{F}}_{stat}$ sind das Gewicht G_E des Effektors und die Lage seines Schwerpunkts S_E relativ zum Sensormeßzentrum S. Letztere wird beschrieben durch den Ortsvektor $\vec{w}^*$ (**Bild 2.21**), der im folgenden als Richtungsvektor interpretiert und in Sensorkoordinaten angegeben wird. Die Parameter können später im Betrieb mit Hilfe des Kraftsensors identifiziert werden (siehe Abschnitt 2.8). Da dabei direkt Kräfte anfallen, tritt die ursächliche Effektormasse hier nicht als Parameter auf.

$$G_E = \text{const} \tag{2.8}$$

$$\vec{w}^* = \vec{t}_{S_E(S)} \qquad \text{und} \qquad {}^S\vec{w}^* = {}^S\vec{t}_{S_E(S)} = \text{const} \tag{2.9}$$

Vom translatorischen Teil des Roh-Istkraftsignals $\vec{\vec{F}}^*_{ist}$ ist nun die Effektorgewichtskraft $\vec{G}_E$ abzuziehen, und vom rotatorischen Teil muß das Effektorlastmoment $\vec{w}^* \times \vec{G}_E$ subtrahiert werden, beides in Sensorkoordinaten:

$$^S\vec{F}_{ist,S} = {^S\vec{F}^*_{ist,S}} - {^S\vec{G}_E} \tag{2.10}$$

$$^S\vec{M}_{ist,S} = {^S\vec{M}^*_{ist,S}} - \left({^S\vec{w}^*} \times {^S\vec{G}_E}\right) \tag{2.11}$$

Der Effektorgewichtskraftvektor $\vec{G}_E$ ist im raumfesten Fußkoordinatensystem konstant, weil hier der Einheitsvektor $\vec{e}_V$ der Vertikalenrichtung konstant ist. Nach jeder Neu-Identifikation der Eigengewichtsparameter wird ersterer wie folgt initialisiert:

$$\boxed{^0\vec{G}_E = G_E\,{^0\vec{e}_V} = \mathrm{const}} \tag{2.12}$$

In Sensorkoordinaten ist der Gewichtskraftvektor über die das Sensordreibein im Raum repräsentierende Drehmatrix $^S\mathbf{R}_0$ von den Stellungen der Drehgelenke des Arms abhängig (siehe Abschnitt 2.5.4):

$$\boxed{^S\vec{G}_E = {^S\mathbf{R}_0}\,{^0\vec{G}_E} = {^0\mathbf{R}_S^T}\,{^0\vec{G}_E}} \tag{2.13}$$

Die Gleichungen (2.10) und (2.11) für die statische Eigengewichtskompensation und die Gleichung (2.2) für die Offset-Kompensation ergeben mit

$$^S\vec{\vec{F}}_{o,S} = \begin{pmatrix} ^S\vec{F}_{o,S} \\ ^S\vec{M}_{o,S} \end{pmatrix} = \mathrm{const} \tag{2.14}$$

zusammengefaßt die Formeln:

$$^S\vec{F}_{ist,S} = {^S\vec{F}^*_{m,S}} - \left({^S\vec{F}_{o,S}} + {^S\vec{G}_E}\right) \tag{2.15}$$

$$^S\vec{M}_{ist,S} = {^S\vec{M}^*_{m,S}} - \left({^S\vec{M}_{o,S}} + {^S\vec{w}^*} \times {^S\vec{G}_E}\right) \tag{2.16}$$

Treten im Betrieb keine Änderungen der Greiferorientierung im Raum auf, sind $^S\vec{G}_E$ nach (2.13) und damit auch die Klammerausdrücke in (2.15) und (2.16) konstant, so daß letztere als Gesamt-Offset kompensiert werden können und die orientierungsabhängige Eigengewichtskompensation entfallen kann.

Bezüglich der Vorzeichen der zu kompensierenden Größen ist folgende Überlegung wichtig: Der Sensor registriert die „reactio“ der vom Roboter auf die Umgebung ausgeübten „actio“. Ist als Kraftregelgröße die „actio“ vereinbart, so liefert bei Vorzeichenwechsel aller Elemente der Sensor-Matrix auch die Sensorik die „actio“. Dieser Vorzeichenwechsel muß durch den Ansatz von

$$^0\vec{e}_V = -{^0\vec{e}_g} = \mathrm{const} \tag{2.17}$$

auch für die Eigengewichtskompensations-Terme vollzogen werden (**Bild 2.21**).

Von den eingerahmten Gleichungen, angefangen mit (2.1), werden fast alle im Sensor-Transputer gerechnet, um den Haupt-Transputer zu entlasten. Für (2.13) ist zur Berechnung der aktuellen Matrix ${}^S\mathbf{R}_0$ die Kenntnis der Gelenkwinkel erforderlich. Da ${}^S\mathbf{R}_0$ im Haupt-Transputer aus anderen Gründen bereits bekannt ist, ist es am einfachsten, diese Gleichung noch dort zu rechnen und stets den aktuellen Vektor ${}^S\vec{G}_E$ zu übergeben.

Nach jedem Wechsel des Greiferanbaus müssen die Eigengewichtsparameter G_E und ${}^S\vec{w}^*$ neu bestimmt werden. Dies geschieht mit einer auf einer einachsigen Testbewegung basierenden Identifikation (Abschnitt 2.8).

2.5.4 Meßzentrums-Verlagerung

Der auf dem Greifer geometrisch frei wählbare Greiferbezugspunkt G ist der Punkt, für den vorgegebene kartesischen Bahnen gelten sollen. Bei der Umwidmung von Positionsfreiheitsgraden in Kraftfreiheitsgrade soll dieser Punkt auch der Bezugspunkt für die Kraftregelung sein. Das bedeutet, daß die Regelgrößen diejenigen Kräfte und Momente sind, die in diesem frei wählbaren Bezugspunkt gemessen würden, wenn sich dort gerade das Meßzentrum eines fiktiven Sensors befände. Da der wirkliche Sensor fest installiert ist und größere Ausmaße hat, können diese gewünschten Istwerte nie direkt gemessen, sondern nur durch Umrechnung aus den im gegebenen Sensormeßzentrum S registrierten Größen gewonnen werden. Diese Umrechnung von S nach G wird hier als „Meßzentrums-Verlagerung" bezeichnet. Wie schon bei der Eigengewichtskompensation sehen hierbei die Gleichungen für Kräfte und Momente unterschiedlich aus.

Wenn man angreifende Drehmomente auf einem Körper verschiebt, ändert sich dadurch weder die Kräfte- noch die Momentenbilanz. Bei der Verschiebung einer an einem Körper angreifenden Kraft bleibt dagegen nur die Kräftebilanz unverändert; in die Momentenbilanz gehen die Kraft und die Hebelarmänderung ein. Im Meßzentrum S wird daher folgendes registriert:

$$\vec{F}_{\mathbf{ist},S} = \vec{F}_{\mathbf{ist},G} \tag{2.18}$$

$$\vec{M}_{\mathbf{ist},S} = \vec{M}_{\mathbf{ist},G} + \left(\vec{t}_{G(S)} \times \vec{F}_{\mathbf{ist},G}\right) \tag{2.19}$$

Der Verlagerungsvektor $\vec{t}_{G(S)}$ ergibt sich als Differenz der Ortsangaben für G und S, die im Hinblick auf die Beschreibung der Roboterkinematik stets auf dem Handkoordinatensystem basieren (siehe auch **Bild 2.21**):

$$\vec{t}_{G(S)} = \vec{t}_{G(H)} - \vec{t}_{S(H)} \tag{2.20}$$

Im Sinne des Signalflußplans **Bild 2.6** muß bei der Auswertung der beiden Istwertebilanzen von der Wirkung auf die Ursache zurückgeschlossen werden. Die

Gleichungen werden entsprechend den vorliegenden Meßgrößenvektoren in Sensorkoordinaten gerechnet:

$$^{S}\vec{F}_{ist,G} = {}^{S}\vec{F}_{ist,S} \tag{2.21}$$

$$^{S}\vec{M}_{ist,G} = {}^{S}\vec{M}_{ist,S} - \left({}^{S}\vec{t}_{G\langle S\rangle} \times {}^{S}\vec{F}_{ist,S}\right) \tag{2.22}$$

Da die Orts- und Orientierungsangaben von Sensor und Greifer im Handkoordinatensystem definiert sind, muß $^{S}\vec{t}_{G\langle S\rangle}$ nach jeder Neufestlegung des Greiferbezugspunkts wie folgt bereitgestellt werden:

$$^{S}\vec{t}_{G\langle S\rangle} = {}^{H}\mathbf{R}_S^T \left({}^{H}\vec{t}_{G\langle H\rangle} - {}^{H}\vec{t}_{S\langle H\rangle}\right) = \text{const} \tag{2.23}$$

Anstelle der Bezeichnung „Meßzentrums-Verlagerung“ für die Operation nach (2.21) und (2.22) könnte man auch „Sensor-Greifer-Transformation“ verwenden. Dieser Begriff ist jedoch etwas mißverständlich, weil er das Vorliegen einer Koordinatentransformation suggeriert, obwohl hier eine solche nicht stattfindet.

2.5.5 Drehtransformation nach Zwangskoordinaten

Das zur Definition der kartesischen Vorgaben und Regelziele passend eingeführte Zwangskoordinatensystem C ist entweder mit dem aktuellen Greifersystem G oder mit dem aktuellen Umgebungskoordinatensystem U identisch. **Bild 2.23** verdeutlicht, wie diese Dreibeine (**Bild 2.22**) zusammen mit dem Sensorkoordinatensystem S an der von der Roboterarmkinematik und den Gelenkwinkeln θ_i definierten Dreibeinkette[1)] „Fuß–Hand“ aufgehängt sind [60]. Die „Aufhängungsmatrizen“ sind konstante 3×3-Drehmatrizen.

$$C \stackrel{!}{=} U \qquad \text{oder} \qquad C \stackrel{!}{=} G \tag{2.24}$$

$$^{H}\mathbf{R}_S = \text{const} \quad , \quad {}^{H}\mathbf{R}_G = \text{const} \quad , \quad {}^{0}\mathbf{R}_U = \text{const} \tag{2.25}$$

$$^{0}\mathbf{R}_H = \prod_{i=1}^{N} {}^{i-1}\mathbf{A}_i = f(\theta_i) \tag{2.26}$$

Der letzte Verarbeitungsschritt für die Istkräfte vor dem Soll-Ist-Vergleich ist die nach **Bild 2.6** im Haupt-Transputer durchgeführte Drehtransformation von

1) **Bild 2.22 zeigt nicht die spezielle Anordnung der Systeme nach Denavit/Hartenberg [10].**

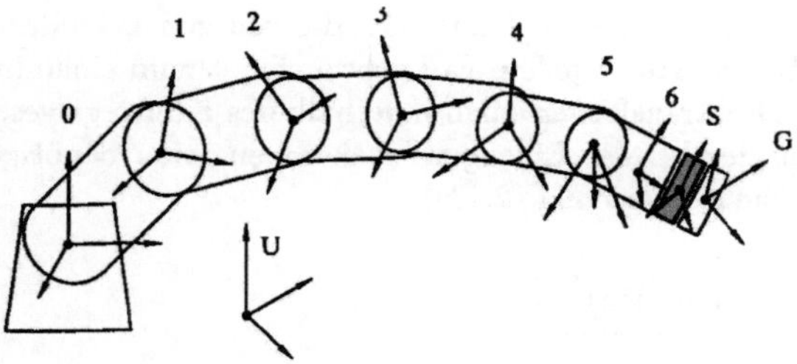

Bild 2.22: Koordinatensysteme am Roboterarm

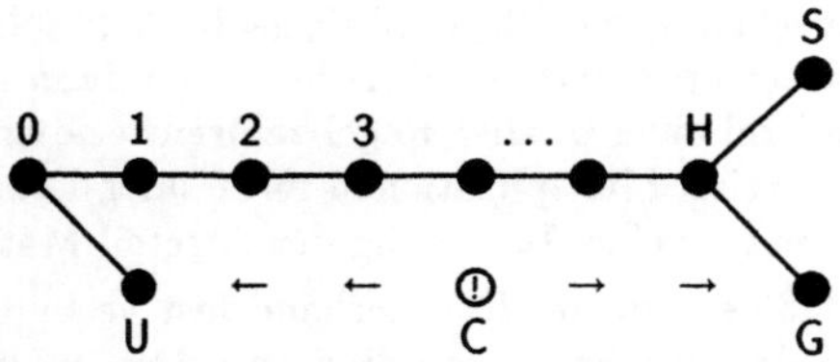

Bild 2.23: Aufhängung der Koordinatensysteme am Roboterarm.
Indizes: 0 = Fußkoordinaten
H = Handkoordinaten ($H \equiv N \cong 6$)
S = Sensorkoordinaten
G = Greiferkoordinaten ($G \equiv N+1$)
U = Umgebungskoordinaten ($U \equiv -1$)
C = Zwangskoordinaten ($C = U$ oder $C = G$)

Sensorkoordinaten nach Zwangskoordinaten:

$$ {}^{C}\vec{\vec{F}}_{ist,G} = \begin{pmatrix} {}^{C}\mathbf{R}_S & 0 \\ 0 & {}^{C}\mathbf{R}_S \end{pmatrix} {}^{S}\vec{\vec{F}}_{ist,G} \tag{2.27} $$

beziehungsweise

$$ \boxed{ {}^{C}\vec{F}_{ist,G} = {}^{C}\mathbf{R}_S \, {}^{S}\vec{F}_{ist,G} \quad \text{und} \quad {}^{C}\vec{M}_{ist,G} = {}^{C}\mathbf{R}_S \, {}^{S}\vec{M}_{ist,G} } \tag{2.28} $$

Die Matrix ${}^{C}\mathbf{R}_S$ berechnet sich je nach Wahl gemäß (2.24) als

$$ \boxed{ {}^{C}\mathbf{R}_S = \begin{cases} {}^{0}\mathbf{R}_U^T \, {}^{0}\mathbf{R}_H \, {}^{H}\mathbf{R}_S & \text{wenn } C = U \\ {}^{H}\mathbf{R}_G^T \, {}^{H}\mathbf{R}_S & \text{wenn } C = G \end{cases} } \tag{2.29} $$

Im Falle $C = G$ ist diese Abbildung wegen (2.25) konstant; von praktischem Interesse ist allerdings hauptsächlich der andere Fall, $C = U$.

Insgesamt wird im Haupt-Transputer die von den aktuellen Gelenkwinkeln θ_i abhängige Matrix ${}^0\mathbf{R}_H$ in jedem Fall gebraucht — zum einen im Zusammenhang mit weiteren Drehtransformationen innerhalb des Kraftregelgesetzes und zum anderen als Teil der bei der Eigengewichtskompensation benötigten Drehtransformation ${}^0\mathbf{R}_S^T$ (siehe Gleichung (2.13)):

$$\boxed{{}^0\mathbf{R}_S^T = \left({}^0\mathbf{R}_H\,{}^H\mathbf{R}_S\right)^T} \tag{2.30}$$

Es bietet sich an, diese Gleichung in einem Zuge mit (2.29) zu behandeln, um Rechenzeit zu sparen.

Anstelle der Berechnung von ${}^0\mathbf{R}_H$ explizit nach (2.29) lohnt sich der Einsatz eines kinematikspezifisch-optimierten Algorithmus, da dann im Gegensatz zur rein formal angesetzten Rechnung in aller Regel zahlreiche überflüssige Rechenoperationen entfallen. Dies sind Multiplikationen mit 0 oder 1 sowie Additionen von 0, die sich aufgrund der speziellen Besetzung der Armteil-Matrizen ${}^{i-1}\mathbf{A}_i$ ergeben.

Für den Fall, daß der mit der Roboterhand fest verbundene Kraftsensor sich so montieren läßt, daß das Sensorkoordinatensystem in irgendeiner Form achsenparallel zum Handkoordinatensystem ausgerichtet ist, läßt sich bezüglich der Matrix ${}^H\mathbf{R}_S$ auch etwas Rechenaufwand einsparen: Durch passenden Zeilentausch und Vorzeichenwechsel in der Sensor-Matrix läßt sich dann die eigentliche Abbildung ${}^H\mathbf{R}_S$ quasi in die Sensor-Matrix vorverlegen, so daß formal ${}^H\mathbf{R}_S = \mathbf{E}_3$ (Einheitsmatrix) gilt und eine Rechnung entfällt. Da die Voraussetzungen hierfür konstruktiv gesehen sehr oft gegeben sind, kann es lohnend sein, bei der Implementierung neben der allgemeinen Form eine entsprechende abkürzende Option zu berücksichtigen.

Im vorliegenden Fall, gegeben durch **Bild 2.2**, **Bild 2.5** und **Bild 2.7**, ergibt sich diese einfache Koordinatenanpassung durch die zyklisch vertauschte Definition der Sensorachsen 1, 2 und 3 als die Achsen z, x, bzw. y des Sensorkoordinatensystems.

2.5.6 Rechenzeiten

Im Abschnitt 2.5.1 wurden die Möglichkeiten diskutiert, am Sensor-Transputer die Digitalschnittstelle für die Meßspannungen zu realisieren. Bei der Verwirklichung der dortigen Variante 1.(a) (Stichwort: Link-Adapter) ergab sich das im **Bild 2.24** dargestellte Zeitschema für die Schnittstellenleistung. Die darin eingetragenen Kürzel für Ereignisse bzw. Vorgänge sind zusammen mit weiteren im folgenden vorkommenden Abkürzungen in **Tabelle 2.1** erklärt. Das sich ergebende Zeitschema weist ausgeprägte Kommunikationspausen auf. Da der Datentransfer über Links abläuft, kann die Fähigkeit des Transputers genutzt werden, parallel zu einer laufenden Kommunikation ungehindert zu rechnen. Diese beruht darauf, daß auf dem Transputer-Chip neben dem „normalen“ Prozessor und einem

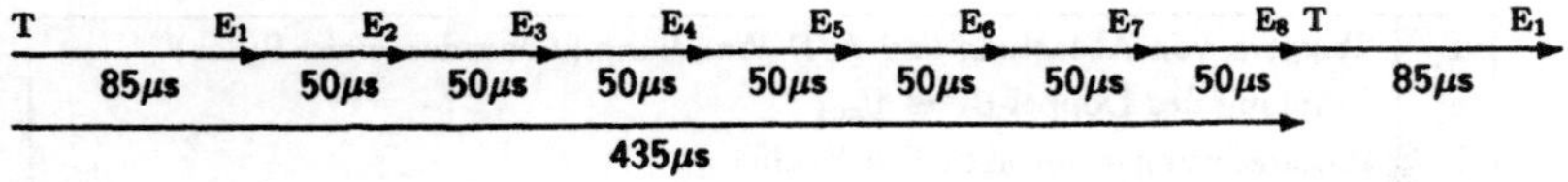

Bild 2.24: Zeitdiagramm bei Digitalschnittstelle mit Link-Adapter

Coprozessor auch noch ein Kommunikationsprozessor und ein Timer integriert sind. Bei der Multiplikation mit der Sensor-Matrix können 7 von 8 Spaltenoperationen jeweils während der lückenhaften Übertragung der 2 Bytes des nächsten Meßspannungswerts durchgeführt werden. Außerdem kann währenddessen das betreffende Grenzwert-Bit im Byte $\underline{\underline{b}}_{\ddot{U}}$ (**Bild 2.6**) für die kanalweise Überlast-Erkennung gesetzt werden. Dies führt auf das Ablaufschema **Bild 2.25**. Solange die

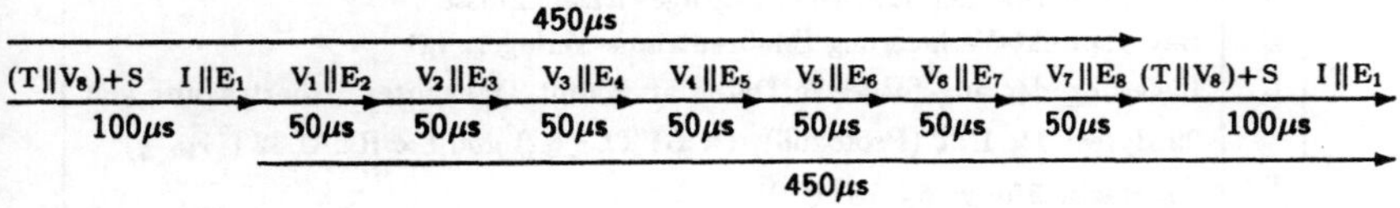

Bild 2.25: Zeitdiagramm bei verschachteltem Empfangen und Verarbeiten

Rechnungen die Kommunikationspausen nur zum Teil ausfüllen, ist es irrelevant, daß durch die kanal- bzw. spaltenweise Aufteilung ein zusätzlicher Verwaltungsaufwand entsteht (Zwischenspeicherungen, Laufvariablen etc.). Alle Zeitschemata in diesem Abschnitt sind im gleichen Maßstab gezeichnet und beruhen auf einer Programmierung in Occam 2.

Zu Beginn eines Regelungsintervalls werden im Haupt-Transputer einige Berechnungen durchgeführt, für die die neuen Kraft-Istwerte noch nicht gebraucht werden, und zwar Bereitstellungen von Abbildungsmatrizen wie z.B. ${}^{C}\mathbf{R}_{S}$ oder Berechnung von ${}^{S}\vec{G}_{E}$. Je nach Betriebsmodus und Randbedingungen werden bei der vorliegenden Implementierung dafür 190 μs – 305 μs Rechenzeit benötigt (25 MHz, DRAM, 4 Zyklen). Gemessen an diesen Zeiten ist für die parallel durchzuführende Abfrage des Sensor-Transputers die Durchlaufzeit gemäß **Bild 2.25**, die die Weiterverarbeitung noch nicht enthält, viel zu groß.

Andererseits bedeutet dies nicht, daß die Kraft-Istwerte deswegen nur um ein volles Kraftregelungsintervall (2 ms) verzögert in das Kraftregelgesetz einfließen können; aufgrund der parallelen Prozeßverwaltungsmöglichkeiten innerhalb eines Transputers gibt es eine einfache Zwischenlösung: Der Zyklus nach **Bild 2.25** wird im Sensor-Transputer unabhängig vom Kraftregelungstakt als asynchron parallele Endlosabtastung durchgeführt, die die jeweils neuesten beschafften bzw. errechneten Rohkraftdaten an einen Pufferprozess übergibt. Bei einer Istkraft-Abfrage wird dann ausgehend von den neuesten im Pufferprozess vorliegenden Daten unmittelbar die weitere Verarbeitung der Rohkraftwerte vorgenommen; das zugehörige Zeitdiagramm zeigt **Bild 2.26**. Die hierbei auftretende Abfragezeit ist

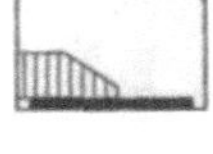

T	Triggern von Abtastung und A/D-Wandlung (Absenden eines Bytes)
E_j	Empfang des Doppel-Bytes $U_{m,j}$
I	Initialisierungen für aktuellen Zyklus
V_j	Gleitkomma-Verarbeitung der Meßspannung $U_{m,j}$: $V_j \Leftrightarrow$ ($Ü_j$ und M_j)
$Ü_j$	Überlastprüfung: $b_{Ü,j} = f(U_{m,j})$
M_j	Spaltenoperation j bei der Multiplikation mit der Sensor-Matrix **M**
S	Senden von $\underline{\underline{b}}_Ü$ und ${}^S\vec{\vec{F}}^*_{m,S}$ an Pufferprozess
A	Anforderung von ${}^S\vec{\vec{F}}_{ist,G}$ durch Haupt-Transputer: Übertragung von 16 Bytes: 1× INT (Protokoll) und 3× REAL32 (${}^S\vec{G}_E$)
H	Holen der neuesten Daten aus Pufferprozess
N	Nullpunkt-Korrektur (${}^S\vec{\vec{F}}_{o,S}$)
K	Kompensation der statischen Eigengewichtseinflüsse
B	Bezugspunkt-Verlagerung (Meßzentrums-Verlagerung)
L	Lieferung der angeforderten Daten an Haupt-Transputer: Übertragung von 29 Bytes: 1× INT (Protokoll), 1× BYTE ($\underline{\underline{b}}_Ü$) und 6× REAL32 (${}^S\vec{\vec{F}}_{ist,G}$)
Ü	Überlastprüfung: $\underline{\underline{b}}_Ü = f(\underline{\underline{U}}_m)$
M	Multiplikation mit der Sensor-Matrix **M**

Tabelle 2.1: Ereignisse und Vorgänge in den Zeitdiagrammen

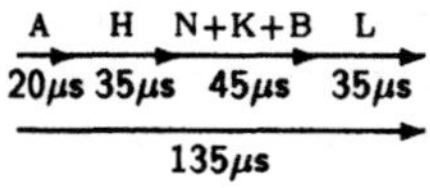

Bild 2.26: Zeitdiagramm bei Verarbeitung von Rohkraftdaten

deutlich kürzer, als sie gemäß dem oben Gesagten sein dürfte. Die Verarbeitungen nach **Bild 2.25** und nach **Bild 2.26** laufen beide im Sensor-Transputer (20 MHz, SRAM, 3 Zyklen). Für die im Haupt-Transputer eintreffenden Istkraftdaten bedeutet dies, daß sie etwa zwischen 0,6 ms und 1 ms, im Mittel also 0,8 ms alt sind. Hinsichtlich der erzielbaren Rechenleistung ist zu beachten, daß der Transputer in Gleitkomma (REAL32) wesentlich schneller rechnet als mit 32-Bit-Festkomma (INT) oder mit INT16.

Bei der neuerdings verfügbaren Digitalschnittstelle [15] gemäß Abschnitt 2.5.1 Punkt 2 (Stichwort: Link-A/D-Karte) kommt man bereits bei der Einstellung 10 MBit/s mit einer 8-Kanal-Abfragezeit von 50 μs aus. Im Rahmen der von den gleichzeitigen Rechnungen im Haupt-Transputer gegebenen tolerierbaren Abfragezeit für die Istkraftdaten (s.o.) ergibt sich bei dieser Schnittstellenleistung die Möglichkeit einer kompakten Sensorsignalverarbeitung in einem Zug, wie sie im **Bild 2.27** dargestellt ist. Abfragezeit und Alter der Daten sind hierbei identisch und betragen nur etwas mehr als 0,2 ms.

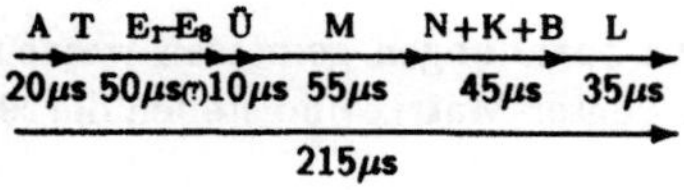

Bild 2.27: Zeitdiagramm für kompakte Gesamt-Verarbeitung

2.6 Kartesische Genauigkeit

Basierend auf Konstruktion und Beschaffenheit des verwendeten Sensorelements beruht die erzielte kartesische Genauigkeit auch auf der Güte der Auswerteelektronik und der verwendeten Sensor-Matrix.

2.6.1 Auflösung

Belastungen des Kraft-/Momenten-Sensors in verschiedenen Raumrichtungen bewirken unmittelbar charakteristische Änderungen bei den 8 Meßspannungen. Die Meßspannungen werden bei der A/D-Umsetzung diskretisiert, so daß die daraus berechneten Kraftsignale ebenfalls nur diskrete Werte annehmen können. Ausgehend von für alle Meßspannungen einheitlich großen Inkrementen sind die Amplitudenstufen bei den Kraftsignalen der einzelnen Sensorachsen nicht notwendig gleich; ihre Größe ist abhängig von Konstruktion und Beschaffenheit des Sensorelements.

Zur Bestimmung der Größe der Kraft-Inkremente muß für jede kartesische Achse des Sensors jeweils eine Testbelastung (Gewichtskraft einer Testmasse) den bewirkten inkrementellen Änderungen der dabei hauptsächlich „angeregten" Meßspannungen zugeordnet werden. Aufgrund der orthogonalen Sensorkonstruktion ergeben sich hier sehr übersichtliche Verhältnisse, die in der einfachen Besetzung der idealen Sensor-Matrix zum Ausdruck kommen, wo die einzelnen Zeilen neben zahlreichen Nullen nur Elemente gleichen Betrags enthalten. Dementsprechend darf man bei diesen Lastversuchen die 2 oder 4 zugehörigen Inkrementänderungen mitteln. Zusammen mit einer zeitlichen Mittelung zur Elimination der Vibrationseinflüsse ergeben sich dann die in **Bild 2.28** wertemäßig und maßstäblich

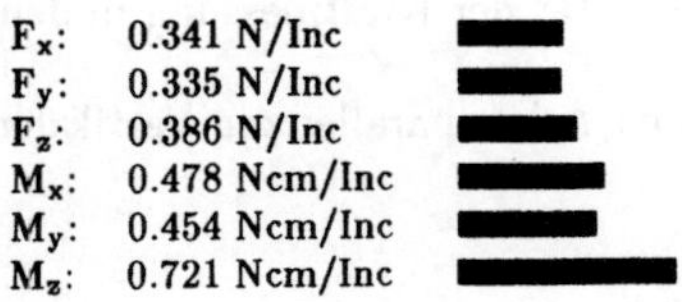

Bild 2.28: Effektive kartesische Inkremente in den Sensorachsen

zusammengestellten Größen, die überraschenderweise recht nahe beieinander liegen. Die Werte entsprechen der „normalen" Auflösung gemäß **Bild 2.11**. Da bei der Bestimmung nur Spannungen gemessen werden, gelten diese Werte unabhängig von der realen Sensor-Matrix und stellen die relevanten effektiven Werte dar.

In Wirklichkeit beobachtet man bei den Kräften wesentlich feinere Stufen. Dies liegt daran, daß über die Rechnung mit der Sensor-Matrix mehrere diskretisierte Signale gemittelt werden. Da nun die reale Sensor-Matrix etwas ungleichmäßig und vor allem voll besetzt ist, ergeben sich dabei pro Kraftkomponente 8 Gewichtungsfaktoren unterschiedlicher Größen bzw. Größenordnungen. Dazu kommt, daß die Ruhe-Rauschanteile der 8 Kanäle nicht korreliert sind. Beides führt dazu, daß die berechneten Kraftsignale als viel höher aufgelöst erscheinen.

2.6.2 Linearität

Lastversuche in den verschiedenen Sensorachsen zeigen, daß das System eine sehr gute Linearität besitzt. Für **Bild 2.29** wurde der Sensor am Roboter jeweils

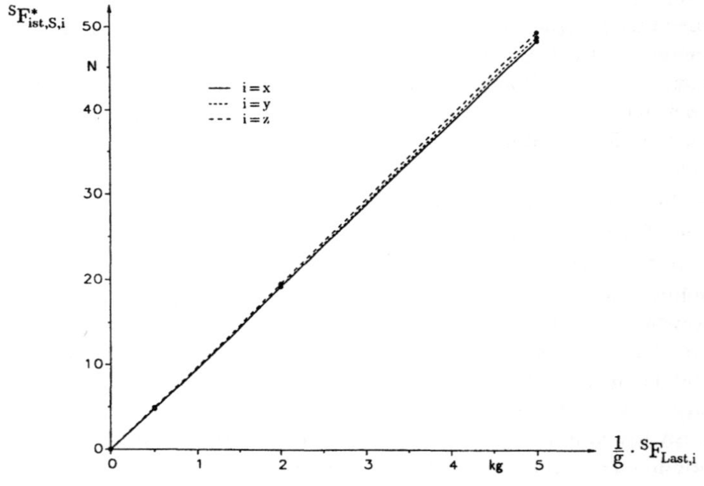

Bild 2.29: Linearität der Kraftmessung in den Sensorachsen

mit der zu untersuchenden Achse parallel zur Vertikalen orientiert und das Signal ${}^{S}\vec{F}^{*}_{ist,S}$ dort genullt.

2.6.3 Nichtlinearitäten

Innerhalb einer Raumrichtung ist nach **Bild 2.29** keine Nichtlinearität erkennbar. Dagegen zeigt sich durch die Aufspaltung in einzelne Geraden eine kleine räumliche Nichtlinearität (Anisotropie), die Ausdruck einer nicht ganz passenden

Sensor-Matrix ist. Aus dem gleichen Grund beobachtet man kleine lastabhängige Einkopplungen in zur Belastungsrichtung orthogonale Signalkomponenten; eine Quantifizierung führt hier jedoch zu weit. Diese Effekte können nur über eine Neu-Identifikation der Sensor-Matrix behoben werden, siehe Abschnitt 2.7.

Der Maßstab von **Bild 2.29** ist nicht geeignet, die vorhandenen Hystereseeigenschaften des Sensorelements darzustellen. Ein weiterer vorhandener nichtlinearer Effekt bleibt bei der dortigen Meßmethode unbemerkt. **Bild 2.30** zeigt die Prinzipien dieser beiden Effekte.

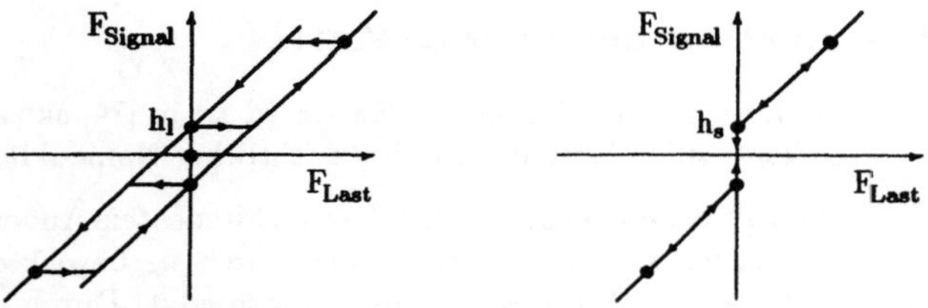

a) Lose- oder Kriech-Effekt b) Springscheiben-Effekt

Bild 2.30: Nichtlinearitäts-Effekte am Sensorelement

Ein wahrscheinlich durch die Klebetechnik der Dehnungsmeßstreifen verursachter Lose-Effekt → a) zeigt sich so, daß bei Lastwechseln ein *zu kleiner* Signalhub gemessen wird. Dieser Effekt tritt, wie zu erwarten, an allen Arbeitspunkten unabhängig von der Software-Nullung auf. Dagegen weist der Sensor an einem bestimmten Arbeitspunkt, nämlich in der Nähe des unbelasteten Zustands, in der translatorischen z-Richtung ein Verhalten auf, bei dem ein deutlich *zu großer* Signalhub auftritt. Es handelt sich hier ganz offensichtlich um einen Springscheiben-Effekt → b) der Sensormechanik: Die „Springscheibe" wird gebildet durch die 4 radialen, in der Ebene des großen Sensorrings angeordneten Biegebalken der Kanäle 1, 3, 5, 7, die gerade für die z-Kraft zuständig sind. Vermutlich ist die dazu notwendige Verspannung innerhalb des Sensorrings thermisch aufgrund des Stromflusses in den Dehnungsmeßstreifen verursacht. Die Springscheiben-Kennlinie in **Bild 2.30** ist in Wirklichkeit abgerundet.

Im **Bild 2.31** sind die gemessenen Nichtlinearitäts-Kenngrößen aus **Bild 2.30** im gleichen Maßstab wie die Inkremente in **Bild 2.28** dargestellt. Durch zeitliche Mittelwertbildung ist bei den Messungen eine hohe Auflösung möglich. Die Hysteresebestimmung ist bei den Momentensignalen wegen des nicht bekannten Effektor-Schwerpunkts komplizierter als bei den Kräften; daher wurde dort darauf verzichtet. Die Hysteresebeträge sind etwas kleiner als die Inkremente, der Springscheiben-Effekt dagegen wesentlich größer. Er liegt in der Größenordnung des Effektorgewichts und verursacht daher Schwierigkeiten bei der Eigengewichts-

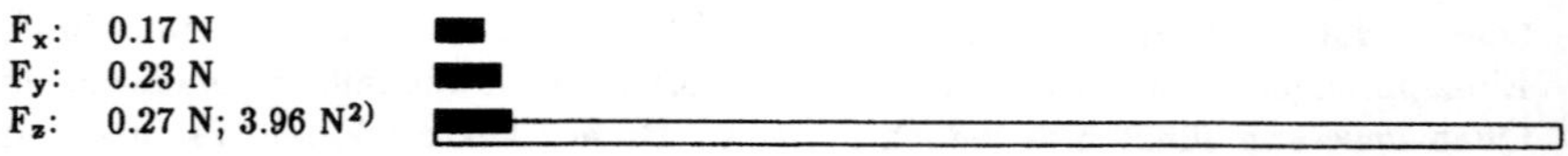

Bild 2.31: Nichtlinearitäts-Kenngrößen $2\,h_l$ und $2\,h_s$ in den Sensorachsen

Identifikation. Da das Effektorgewicht andererseits ausreicht, die Schwelle der Springscheibe zu überwinden, tritt der Effekt aber in vielen Fällen, z.B. auch bei den Messungen zu **Bild 2.29**, wegen der Software-Nullung nicht in Erscheinung.

2.7 Identifikation der Sensor-Matrix

Das Vorgehen zur Bestimmung der Sensor-Matrix **M** ist in [74] skizziert. Im folgenden wird eine kompakte Darstellung in übersichtlicher Nomenklatur gegeben.

Beim Eichvorgang für den Sensor werden Kraft-/Momenten-Änderungen $\overset{\rightrightarrows}{F}$ gemäß (2.31) als Testlasten eingeprägt und zu den durch sie bewirkten Meßspannungsänderungen $\underline{\underline{U}}$ nach (2.32) linear in Beziehung gesetzt. Durch verschiedene, alle 6 Freiheitsgrade abdeckende Lastversuche ist eine entsprechende „Eichungs-Sensor-Matrix" **H** bestimmbar (2.33). Zum sensorischen Einsatz wird dagegen die inverse Abbildungsrichtung, repräsentiert durch die „Kraftmeß-Sensor-Matrix" **M**, benötigt (2.34). Beide Matrizen sind nicht-quadratisch, so daß eine einfache Inversion zur Bestimmung von **M** ausscheidet. Aufgrund der Redundanz des Systems ist jedoch eine Pseudoinvertierung möglich. Bei der Bestimmung von **H** wird aus Genauigkeitsgründen über eine höhere Zahl von Lastversuchen ebenfalls Redundanz eingebracht, so daß auch diese Rechnung über eine Pseudoinverse geht [31].

$$\overset{\rightrightarrows}{F} = \overset{\rightrightarrows}{F}_m - \overset{\rightrightarrows}{F}_o = \begin{pmatrix} \vec{F} \\ \vec{M} \end{pmatrix} = \begin{pmatrix} F_i \\ \vdots \end{pmatrix} , \qquad i = x, y, z, X, Y, Z \tag{2.31}$$

$$\underline{\underline{U}} = \underline{\underline{U}}_m - \underline{\underline{U}}_o = \begin{pmatrix} U_j \\ \vdots \end{pmatrix} , \qquad j = 1, \ldots, 8 \tag{2.32}$$

$$\mathbf{H}\,\overset{\rightrightarrows}{F} = \underline{\underline{U}} , \qquad \mathbf{H} = [\,H_{ji}\,] \qquad 8\times 6\text{-Matrix}^{3)} \tag{2.33}$$

$$\mathbf{M}\,\underline{\underline{U}} = \overset{\rightrightarrows}{F} , \qquad \mathbf{M} = [\,M_{ij}\,] \qquad 6\times 8\text{-Matrix}^{3)} \tag{2.34}$$

Durch Einsetzen von (2.33) in (2.34)

$$\overset{\rightrightarrows}{F} = \mathbf{M}\,\underline{\underline{U}} = \mathbf{M}\left(\mathbf{H}\,\overset{\rightrightarrows}{F}\right) \overset{!}{=} \overset{\rightrightarrows}{F} \tag{2.35}$$

---

[2]Dieser Wert läßt sich für verschiedene Effektorgewichte (einschließlich des Falls ohne Greiferanbau) und mit verschiedenen Referenzachsen mit einer mittleren Abweichung von 4 % verifizieren.

[3]Die gewählten Buchstaben **H** und **M** spiegeln das Hoch- bzw. Querformat dieser Zahlenschemata graphisch wider.

folgt, daß für **M** und **H** gilt:

$$\mathbf{M}\,\mathbf{H} = \mathbf{E}_6 \qquad 6{\times}6\text{-Matrix} \qquad (2.36)$$

Also muß **M** die linke Pseudoinverse $\mathbf{H}^+$ zu **H** sein ($\mathbf{H}^+\,\mathbf{H} = \mathbf{E}_6$):

$$\mathbf{M} = \mathbf{H}^+ = (\mathbf{H}^T\,\mathbf{H})^{-1}\,\mathbf{H}^T \qquad (2.37)$$

Für die Matrix **H** wird auf der Grundlage von $\kappa \gg 6$ Stück den Rang 6 abdeckenden Lastkombinationen und Meßspannungs-Tupeln, die in den Wertematrizen **F** und **U** zusammengefaßt sind, über eine lineare Regression eine Matrix $\hat{\mathbf{H}}$ geschätzt, die für **F** und **U** die Gleichungen (2.33) bzw. (2.40) optimal erfüllt. In [74] wird hierfür $\kappa = 17$ vorgeschlagen.

$$\mathbf{F} = \left[\vec{\vec{F}}_1 \ldots \vec{\vec{F}}_\kappa\right] = [F_{ik}] \qquad 6{\times}\kappa\text{-Matrix} \qquad (2.38)$$

$$, \quad k = 1, \ldots, \kappa$$

$$\mathbf{U} = \left[\underline{\underline{U}}_1 \cdots \underline{\underline{U}}_\kappa\right] = [U_{jk}] \qquad 8{\times}\kappa\text{-Matrix} \qquad (2.39)$$

$$\hat{\mathbf{H}}\,\mathbf{F} = \mathbf{U} \qquad (2.40)$$

Da gemäß (2.31) und (2.32) in **F** und **U** nur Werteänderungen registriert werden, gehen die stets separat zu behandelnden Abgleich- und Eigengewichtseinflüsse in die Rechnung nicht ein. Transponieren von (2.40) ergibt nun ein überbestimmtes Gleichungssystem für $\hat{\mathbf{H}}^T$,

$$\mathbf{F}^T\,\hat{\mathbf{H}}^T = \mathbf{U}^T \qquad (2.41)$$

dessen optimale Schätzlösung sich über die linke Pseudoinverse berechnet:

$$\hat{\mathbf{H}}^T = (\mathbf{F}^T)^+\,\mathbf{U}^T = \left((\mathbf{F}^T)^T\,\mathbf{F}^T\right)^{-1}(\mathbf{F}^T)^T\,\mathbf{U}^T = (\mathbf{F}\,\mathbf{F}^T)^{-1}\,\mathbf{F}\,\mathbf{U}^T \qquad (2.42)$$

Durch Transponieren entsteht daraus die gesuchte Formel für $\hat{\mathbf{H}}$:

$$\boxed{\hat{\mathbf{H}} = \mathbf{U}\,\mathbf{F}^T\,(\mathbf{F}\,\mathbf{F}^T)^{-1}} \qquad \text{„Eichungs–Sensor-Matrix“} \qquad (2.43)$$

Da für $\hat{\mathbf{H}}$ und die gesuchte Matrix $\hat{\mathbf{M}}$ Gleichung (2.36) entsprechend gilt, lautet analog zu (2.37) das Ergebnis für $\hat{\mathbf{M}}$:

$$\boxed{\hat{\mathbf{M}} = (\hat{\mathbf{H}}^T\,\hat{\mathbf{H}})^{-1}\,\hat{\mathbf{H}}^T} \qquad \text{„Kraftmeß–Sensor-Matrix“} \qquad (2.44)$$

Eine Bestimmung von $\hat{\mathbf{M}}$ in nur einem Regressionsschritt über einen der Gleichung (2.34) entsprechenden Ansatz mit (2.38) und (2.39) ist nicht möglich, weil in diesem Fall in der Formel für die Pseudoinverse eine zu invertierende 8×8-Matrix vom Rang nicht größer als 6 zu stehen käme.

Bei dem beschriebenen System wurde eine Neu-Identifikation der Sensor-Matrix nicht durchgeführt, da man mit der im **Bild 2.29** erkennbaren Anisotropie leben kann: Bei den meisten Versuchen kommt es überwiegend auf relative und nicht auf absolute Genauigkeit an. Außerdem ist der lastproportionale Anisotropie-Effekt bei kleinen Kräften im Vergleich zum konstanten Springscheiben-Effekt vernachlässigbar.

2.8 Identifikation der Eigengewichtsparameter

In [16] ist die Identifikation der Eigengewichtsparameter für eine speziell gewählte zweiachsige Testbewegung der Roboterhand beschrieben. Im folgenden wird ohne eine solche Spezialisierung vorgegangen; man erkennt dann, daß die Identifikation grundsätzlich auch mit einer einachsigen Testbewegung möglich ist.

Die vier Gleichungen (2.12), (2.13), (2.15) und (2.16) sind unter dem Gesichtspunkt des Echtzeiteinsatzes formuliert. An dieser Stelle wird zunächst eine Zusammenfassung zu drei Gleichungen vorgenommen, bei der die „Sensor-Einheitsvertikale“ ${}^{S}\vec{e}_V$ auftritt und das Effektorgewicht G_E jeweils explizit erscheint:

$$\boxed{{}^{S}\vec{e}_V = {}^{S}\mathbf{R}_0\, {}^{0}\vec{e}_V} \tag{2.45}$$

$${}^{S}\vec{F}_{ist,S} = {}^{S}\vec{F}^{*}_{m,S} - \left({}^{S}\vec{F}_{o,S} + G_E\, {}^{S}\vec{e}_V\right) \tag{2.46}$$

$${}^{S}\vec{M}_{ist,S} = {}^{S}\vec{M}^{*}_{m,S} - \left({}^{S}\vec{M}_{o,S} + G_E \left({}^{S}\vec{w}^{*} \times {}^{S}\vec{e}_V\right)\right) \tag{2.47}$$

Diese Gleichungen enthalten in Gestalt von G_E , ${}^{S}\vec{w}^{*}$, ${}^{S}\vec{F}_{o,S}$ und ${}^{S}\vec{M}_{o,S}$ insgesamt 10 skalare Unbekannte, die zu identifizieren sind. Dabei sind G_E und ${}^{S}\vec{w}^{*}$ die eigentlichen Eigengewichtsparameter.

Die Gleichungen (2.46) und (2.47) haben ebenso wie (2.15) und (2.16) die Funktion einer Kompensationsvorschrift gemäß (2.6). Zu der letzteren gehört die Modellgleichung (2.4). Dementsprechend lauten die hier nun benötigten Gleichungen für das zugrundeliegende statische Lastmodell, wieder mit der Annahme (2.7):

$${}^{S}\vec{F}^{*}_{m,S} = {}^{S}\vec{F}_{außen,S} + \left({}^{S}\vec{F}_{o,S} + G_E\, {}^{S}\vec{e}_V\right) \tag{2.48}$$

$${}^{S}\vec{M}^{*}_{m,S} = {}^{S}\vec{M}_{außen,S} + \left({}^{S}\vec{M}_{o,S} + G_E \left({}^{S}\vec{w}^{*} \times {}^{S}\vec{e}_V\right)\right) \tag{2.49}$$

Die Eigengewichtsparameter sind hier bei gleicher Schreibweise in den Kompensationsvorschriften (2.46) und (2.47) als Schätzwerte und in den Modellgleichungen (2.48) und (2.49) als die wahren Werte zu interpretieren.

Die Modellvoraussetzung (2.7) gilt natürlich auch für die Identifikation; daher dürfen die in verschiedenen Stellungen durchzuführenden Testmessungen jeweils erst nach Eintritt des Stillstands erfolgen und müssen zur Elimination der Vibrationseinflüsse (**Bild 2.17**) als Mittelwerte gewonnen werden. Um beim Identifikationsvorgang von äußeren Kräften unabhängig zu sein, finden die Testmessungen nie unter Umgebungskontakt statt:

$$ {}^S\vec{F}_{\text{außen},S,\text{Test}} \equiv \vec{0} \qquad \text{und} \qquad {}^S\vec{M}_{\text{außen},S,\text{Test}} \equiv \vec{0} \tag{2.50} $$

Damit lauten die dem Identifikationsvorgang zugrundezulegenden Modellgleichungen unter Einbeziehung eines Indexes i für einzelne Testmessungen:

$$ {}^S\vec{F}^*_{m,S,\text{Test}(i)} = {}^S\vec{F}_{o,S} + G_E\, {}^S\vec{e}_{V(i)} \tag{2.51} $$

$$ i = 1, 2, 3 $$

$$ {}^S\vec{M}^*_{m,S,\text{Test}(i)} = {}^S\vec{M}_{o,S} + G_E \left({}^S\vec{w}^* \times {}^S\vec{e}_{V(i)} \right) \tag{2.52} $$

Die Anzahl der Meßpunkte i wird später begründet. Die Testmeßwerte können auf dem normalen Signalweg gewonnen werden, wenn man zuvor die Eigengewichtskompensation und die Bezugspunkt-Verlagerung durch geeignete Parameterwahl neutralisiert.

2.8.1 Bestimmung des Effektorgewichts

Der Gewichtsparameter G_E läßt sich über eine Differenzbildung von zwei Gleichungen (2.51), aufgestellt zu zwei Meßpunkten a und b, ermitteln, wodurch die Unbekannte ${}^S\vec{F}_{o,S}$ eliminiert wird. Mit den Differenzgrößen

$$ \boxed{\vec{v}_{ab} = {}^S\vec{e}_{V(a)} - {}^S\vec{e}_{V(b)}} \tag{2.53} $$

$$ \boxed{\vec{F}_{ab} = {}^S\vec{F}^*_{m,S,\text{Test}(a)} - {}^S\vec{F}^*_{m,S,\text{Test}(b)}} \tag{2.54} $$

führt dies auf eine Gleichung der Form

$$ \vec{v}\, G = \vec{F} \tag{2.55} $$

Eine komponentenweise Auswertung mit Mittelung der Einzelergebnisse scheidet hier, ganz abgesehen von Meßfehlern, schon aus numerischen Gründen aus. Beispielsweise können dabei betragsmäßig unbedeutende Komponenten verschiedenen Vorzeichens sogar zu negativen Teilergebnissen für das Gewicht führen. Eine bessere Auswertung geht von der Beträgen der als kollinear angenommenen Vektoren aus, womit die Frage der Gewichtung von Einzelergebnissen entfällt:

$$ G = \frac{|\vec{F}|}{|\vec{v}|} \tag{2.56} $$

Will man berücksichtigen, daß aufgrund von Meßfehlern die beiden Vektoren in Wirklichkeit einen Winkel φ_{korr} einschließen,

$$\cos\varphi_{\mathrm{korr}} = \frac{\vec{v}\cdot\vec{F}}{|\vec{v}||\vec{F}|} \tag{2.57}$$

muß ein Ansatz mit einem zu minimierenden Fehlervektor $\vec{\varepsilon}$ verwendet werden.

Für einen solchen Ansatz ergeben sich zunächst zwei Möglichkeiten, die aber zu verschiedenen Schätzlösungen führen:

$$\vec{v}\,\widehat{\mathrm{G}} = \vec{F} - \vec{\varepsilon} \quad , \qquad |\vec{\varepsilon}| \to \min_{\widehat{\mathrm{G}}} \tag{2.58}$$

$$(\vec{v} - \vec{\tilde{\varepsilon}})\,\widetilde{\mathrm{G}} = \vec{F} \quad , \qquad |\vec{\tilde{\varepsilon}}| \to \min_{\widetilde{\mathrm{G}}} \tag{2.59}$$

Beim Übergang auf Matrizenschreibweise durch Auffassung der Vektoren als einspaltige Matrizen läßt sich sofort die bekannte Formel anwenden, nach der sich die eine quadratische Fehlerminimierung liefernde Regressionslösung über die linke Pseudoinverse des Gleichungssystems berechnet. Anschließend kehrt man zur Vektorschreibweise zurück, wobei Skalarprodukte auftreten. Für den Ansatz (2.58) heißt das:

$$\underline{\mathbf{v}}\,\widehat{\mathrm{G}} + \underline{\hat{\boldsymbol{\varepsilon}}} = \underline{\mathbf{f}} \quad , \qquad \underline{\hat{\boldsymbol{\varepsilon}}}^{\mathrm{T}}\underline{\hat{\boldsymbol{\varepsilon}}} \to \min_{\widehat{\mathrm{G}}} \tag{2.60}$$

$$\widehat{\mathrm{G}} = \underline{\mathbf{v}}^{+}\,\underline{\mathbf{f}} = (\underline{\mathbf{v}}^{\mathrm{T}}\,\underline{\mathbf{v}})^{-1}\,\underline{\mathbf{v}}^{\mathrm{T}}\,\underline{\mathbf{f}} \tag{2.61}$$

$$\widehat{\mathrm{G}} = \frac{\vec{v}\cdot\vec{F}}{\vec{v}\cdot\vec{v}} = \frac{|\vec{v}||\vec{F}|\cos\varphi_{\mathrm{korr}}}{|\vec{v}|^2} = \frac{|\vec{F}|}{|\vec{v}|}\cos\varphi_{\mathrm{korr}} = \mathrm{G}\cos\varphi_{\mathrm{korr}} \tag{2.62}$$

Im Vergleich dazu ergibt sich für Ansatz (2.59) formal ein Rollentausch beider Vektoren mit anschließender Kehrwertbildung:

$$\underline{\mathbf{f}}\,\frac{1}{\widetilde{\mathrm{G}}} + \underline{\tilde{\boldsymbol{\varepsilon}}} = \underline{\mathbf{v}} \tag{2.63}$$

$$\widetilde{\mathrm{G}} = \frac{\vec{F}\cdot\vec{F}}{\vec{F}\cdot\vec{v}} = \frac{|\vec{F}|}{|\vec{v}|}\cdot\frac{1}{\cos\varphi_{\mathrm{korr}}} = \mathrm{G}\,\frac{1}{\cos\varphi_{\mathrm{korr}}} \tag{2.64}$$

Mit (2.56), (2.62) und (2.64) stehen drei Lösungsformeln nebeneinander, die im Idealfall kollinearer Vektoren ($\varphi_{\mathrm{korr}} = 0$) ineinander übergehen[4]. Für die Wahl

[4]Formal ergibt sich (2.62), wenn man (2.56) von links skalar mit $\vec{v}$ multipliziert, und (2.64), indem man (2.56) von links skalar mit $\vec{F}$ multipliziert.

von (2.62) oder (2.64) ist entscheidend, daß die beiden Vektoren $\vec{v}$ und $\vec{F}$ nicht gleichberechtigt nebeneinander stehen: Der Fehler ε ist nicht bei den meßtechnisch und numerisch sehr genau bestimmbaren rein geometrieabhängigen Richtungsvektoren $\vec{v}$ zu suchen, sondern bei den auf komplizierte Weise gewonnenen Kraftsignalen $\vec{F}$, abhängig von der Güte von Sensorelement, Sensorelektronik und verwendeter Sensor-Matrix. Daher ist der Ansatz (2.58) der richtige. Die zugehörige Lösung (2.62) liefert für den Fall zweier unkorrelierter Vektoren $\vec{v}$ und $\vec{F}$, also $\varphi_{korr} = 90°$, sinnvollerweise ein Modellgewicht $\widehat{G} = 0$, wohingegen mit dem anderen Schätzansatz hier ein Gewicht $\widetilde{G} = \infty$ resultieren würde.

Im Hinblick auf die Bestimmung des Effektor-Schwerpunkts werden drei Testmessungen $i = 1, 2, 3$ durchgeführt. Damit ergeben sich drei mögliche Indexpaarungen (a, b) und drei verschiedene Ergebnisse für das Effektorgewicht:

$$\boxed{(a, b) = (1, 2), (2, 3), (3, 1)} \tag{2.65}$$

$$\boxed{\widehat{G}_{ab} = \frac{\vec{v}_{ab} \cdot \vec{F}_{ab}}{\vec{v}_{ab} \cdot \vec{v}_{ab}}} \tag{2.66}$$

$$\boxed{\cos \varphi_{korr,ab} = \frac{\vec{v}_{ab} \cdot \vec{F}_{ab}}{\sqrt{(\vec{v}_{ab} \cdot \vec{v}_{ab})(\vec{F}_{ab} \cdot \vec{F}_{ab})}}} \tag{2.67}$$

Angesichts dieser Überbestimmtheit bestehen nun folgende Möglichkeiten:

I. Arithmetische Mittelung der Einzelergebnisse

II. Schätzung über eine Gesamt-Regression

III. Gewichtete Mittelung der Einzelergebnisse mit einem Gütekriterium

Eine Gesamt-Regression bedeutet, die Vektoren $\underline{v}$ und $\underline{f}$ in Gleichung (2.60) zu ersetzen durch Kombinationsvektoren der Form

$$\underline{x} = [\,\underline{x}_{12}^T\,,\ \underline{x}_{23}^T\,,\ \underline{x}_{31}^T\,]^T \tag{2.68}$$

Die sich dann gemäß (2.61) ergebende Gesamt-Schätzlösung $\widehat{G}_{ges}$ und der ihre Güte kennzeichnende virtuelle Winkel $\cos \varphi_{korr,ges}$ lauten, mit Hilfe der obigen Einzelergebnisse ausgedrückt :

$$\widehat{G}_{ges} = \frac{\sum_{ab} \vec{v}_{ab} \cdot \vec{F}_{ab}}{\sum_{ab} \vec{v}_{ab} \cdot \vec{v}_{ab}} =: \frac{\{Z\}}{\{N\}} \tag{2.69}$$

$$\cos \varphi_{korr,ges} = \frac{\{Z\}}{\sqrt{\{N\} \sum_{ab} \vec{F}_{ab} \cdot \vec{F}_{ab}}} \tag{2.70}$$

Ein so berechnetes Ergebnis ist natürlich als besser zu bewerten als ein durch einfache arithmetische Mittelung entstandenes. Jedoch gehen beide Methoden von einem gleichverteilten Fehlerverhalten aus. Im Hinblick auf das im Abschnitt 2.6 beschriebene räumlich ungleichmäßige Meßverhalten aufgrund eines Springscheiben-Effekts und einer nicht genau passenden Sensor-Matrix hat sich gegenüber den Methoden I und II eine gewichtete Mittelung der Teilergebnisse $\widehat{G}_{ab}$ sehr bewährt, bei der die Gewichtungskoeffizienten von dem jeweiligen Gütefaktor $\cos\varphi_{korr,ab}$ abhängen (Methode III):

$$G_E = \breve{G}_{ges} = \frac{\sum\limits_{ab} \widehat{G}_{ab} \cdot \breve{K}_{ab}}{\sum\limits_{ab} \breve{K}_{ab}} \tag{2.71}$$

$$\breve{K}_{ab} = \begin{cases} \left(\cos\varphi_{korr,ab}\right)^{(2^{\breve{n}})} & \text{für } \cos\varphi_{korr,ab} > 0 \\ 0 & \text{für } \cos\varphi_{korr,ab} \leq 0 \end{cases} \tag{2.72}$$

Auf diese Weise werden die auf sehr guter Korrelation basierenden Teilergebnisse bevorzugt. Als Gütekriterium $\breve{K}(\varphi_{korr})$ wurde die in **Bild 2.32** dargestellte Potenzfuntionenschar $\breve{K}(\cos\varphi_{korr})$ gewählt. Der Ansatz vereint eine im Groben

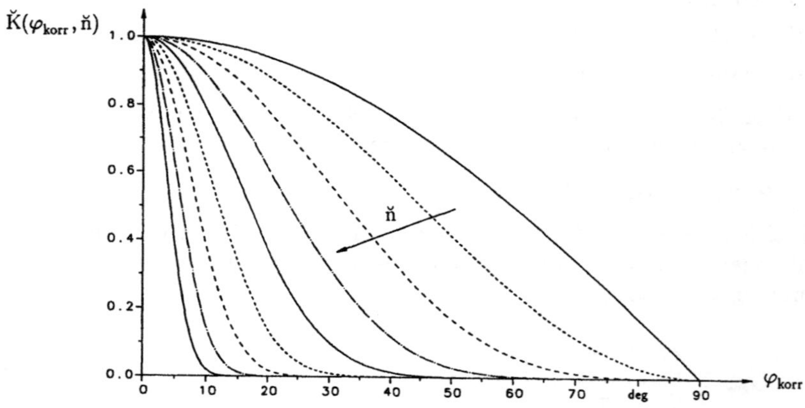

Bild 2.32: Funktionenschar $\breve{K}(\varphi_{korr}, \breve{n}) = (\cos\varphi_{korr})^{(2^{\breve{n}})}$ für $\breve{n} = 0, 1, \ldots, 8$

wählbare Trennschärfe mit einer sinnvollen Selektionsunschärfe im Bereich kleiner Korrelationswinkel, die, wie der Verlauf des reinen Cosinus zeigt, relativ gleichberechtigt sind (vgl. Gleichungen (2.56) und (2.62)). Durch die Beschränkung der Exponenten auf Zweierpotenzen $2^{\breve{n}}$ sind zur Berechnung lediglich $\breve{n}$ Multiplikationen nötig, wobei bereits eine Wahl im Bereich $\breve{n} = 4$ bis $\breve{n} = 6$ gut geeignet ist.

Nach Bestimmung des Parameters G_E berechnet sich die Unbekannte ${}^S\vec{F}_{o,S}$ nach folgender Formel, die man durch Summation der jeweiligen Gleichung (2.51) zu jeder Testmessung erhält:

$$\boxed{{}^S\vec{F}_{o,S} = \frac{1}{3}\left[\sum_{i=1}^{3} {}^S\vec{F}_{m,S,Test(i)} - G_E \sum_{i=1}^{3} {}^S\vec{e}_{V(i)}\right]} \tag{2.73}$$

2.8.2 Bestimmung des Effektor-Schwerpunkts

Der Schwerpunktvektor $\vec{w}^*$ tritt im Gegensatz zum Gewichtsparameter G_E, der inzwischen bekannt ist, nur in der Momentengleichung (2.52) auf. Durch Differenzbildung zweier dieser Gleichungen für zwei Meßpunkte a und b zur Elimination von ${}^S\vec{M}_{o,S}$ bleibt eine reine Kreuzproduktgleichung mit $\vec{w}^*$ übrig:

$$\boxed{\vec{M}_{ab} = {}^S\vec{M}^*_{m,S,Test(a)} - {}^S\vec{M}^*_{m,S,Test(b)}} \tag{2.74}$$

$${}^S\vec{w}^* \times \vec{v}_{ab} = \frac{\vec{M}_{ab}}{G_E} \tag{2.75}$$

Da das Kreuzprodukt mit einem gegebenen Vektor $\vec{v}$ eine nicht umkehrbare Abbildung darstellt, ist eine Auflösung von (2.75) nach $\vec{w}^*$ nicht möglich: Die gemäß (2.76) und (2.77) zugehörige Abbildungsmatrix ist singulär und besitzt ein Rangdefizit von Eins. Dementsprechend sind die möglichen Urbildpunkte — in diesem Fall also die möglichen Orte des gesuchten Schwerpunkts S_E — nur bis auf eine bestimmte Gerade im Raum festgelegt, **Bild 2.33**. Diese Gerade liegt

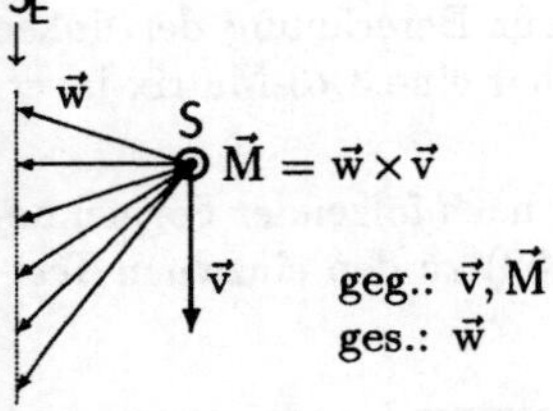

$$\vec{w} \times \vec{v} = \begin{bmatrix} w_y v_z - w_z v_y \\ w_z v_x - w_x v_z \\ w_x v_y - w_y v_x \end{bmatrix} \tag{2.76}$$

$$= \begin{bmatrix} 0 & v_z & -v_y \\ -v_z & 0 & v_x \\ v_y & -v_x & 0 \end{bmatrix} \begin{bmatrix} w_x \\ w_y \\ w_z \end{bmatrix} = \mathbf{V}\,\vec{w} \tag{2.77}$$

Bild 2.33: Kreuzprodukt — nicht umkehrbare lineare Abbildung mit Rangdefizit Eins

parallel zu $\vec{v}$ in der Ebene senkrecht zu $\vec{M}$ auf einer bestimmten Seite relativ zum Sensormeßzentrum S, und zwar im Abstand $\frac{|\vec{M}|}{|\vec{V}|}$. Nimmt man aufgrund dieser Unterbestimmung eine zweite Gleichung (2.75) hinzu, so liegt der gesuchte Schwerpunkt auf zwei solchen sich theoretisch schneidenden Geraden. Damit liegt dann bereits eine Überbestimmung[5)] vor, da die beiden Geraden in der Praxis nur dicht aneinander vorbeigehen und der theoretische Schnittpunkt nicht existiert. Die Lösung liefert hier wieder ein Regressionsansatz, mit dem sich im Falle von

$$\boxed{(\mathrm{a},\mathrm{b}) = (1,2),\ (2,3)} \tag{2.78}$$

der Punkt zwischen den beiden Geraden oder bei Wahl von

$$\boxed{(\mathrm{a},\mathrm{b}) = (1,2),\ (2,3),\ (3,1)} \tag{2.79}$$

der „mittlere" Schnittpunkt von drei sich nahezu in einem Punkt schneidenden Bestimmungsgeraden nach Maßgabe der Minimierung eines Fehlervektors berechnen läßt. Die Überbestimmung wirkt sich positiv im Sinne einer statistischen Festigung des Ergebnisses aus.

$$\mathbf{Y} = \begin{bmatrix} \mathbf{V}_{ab} \\ \vdots \end{bmatrix} \qquad \text{und} \qquad \underline{\mathbf{x}} = \frac{1}{\mathrm{G_E}} \begin{bmatrix} \vec{\mathrm{M}}_{ab} \\ \vdots \end{bmatrix} \tag{2.80}$$

$$\mathbf{Y}\,\hat{\underline{\mathbf{w}}} + \hat{\underline{\boldsymbol{\varepsilon}}}_1 = \underline{\mathbf{x}} \quad , \qquad \hat{\underline{\boldsymbol{\varepsilon}}}_1^{\mathrm{T}}\,\hat{\underline{\boldsymbol{\varepsilon}}}_1 \rightarrow \min_{\hat{\underline{\mathbf{w}}}} \tag{2.81}$$

Die Schätzlösung für den Schwerpunkt lautet dann:

$$\boxed{{}^{\mathrm{S}}\vec{\mathrm{w}}^{*} = \hat{\underline{\mathbf{w}}} = \mathbf{Y}^{+}\,\underline{\mathbf{x}} = (\mathbf{Y}^{\mathrm{T}}\,\mathbf{Y})^{-1}\,\mathbf{Y}^{\mathrm{T}}\,\underline{\mathbf{x}}} \tag{2.82}$$

Dabei ist $\mathbf{Y}$, aufgebaut aus Teilmatrizen gemäß (2.77), je nach Wahl von (2.78) oder (2.79) eine 6×3-Matrix oder eine 9×3-Matrix; zur Berechnung der linken Pseudoinversen $\mathbf{Y}^{+}$ braucht hier jedoch in jedem Fall nur eine 3×3-Matrix invertiert zu werden.

Zum Schluß kann man die letzte Unbekannte ${}^{\mathrm{S}}\vec{\mathrm{M}}_{\mathrm{o,S}}$ nach folgender Formel berechnen, die sich durch Addition aller Gleichungen (2.52) zu den einzelnen Testmessungen i ergibt:

$$\boxed{{}^{\mathrm{S}}\vec{\mathrm{M}}_{\mathrm{o,S}} = \frac{1}{3}\left[\sum_{i=1}^{3}{}^{\mathrm{S}}\vec{\mathrm{M}}_{\mathrm{m,S,Test(i)}} - {}^{\mathrm{S}}\vec{\mathrm{w}}^{*} \times \left(\mathrm{G_E}\sum_{i=1}^{3}{}^{\mathrm{S}}\vec{\mathrm{e}}_{\mathrm{V(i)}}\right)\right]} \tag{2.83}$$

[5)]durch 2 Gleichungssysteme mit jeweils Rang 2 für insgesamt 3 Unbekannte

2.8.3 Wahl der Testbewegung

Voraussetzung für die Identifizierbarkeit der Eigengewichtsparameter aus einem Satz Testmessungen ist die folgende Bedingung, aufgrund derer signifikante Änderungen der Sensorsignale hervorgerufen werden:

(A) **Die Vektoren $\vec{v}_{ab}$ nach (2.53), Differenzen von Richtungs-Einheitsvektoren, deren Längen zwischen 0 und 2 liegen können, sollten möglichst große Beträge aufweisen.**

Für die Lösbarkeit der Bestimmungsgleichungen braucht man neben $G_E \neq 0$, was im realen Betrieb immer gegeben ist[6], nur folgende Voraussetzung, die die Berechenbarkeit der Pseudoinversen sicherstellt:

(B) Die Vektoren $\vec{v}_{ab}$ müssen signifikant verschiedene Richtungen haben.

Anschaulich ausgedrückt sind spitze Winkel zwischen den Kreuzprodukt-Bestimmungsgeraden zu vermeiden.

Die Wahl einer Testbewegung, bei der lediglich eine Roboterachse gedreht wird, steht keiner dieser Bedingungen im Wege. Eine einfache Testdrehung der letzten Handachse ist in der Regel am platzsparendsten im Hinblick auf mögliche Kollisionen zwischen Greifer und Umgebung und stellt gleichzeitig eine besonders elegante Lösung dar.

Bei einer einachsigen Testdrehung beschreibt die Sensor-Einheitsvertikale ${}^S\vec{e}_V$ im Sensorkoordinatensystem einen Teil eines Kegelmantels. Anschaulich kann man sich die raumfeste Fuß-Einheitsvertikale ${}^0\vec{e}_V$ als einen Drehmeißel vorstellen, der die bei der Testdrehung bewegten Teile kegelförmig bearbeitet. Der virtuelle Kegel ist umso spitzer, je spitzer der Winkel zwischen Testdrehachse und Vertikale ist. Stimmen beide Richtungen überein, sind alle ${}^S\vec{e}_{V(i)}$ gleich, d.h. der Kegel entartet zur Linie, und damit bleiben auch die Sensorsignale konstant. Die Differenzvektoren $\vec{v}_{ab}$ sind in diesem Fall alle Null, womit gleichzeitig gegen Bedingung (A) und Bedingung (B) verstoßen wird.

Notwendige Bedingung zur Erfüllung von (A) ist,

(a) Teildrehwinkel geeigneter Größe

zu verwenden, wobei der überstrichene Gesamtdrehwinkel natürlich nicht 360° betragen darf, weil sonst erste und letzte Meßstellung zusammenfallen.

---

[6] Bei Simulatorbetrieb (→ Sensor bleibt fix im Raum) erhält man ${}^S\vec{F}_{m,S,Test(i)} = const$ und damit $G_E = 0$, womit der Wert von ${}^S\vec{w}^*$ dann irrelevant ist.

Notwendige Bedingung zur Erfüllung von (B) ist, die

(b) Testachse genügend steil zur Vertikalen

zu wählen. Eine hinreichende Bedingung zur Erfüllung von (A) und (B) ist die Einhaltung von (a) und (b). Bei einer einachsigen Testbewegung liegen die Bestimmungsgeraden gemäß **Bild 2.33** in einer Ebene. Dies hat auf die Genauigkeit der Rechnung keinen Einfluß.

Zur automatischen Wahl der aktuellen Testachse ist das folgende Vorgehen geeignet:

- Bevorzugte Drehachse ist die letzte Handachse. Falls diese gerade zu steil zur Vertikalen steht, wird die vorletzte Handachse benutzt, die aufgrund des konstruktiven Winkels zwischen beiden dann folglich einen ausreichenden Vertikalenwinkel einnimmt.

Bei Vorliegen einer Doppelschräghand, wo die beiden letzten Achsen keinen festen Winkel bilden, führt dieses Vorgehen ebenfalls zum gewünschten Ergebnis.

Die Überschreitung eines Mindestwinkels $\vartheta_{\min}$ zur Vertikalen kann durch folgende Rechnungen abgeprüft werden:

$$\boxed{1 \geq {}^{H}\vec{e}_{z_{N-1}} \times {}^{H}\vec{e}_{V} \overset{?}{\geq} \delta_{\min} > 0} \tag{2.84}$$

$$\delta_{\min} = \sin \vartheta_{\min} = \text{const} \tag{2.85}$$

$$\boxed{{}^{H}\vec{e}_{V} = {}^{0}\mathbf{R}_{H}^{T}\ {}^{0}\vec{e}_{V}} \tag{2.86}$$

$$\boxed{{}^{H}\vec{e}_{z_{N-1}} = \begin{cases} {}^{N-1}\mathbf{A}_{N}^{T}\ {}^{N-1}\vec{e}_{z_{N-1}} & \\ [0,0,1]^{T} & \text{wenn } z_N \equiv z_{N-1} \end{cases}} \tag{2.87}$$

$${}^{N-1}\vec{e}_{z_{N-1}} = [0,0,1]^{T} \tag{2.88}$$

Für das Kriterium hat sich die Wahl $\vartheta_{\min} = 15°$ bewährt.

Für die Bestimmung des Schwerpunkts hat sich die Rechnung auf der Basis von (2.78) als völlig ausreichend erwiesen, und für diesen Fall ist ein Gesamttestdrehwinkel von 180° optimal: Die beiden Bestimmungsgeraden stehen dann im Winkel von 90° zueinander[7)], und für die Gewichtsbestimmung ist einmal die maximale Anregung $|\vec{v}_{ab}| = 2$ enthalten. Andererseits werden auch mit 20° Gesamttestdrehung schon gute Identifikationsergebnisse gewonnen. Nach Auswahl

[7)] Bei 3 Bestimmungsgeraden, Fall (2.79), ergeben sich die Schnittwinkel 90°, 45°, 45°.

der Testachse j kann die Testbewegung folgendermaßen angelegt werden:

- **Reihenfolge: Messung 1 — Testdrehung ψ_1 — Messung 2 — Testdrehung ψ_2 mit gleichem Drehsinn — Messung 3 — Rückkehr in Ausgangsstellung**
- **Startdrehsinn in Richtung des weiter entfernten Endanschlagwinkels $q_{Grenz,j}$**
- **$\psi_1 = \psi_2 = \frac{1}{2}\psi_{ges}$ ist optimal**
- **$|\psi_{ges}| = \mathrm{Min}\,(180°, |q_{Grenz,j} - q_{ist,j}|)$**

In [16] scheidet eine elegante einachsige Testbewegung aufgrund des dort gewählten Ansatzes für die Schwerpunktbestimmung aus. Es wird dort von einer ausgezeichneten Anfangsstellung 0 ausgegangen und dementsprechend mit

$$(a, b) = (0, 1) \text{ und } (0, 2) \tag{2.89}$$

gerechnet. Hiermit wird die Gewichtsbestimmung entsprechend Methode I durchgeführt, und für die Schwerpunktbestimmung wird dort angesetzt:

$$^{S}\vec{w}^{*} = \alpha\,(\vec{M}_{01} \times \vec{M}_{02}) \tag{2.90}$$

Durch Einsetzen dieser zweifelsohne stets gültigen Beziehung in die zwei Gleichungen (2.75) ergeben sich zwei Bestimmungsgleichungen der Form (2.55), mit denen analog zur Gewichtsbestimmung verfahren wird. Für den Fall einer Kollinearität der Differenzmomente $\vec{M}_{ab}$ versagt der Ansatz (2.90) jedoch. Da bei einer einachsigen Testbewegung die Meßmomente $\vec{M}_{m,S,Test(i)}$ und damit auch die Differenzmomente $\vec{M}_{ab}$ aber kollinear sein können, wird eine solche einfache Bewegung in [16] bewußt ausgeklammert.

2.8.4 Besonderheiten

Aufgrund des beschriebenen, durch das Sensorelement gegebenen Springscheiben-Effekts gemäß Abschnitt 2.6.3 ist das Identifikationsergebnis für das Effektorgewicht davon abhängig, mit welcher Handachse die Testbewegung ausgeführt wird. In dem im Abschnitt 2.5.5 gesondert erwähnten häufigsten Fall, daß die (mit dem Springscheiben-Effekt behaftete) Symmetrieachse des Sensors parallel zur letzten Handachse liegt, wird dies besonders deutlich: Da bei einer einachsigen Testbewegung sich die äußeren Kräfte in der Achsrichtung nicht ändern, wird in diesem Fall der Springscheiben-Effekt grundsätzlich nicht angeregt, so daß dann im Rahmen der übrigen Meßgenauigkeiten immer das wahre Effektorgewicht identifiziert wird. Bei Testbewegungen um andere Achsen ist der Springscheiben-Effekt dagegen praktisch immer in den Meßdaten enthalten, da die Länge der Testbewegung auf Maximierung des Signalhubs optimiert angelegt wird. Daher wird dann stets ein zu großer Wert für das Gewicht identifiziert. Dies ist jedoch

nicht unbedingt ein schlechterer Wert, weil ja auch die Eigengewichtseinflüsse dem Springscheiben-Effekt unterliegen und nicht die wahren Gewichte, sondern die zugehörigen gemessenen Signale zu kompensieren sind. Da der sprunghafte Effekt die Korrelation der Meßdaten in der Regel verschlechtert, führt das in Abschnitt 2.8.1 beschriebene Gütekriterium zu einem sehr günstigen Ausgleich.

Im Gegensatz zur Gewichtsbestimmung wurden bei der Schwerpunktbestimmung nie Probleme beobachtet. Da die Schwerpunktbestimmung auf dem gewonnenen Gewichtsergebnis aufbaut, drückt sich die gute Korrelation der Drehmomentenmeßdaten darin aus, daß das Produkt aus dem Gewichtsergebnis und dem Betrag des identifizierten Schwerpunktvektors in allen Fällen (verschiedene Anfangsstellungen) immer konstant bleibt.

Ausgehend von dieser Beobachtung ist es zunächst sehr verwunderlich, daß beim freien 6-achsigen sensorgeführten Bewegen des Roboters, wo also beliebige Orientierungsänderungen vorkommen, nicht zu vernachlässigende Fehler bei der Eigengewichtskompensation nicht nur im translatorischen, sondern auch im rotatorischen Teil des Istkraftsignals ${}^{S}\vec{\vec{F}}_{ist,G}$ auftreten. Der Grund ist, daß über die Gleichung (2.22) der Meßzentrums-Verlagerung der Kompensationsfehler im translatorischen Signal ${}^{S}\vec{F}_{ist,S}$ in das rotatorische Signal ${}^{S}\vec{M}_{ist,G}$ hineingetragen und auf diese Weise trotz ausgeglichenen Signals ${}^{S}\vec{M}_{ist,S}$ auch bei den Orientierungsbewegungen der Roboterhand wirksam wird.

Um die unter den gegebenen Umständen unvermeidbaren, aber nur beim räumlichen Führen des Roboters störend bemerkbaren Kompensationsfehler für diesen Fall unwirksam zu machen, wird die im **Bild 2.6** zu findende Betrags-Totzone aktiviert. Sie ist dort wegen ihres auf den Spezialfall beschränkten Einsatzes nur gestrichelt eingezeichnet. **Bild 2.34** zeigt das zugrundeliegende Blockschalt-

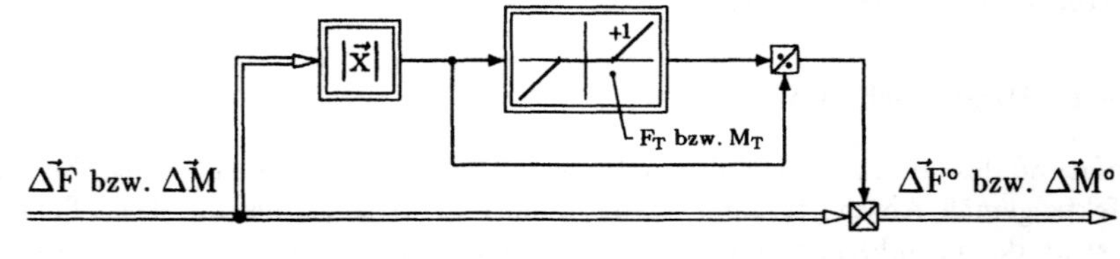

Bild 2.34: Implementierung der Betrags-Totzone

bild [17]. Wichtig ist dabei, daß die Nichtlinearität isotrop umgesetzt wird, was bei einer komponentenweisen Anwendung (Komponenten-Totzone) nicht der Fall wäre.

Da im Falle der freien handgeführten Bewegung des Robotergreifers die Verstärkung im dafür relevanten Geschwindigkeitskanal des Kraftregelgesetzes um einen Faktor 40 bis 50 gegenüber dem Fall harten Umgebungskontakts vergrößert werden kann, machen sich die im translatorischen und im rotatorischen Teil notwendigen Totzonen in der Hand des Bedieners kaum bemerkbar.

2.9 Experimente zu den Eigengewichtseinflüssen

Bei dem beschriebenen System setzt sich das Effektorgewicht G_E zusammen aus einem freien Sensorgewicht von 2,8 N, dem Gewicht eines Tastspitzen-Anbaus von 2,4 N und ggf. der Last von weiteren Anbauten. Für die Versuche zur Dar-

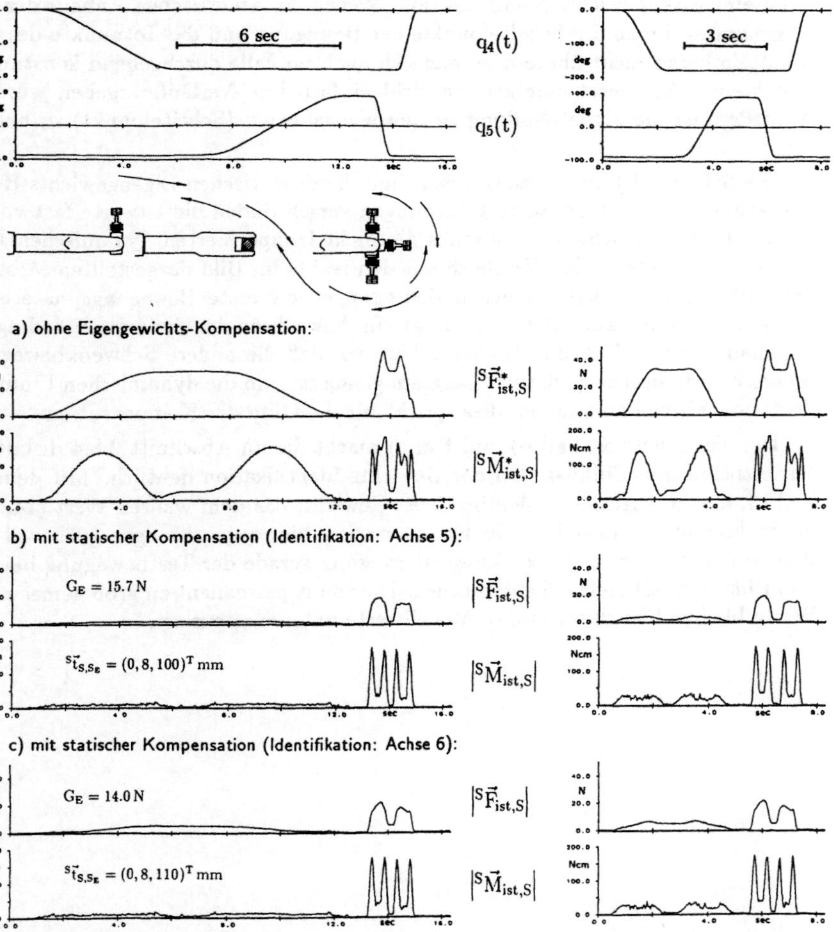

Bild 2.35: Rechnerische Kompensation der Eigengewichts-Anteile im Sensorsignal

stellung der Eigengewichtseinflüsse wurde eine zusätzliche asymmetrische Anbaulast von 9,4 N angeschraubt. Im **Bild 2.35** ist zu sehen, wie sich eine mit zwei Handachsen durchgeführte freie Schwenkbewegung auf die Beträge von Istkraft und Istmoment auswirkt. Die Schwenkbewegung (siehe Skizze) besteht aus achsweise nacheinander ausgeführten 180°-Drehungen, die zunächst langsam erfolgen (Dauer $\approx 13\,\mathrm{s}$) und anschließend rückwärts mit maximaler Geschwindigkeit als Schleuderbewegung durchlaufen werden (Dauer $2\,\mathrm{s}$).

In den Meßschrieben a) sieht man die Kraft-/Momenten-Beträge bei abgeschalteter Eigengewichts-Kompensation. Wegen des azentrischen Anbaus der Zusatzmasse stimmen die Scheitelpunkte der Bewegung und die Totpunkte des Gewichtseinflusses nicht überein, so daß sich auch im Falle durchgehend konstanter, sehr kleiner Achsgeschwindigkeiten nicht einfach $|\cos|$-Verläufe ergeben würden. Außerdem ist die Signal-Nullung zu Bewegungsbeginn (Scheitelpunkt) zu beachten.

Die Schriebe b) und c) zeigen den Einfluß der statischen Eigengewichts-Kompensation. Bei den langsamen Bewegungen verschwinden die Istwerte fast völlig, während bei den Schleuderschwenks die nicht kompensierten dynamischen Einflüsse stehenbleiben. Der Vergleich mit den rechts im Bild dargestellten Messungen, bei denen bei sonst gleichen Bedingungen die erste Bewegungsphase etwa doppelt so schnell abläuft ($\approx 6\,\mathrm{s}$), zeigt ein Anwachsen der dynamisch bedingten Signalanteile und läßt den Umkehrschluß zu, daß die andere Schwenkbewegung im ersten Teil immer noch nicht langsam genug ist, um die dynamischen Einflüsse dort ausschließen zu können; dies spricht für die Güte der Kompensation.

Der Vergleich von Fall b) und Fall c) macht die im Abschnitt 2.8.4 diskutierten nichtlinearen Einflüsse bei der Gewichts-Identifikation deutlich. Mit dem im Fall c), also mit Achse 6, identifizierten Gewicht, das dem wahren Wert (14,6 N) näher kommt, funktioniert die Kompensation hier sogar weniger gut, weil die Abschnitte der verwendeten Schwenkbewegung gerade der Testbewegung bei der Identifikation mit Achse 5 entsprechen: Die somit permanent zu groß gemessenen Werte bleiben hier durch wahre Modellwerte unterkompensiert.

3 Jacobi-Matrix: Grundlagen und Algorithmen

3.1 Überblick zur Jacobi-Matrix in der Robotik

Die Steuerung von Roboterarmen basiert auf zwei Transformationen, die kinematisch vom Gelenkraum in den kartesischen Raum und umgekehrt vermitteln. Dies sind die Hintransformation $\vec{\underline{\Lambda}}$ bzw. die Rücktransformation $\vec{\underline{\Lambda}}^{-1}$; sie bilden den Einstieg in **Tabelle 3.1**. Die Hintransformation stellt einen Satz von 4 Vektoren dar, bestehend aus einem Ortsvektor für die Lage des Greiferbezugspunkts sowie drei Richtungsvektoren zur eindeutigen Beschreibung der Orientierung des Greiferdreibeins im Fußkoordinatensystem.

Die differentielle Schreibweise der Hintransformation $\vec{\underline{\Lambda}}(\underline{q})$, welche von dem Satz $\underline{q}$ der N Stück Gelenkkoordinaten des Geräts abhängt, führt auf die N-spaltige Jacobi-Matrix $\mathbf{J}(\underline{q})$. Mit dieser lassen sich die kinematischen Transformationszusammenhänge für Geschwindigkeiten, kurze Wegstücke am Arbeitspunkt sowie Beschleunigungen anschreiben, siehe (3.3) bis (3.8).

Wie **Tabelle 3.1** zeigt, taucht die Jacobi-Matrix aber außer zur Beschreibung der Kinematik auch in den Zusammenhängen für statische Kräfte- und Momentengleichgewichte am Roboterarm und zur Transformation von Steifigkeitsmatrizen [73] sowie Trägheitstensoren [26] auf, so daß sich mit Kenntnis dieser stellungsabhängigen Matrix die Steuermöglichkeiten am Roboterarm erweitern.

Um den Zugang zur Jacobi-Matrix zu erleichtern, ist in **Tabelle 3.2** das System Roboterarm anhand einiger Gleichungen aus **Tabelle 3.1** zwei sehr einfachen mechanischen Systemen gegenübergestellt worden. Dies sind ein Getriebe mit dem Übersetzungsverhältnis ü und ein Hebelarm mit der Länge ℓ.

Man erkennt bei dieser Gegenüberstellung, daß die Größen ü bzw. ℓ den Matrizen $\mathbf{J}$ oder $\mathbf{J}^{\mathrm{T}}$ entsprechen, während für $\mathbf{J}^{-1}$ oder $\mathbf{J}^{-\mathrm{T}}$ jeweils $\frac{1}{\ddot{u}}$ bzw. $\frac{1}{\ell}$ auftreten. Bei den einfachen durch eine skalare Gleichung zu beschreibenden Systemen ist eine Unterscheidung zwischen linker und rechter Multiplikation nicht relevant, und es kann auch gegebenenfalls zu quadratischen Termen wie $\ddot{u}^2$ und ℓ^2 zusammengefaßt werden, siehe (3.33), (3.34), (3.40) und (3.41).

Die Gleichungen (3.26) bis (3.29) in **Tabelle 3.2** zeigen, wie man von der Kinematik über den Ansatz einer idealen mechanischen Leistungsbilanz zwischen Gelenkraum und kartesischem Raum durch einfaches Einsetzen, Kürzen und Transponieren zu einer Gleichung zwischen kartesischen Kräften und Momenten und solchen auf Gelenkebene gelangt. Letztere sind bei Drehgelenken Momente und im Fall von Schubgelenken Kräfte.

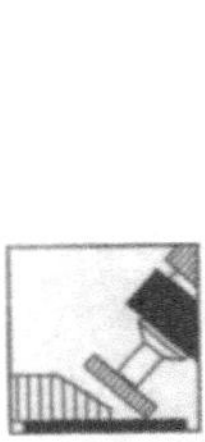

$\underline{\vec{x}} = \underline{\vec{\Lambda}}(\underline{q})$	Hintransformation	Kinematik	(3.1)
$\underline{q} = \underline{\vec{\Lambda}}^{-1}(\underline{\vec{x}})$	Rücktransformation		(3.2)
$\dot{\vec{x}} = \mathbf{J}(\underline{q})\,\dot{\underline{q}}$	Jacobi-Matrix		(3.3)
$d\vec{x} = \mathbf{J}(\underline{q})\,d\underline{q}$			(3.4)
$\dot{\underline{q}} = \mathbf{J}^{-1}\,\dot{\vec{x}}$	Inverse Jacobi-Matrix		(3.5)
$d\underline{q} = \mathbf{J}^{-1}\,d\vec{x}$			(3.6)
$\ddot{\vec{x}} = \mathbf{J}\,\ddot{\underline{q}} + \dot{\mathbf{J}}\,\dot{\underline{q}}$			(3.7)
$\ddot{\underline{q}} = \mathbf{J}^{-1}\,\ddot{\vec{x}} + \dot{\mathbf{J}}^{-1}\,\dot{\vec{x}}$			(3.8)
$\underline{\tau} = \mathbf{J}^{T}\,\vec{F}$	Transponierte Jacobi-Matrix	Statik	(3.9)
$d\underline{\tau} = \mathbf{J}^{T}\,d\vec{F}$			(3.10)
$\vec{F} = \mathbf{J}^{-T}\,\underline{\tau}$			(3.11)
$d\vec{F} = \mathbf{J}^{-T}\,d\underline{\tau}$			(3.12)
$d\underline{\tau} = \mathbf{D}_q\,d\underline{q}$	Gelenk-Steifigkeit	Steifigkeit	(3.13)
$d\underline{q} = \mathbf{D}_q^{-1}\,d\underline{\tau}$			(3.14)
$d\vec{F} = \mathbf{K}_x\,d\vec{x}$	Kartesische Steifigkeit		(3.15)
$d\vec{x} = \mathbf{K}_x^{-1}\,d\vec{F}$			(3.16)
$\mathbf{K}_x = \mathbf{J}^{-T}\,\mathbf{D}_q\,\mathbf{J}^{-1}$	Kartesische Gelenk-Steifigkeit	Transformierte Steifigkeit	(3.17)
$\mathbf{K}_x^{-1} = \mathbf{J}\,\mathbf{D}_q^{-1}\,\mathbf{J}^{T}$			(3.18)
$\mathbf{D}_q = \mathbf{J}^{T}\,\mathbf{K}_x\,\mathbf{J}$	Programmierbarkeit einer kartesischen Steifigkeit		(3.19)
$\mathbf{D}_q^{-1} = \mathbf{J}^{-1}\,\mathbf{K}_x^{-1}\,\mathbf{J}^{-T}$			(3.20)
$\underline{\tau} = \mathbf{H}_q(\underline{q})\,\ddot{\underline{q}} + \underline{r}_q(\underline{q},\dot{\underline{q}})$	Inverses Modell, Gelenk-Raum	Dynamik	(3.21)
$\vec{F} = \mathbf{H}_x(\underline{q})\,\ddot{\vec{x}} + \vec{r}_x(\underline{q},\dot{\underline{q}})$	Kartesisches inverses Modell		(3.22)
$\mathbf{H}_x = \mathbf{J}^{-T}\,\mathbf{H}_q\,\mathbf{J}^{-1}$	Kartesischer Trägheitstensor		(3.23)
$\mathbf{H}_q = \mathbf{J}^{T}\,\mathbf{H}_x\,\mathbf{J}$	Gelenk-Trägheitstensor		(3.24)

Tabelle 3.1: Abbildungszusammenhänge am Roboterarm

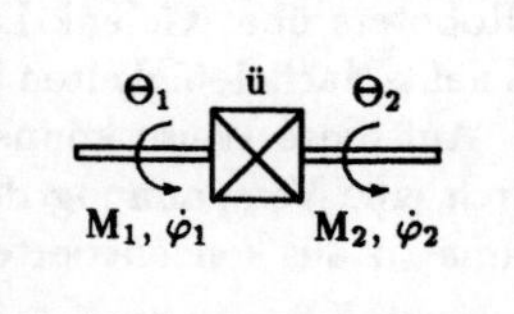

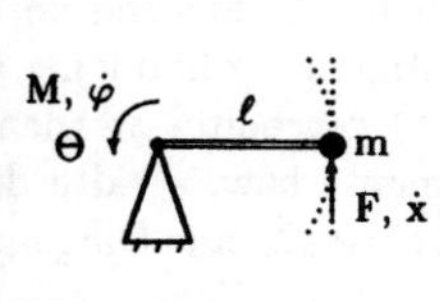

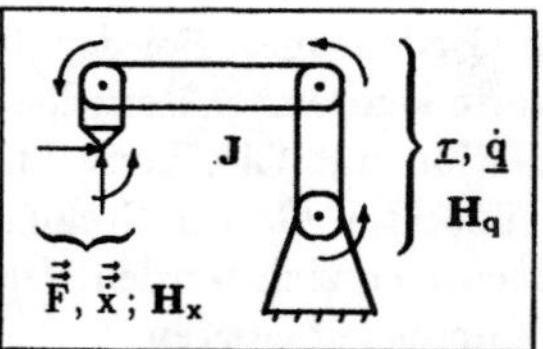

$\dot{\varphi}_1 = \frac{1}{ü}\,\dot{\varphi}_2$	$\dot{\varphi} = \frac{1}{\ell}\,\dot{x}$	$\underline{\dot{q}} = J^{-1}\,\dot{\vec{x}}$	(3.25)
$ü\,\dot{\varphi}_1 = \dot{\varphi}_2$	$\ell\,\dot{\varphi} = \dot{x}$	$J\,\underline{\dot{q}} = \dot{\vec{x}}$ ●	(3.26)
$M_1\,\dot{\varphi}_1 = M_2\,\dot{\varphi}_2$	$M\,\dot{\varphi} = F\,\dot{x}$	$\underline{\tau}^T\,\underline{\dot{q}} = \vec{F}^T\,\dot{\vec{x}}$	(3.27)
$M_1\,\cancel{\dot{\varphi}_1} = M_2\,ü\,\cancel{\dot{\varphi}_1}$	$M\,\cancel{\dot{\varphi}} = F\,\ell\,\cancel{\dot{\varphi}}$	$\underline{\tau}^T\,\cancel{\underline{\dot{q}}} = \vec{F}^T\,J\,\cancel{\underline{\dot{q}}}$	(3.28)
$M_1 = ü\,M_2$	$M = \ell\,F$	$\underline{\tau} = J^T\,\vec{F}$ ●	(3.29)
$\frac{1}{ü}\,M_1 = M_2$	$\frac{1}{\ell}\,M = F$	$J^{-T}\,\underline{\tau} = \vec{F}$	(3.30)
$dM_1 = D_1\,d\varphi_1$	$dM = D\,d\varphi$	$\underline{d\tau} = D_q\,\underline{dq}$	(3.31)
$dM_2 = D_2\,d\varphi_2$	$dF = K\,dx$	$d\vec{F} = K_x\,d\vec{x}$	(3.32)
$D_2 = \frac{1}{ü}\,D_1\,\frac{1}{ü} = \frac{1}{ü^2}\,D_1$	$K = \frac{1}{\ell}\,D\,\frac{1}{\ell} = D\,\frac{1}{\ell^2}$	$K_x = J^{-T}\,D_q\,J^{-1}$	(3.33)
$\frac{1}{D_2} = ü\,\frac{1}{D_1}\,ü = ü^2\,\frac{1}{D_1}$	$\frac{1}{K} = \ell\,\frac{1}{D}\,\ell = \frac{1}{D}\,\ell^2$	$K_x^{-1} = J\,D_q^{-1}\,J^T$	(3.34)
$\ddot{\varphi}_1 = \frac{1}{ü}\,\ddot{\varphi}_2$	$\ddot{\varphi} = \frac{1}{\ell}\,\ddot{x}$	$\underline{\ddot{q}} = J^{-1}\,\ddot{\vec{x}} + \dot{J}^{-1}\,\dot{\vec{x}}$	(3.35)
$M_1 = \Theta_1\,\ddot{\varphi}_1 + r_1(\varphi_1, \dot{\varphi}_1)$	$M = \Theta\,\ddot{\varphi} + r_\varphi(\varphi, \dot{\varphi})$	$\underline{\tau} = H_q(\underline{q})\,\underline{\ddot{q}} + \underline{r}_q(\underline{q}, \underline{\dot{q}})$	(3.36)
$ü\,M_2 = \Theta_1\,\frac{1}{ü}\,\ddot{\varphi}_2 + r_1$	$\ell\,F = \Theta\,\frac{1}{\ell}\,\ddot{x} + r_\varphi$	$J^T\,\vec{F} = H_q\,J^{-1}\,\ddot{\vec{x}} + \ldots$	(3.37)
$M_2 = \underbrace{\frac{1}{ü}\,\Theta_1\,\frac{1}{ü}}_{\Theta_2}\,\ddot{\varphi}_2 + \frac{1}{ü}\,r_1$	$F = \underbrace{\frac{1}{\ell}\,\Theta\,\frac{1}{\ell}}_{m}\,\ddot{x} + \frac{1}{\ell}\,r_\varphi$	$\vec{F} = \underbrace{J^{-T}\,H_q\,J^{-1}}_{H_x}\,\ddot{\vec{x}} + \ldots$	(3.38)
$M_2 = \Theta_2\,\ddot{\varphi}_2 + r_2(\varphi_1, \dot{\varphi}_1)$	$F = m\,\ddot{x} + r_x(\varphi, \dot{\varphi})$	$\vec{F} = H_x(\underline{q})\,\ddot{\vec{x}} + \vec{r}_x(\underline{q}, \underline{\dot{q}})$	(3.39)
$\Theta_2 = \frac{1}{ü}\,\Theta_1\,\frac{1}{ü} = \frac{1}{ü^2}\,\Theta_1$	$m = \frac{1}{\ell}\,\Theta\,\frac{1}{\ell} = \Theta\,\frac{1}{\ell^2}$	$H_x = J^{-T}\,H_q\,J^{-1}$	(3.40)
$\Theta_1 = ü\,\Theta_2\,ü = ü^2\,\Theta_2$	$\Theta = \ell\,m\,\ell = m\,\ell^2$	$H_q = J^T\,H_x\,J$	(3.41)

Tabelle 3.2: Einfache Vergleichs-Beispiele zu den Jacobi-Matrizen-Gleichungen

Die resultierende Gleichung (3.29) ist bei der Roboter-Kraftregelung von besonderer Bedeutung. Bei der üblichen Steuerung des Roboters über Gelenk-Lagesollwerte kann unter Berücksichtigung vorhandener Gelenk-Nachgiebigkeiten in Kombination mit Gleichung (3.14) gearbeitet werden. Auf diese Weise können die gewünschten Gelenk-Stellmomente bzw. -kräfte durch eine Verspannung der Gelenkachsen erzielt werden. Dabei ist $\mathbf{D_q}$ eine Diagonalmatrix aus konzentrierten Gelenk-Steifigkeitswerten.

3.2 Zugrundeliegende kinematische Gleichungen

Wegen des direkten Zusammenhangs zwischen Hintransformation und Jacobi-Matrix („differentielle Hintransformation") erfolgt die Herleitung der Rechenalgorithmen für die Jacobi-Matrix über die kinematischen Gleichungen. Für die Anwendung interessiert dann jedoch weniger der kinematische Aspekt, sondern in erster Linie der Einsatz für die Umrechnung zwischen statischen Kräften und Momenten am Roboterarm.

3.2.1 Index-Schreibweisen

- Indizes kennzeichnen im folgenden jeweils entweder ein ganzes Koordinatensystem oder — in der Bedeutung eines Punktes — den Ursprung des gleichnamigen Koordinatensystems.
- Indexstellungen:

rechts unten normal:	Hauptindex;
rechts unten in $\langle\ \rangle$:	Bezugs-Koordinatensystem (Meßbasis) bei Differentiationen nach der Zeit (hat Einfluß auf den Vektorbetrag);
links hochgestellt:	aktuell wählbares Darstellungs-Koordinatensystem (hat keinen Einfluß auf den Vektorbetrag, bei Aufstellung von Grundgleichungen irrelevant).

3.2.2 Geschwindigkeiten

Translatorisch erzeugte Relativbewegungen (Schubgelenke) wirken sich nicht auf Winkelgeschwindigkeiten, sondern nur auf Bahngeschwindigkeiten aus. Dagegen beeinflussen rotatorisch erzeugte Relativbewegungen (Drehgelenke) neben den Winkelgeschwindigkeiten aufgrund vorhandener Hebelarme auch die Bahngeschwindigkeiten. Daher sind die rotatorischen Zusammenhänge immer als erste zu behandeln.

Der Begriff „Relativbewegungen" beinhaltet, daß nicht nur ein einziges Bezugssystem zur Beschreibung von Bewegungen betrachtet wird; in diesem Fall muß das jeweilige Bezugssystem stets mit angegeben werden. Die Winkelgeschwindigkeit eines Systems B gegenüber einem System A (Bezugssystem) wird hier bezeichnet

mit $\vec{\omega}_{B\langle A\rangle}$. Da ein Koordinatensystem seine eigene Rotationsbewegung an sich selbst nicht messen kann, gilt:

$$\vec{\omega}_{B\langle B\rangle} \equiv \vec{0} \tag{3.42}$$

Wechselt man das Bezugskoordinatensystem, muß die Relativdrehung des neuen Bezugskoordinatensystems berücksichtigt werden,

$$\vec{\omega}_{i\langle A\rangle} = \vec{\omega}_{i\langle B\rangle} + \vec{\omega}_{B\langle A\rangle} \qquad \text{Bezugssystemwechsel, vgl. (3.49) u. (3.52)} \tag{3.43}$$

was gleichbedeutend ist mit einer Überlagerung von Relativdrehungen:

$$\vec{\omega}_{i\langle A\rangle} = \vec{\omega}_{B\langle A\rangle} + \vec{\omega}_{i\langle B\rangle} \qquad \text{Addition von Winkelgeschwindigkeiten} \tag{3.44}$$

Setzt man in (3.44) nun $i = A$, so ergibt sich mit (3.42) die Antisymmetrie gegenseitiger Rotationsmessungen. Ein solcher einfacher Zusammenhang gilt bei Translationsmessungen nicht (s.u.)!

$$\vec{\omega}_{A\langle B\rangle} = -\vec{\omega}_{B\langle A\rangle} \qquad \text{gegenseitige Rotationsmessungen} \tag{3.45}$$

Damit läßt sich Gleichung (3.44) auch schreiben als

$$\vec{\omega}_{i\langle A\rangle} = \vec{\omega}_{B\langle A\rangle} - \vec{\omega}_{B\langle i\rangle} \tag{3.46}$$

Im Gegensatz zu den axiomatisch eingeführten Winkelgeschwindigkeiten lassen sich die Bahngeschwindigkeiten einfach durch Differentiation eines Ortsvektors definieren. Dabei wirkt sich bei der Relativgeschwindigkeit $\vec{v}_{B\langle A\rangle}$ die Abhängigkeit vom Bezugssystem A an zwei Stellen aus: A ist sowohl der Fußpunkt des Ortsvektors zum Punkt B als auch Bezugsparameter des Differentialoperators. Letzteres kommt bei einfachen Systemen mit nur einem Bezugssystem nie zum Tragen:

$$\vec{v}_{B\langle A\rangle} = \frac{d}{dt}_{\langle A\rangle} \vec{t}_{B\langle A\rangle} \tag{3.47}$$

Analog zu (3.42) muß auch im translatorischen Fall wieder gelten:

$$\vec{v}_{B\langle B\rangle} \equiv \vec{0} \tag{3.48}$$

Beim Differentialoperator ist über den Satz von Coriolis [62, 35, 40, 82] ein Wechsel des Bezugssystems möglich ($\vec{s}$ ist Platzhalter für verschiedene Vektoren):

$$\frac{d}{dt}_{\langle A\rangle} \vec{s} = \frac{d}{dt}_{\langle B\rangle} \vec{s} + \vec{\omega}_{B\langle A\rangle} \times \vec{s} \qquad \text{Satz von Coriolis, vgl. (3.43)} \tag{3.49}$$

Durch diesen Satz erhalten die axiomatisch eingeführten Winkelgeschwindigkeiten nochmals eine Sonderstellung. Für den Vektor $\vec{s}$ können nun Ortsvektoren und translatorische und rotatorische Geschwindigkeiten und Beschleunigungen sowie weitere Ableitungen eingesetzt werden. Anders als bei Herleitungen zur Roboterdynamik braucht man hier im Hinblick auf die Jacobi-Matrix nicht weiter als bis zu Geschwindigkeiten zu kommen, es sind also höchstens Ortsvektoren einzusetzen.

Für den Ort eines Hauptsystems i gegenüber den Orten zweier Bezugssysteme A und B gilt die Dreiecksbilanz

$$\vec{t}_{i\langle A\rangle} = \vec{t}_{B\langle A\rangle} + \vec{t}_{i\langle B\rangle} \qquad \text{Addition von Ortsvektoren, vgl. (3.44)} \tag{3.50}$$

Mit den Gleichungen (3.47), (3.50) und (3.49) folgt für die relative Bahngeschwindigkeit des Hauptsystems i:

$$\begin{aligned}
\vec{v}_{i\langle A\rangle} &= \tfrac{d}{dt}_{\langle A\rangle}\vec{t}_{i\langle A\rangle} \\
&= \tfrac{d}{dt}_{\langle A\rangle}\vec{t}_{B\langle A\rangle} + \tfrac{d}{dt}_{\langle A\rangle}\vec{t}_{i\langle B\rangle} \\
&= \vec{v}_{B\langle A\rangle} + \tfrac{d}{dt}_{\langle B\rangle}\vec{t}_{i\langle B\rangle} + \vec{\omega}_{B\langle A\rangle} \times \vec{t}_{i\langle B\rangle} \\
&= \vec{v}_{B\langle A\rangle} + \vec{\omega}_{B\langle A\rangle} \times \vec{t}_{i\langle B\rangle} + \vec{v}_{i\langle B\rangle} \qquad \text{vgl. (3.44)}
\end{aligned} \tag{3.51}$$

Dies läßt sich wieder entsprechend einer anderen Transformations-Interpretation umstellen zu

$$\vec{v}_{i\langle A\rangle} = \vec{v}_{i\langle B\rangle} + \vec{v}_{B\langle A\rangle} + \vec{\omega}_{B\langle A\rangle} \times \vec{t}_{i\langle B\rangle} \qquad \text{vgl. (3.43) und (3.49)} \tag{3.52}$$

Tauscht man in der Rechnung zu (3.51) bei Anwendung des Satzes von Coriolis anstelle des Systems B das System i für A ein, erhält man mit

$$\vec{t}_{B\langle A\rangle} = -\vec{t}_{A\langle B\rangle} \qquad \text{Orientierung von Ortsvektoren} \tag{3.53}$$

noch eine andere Version der obigen Gleichung, in der die „eigene“ Winkelgeschwindigkeit auftritt:

$$\begin{aligned}
\vec{v}_{i\langle A\rangle} &= \vec{v}_{B\langle A\rangle} - \tfrac{d}{dt}_{\langle i\rangle}\vec{t}_{B\langle i\rangle} - \vec{\omega}_{i\langle A\rangle} \times \vec{t}_{B\langle i\rangle} \\
&= \vec{v}_{B\langle A\rangle} - \vec{\omega}_{i\langle A\rangle} \times \vec{t}_{B\langle i\rangle} - \vec{v}_{B\langle i\rangle} \qquad \text{vgl. (3.46)}
\end{aligned} \tag{3.54}$$

Diese Gleichung ist weniger praktisch als (3.51). Setzt man in (3.51) nun $i = A$, erhält man mit (3.48) und (3.53) den Umrechnungszusammenhang für gegenseitige Translationsmessungen zwischen Koordinatensystemen:

$$\vec{v}_{A\langle B\rangle} = -\vec{v}_{B\langle A\rangle} + \vec{\omega}_{B\langle A\rangle} \times \vec{t}_{B\langle A\rangle} \qquad \text{Translationsmessungen, vgl. (3.45)} \tag{3.55}$$

Wie man sieht, ist dies im Gegensatz zur Beziehung (3.45) ein komplizierterer, asymmetrisch aussehender Zusammenhang. Dabei sind die Systeme A und B jedoch völlig gleichberechtigt; mit (3.45) und (3.53) ergibt sich ja die symmetrisch in A und B vertauschte Gleichung

$$\vec{v}_{B\langle A\rangle} = -\vec{v}_{A\langle B\rangle} + \vec{\omega}_{A\langle B\rangle} \times \vec{t}_{A\langle B\rangle} \tag{3.56}$$

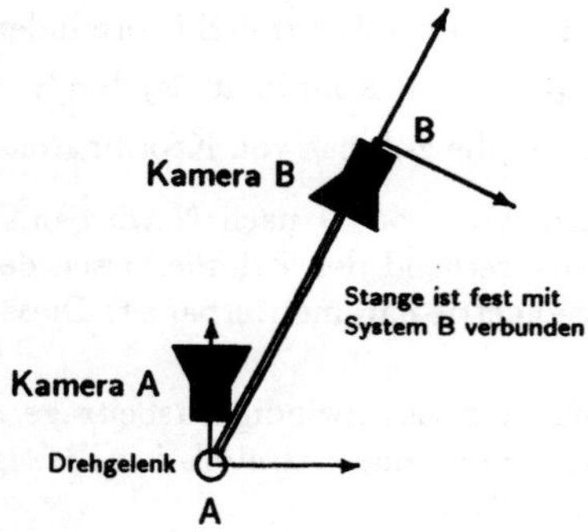

Bild 3.1: Asymmetrisches Beispiel zur gegenseitigen Geschwindigkeitsmessung: Kamera A sieht zeitweilig Kamera B durchs Bild ziehen, Kamera B sieht Kamera A stets am gleichen Ort, dort taumelnd

Der Kreuzprodukt-Zusatzterm bedeutet nur eine „mögliche" Asymmetrie, die durch asymmetrisch gegebene physikalische Verhältnisse wie in dem Beispiel in **Bild 3.1** zum Tragen kommen kann. Man erkennt dort, daß die einfache Sprechweise „Geschwindigkeit zwischen A und B" ungenau ist, da $\vec{v}_{A(B)}$ Null sein kann, während $\vec{v}_{B(A)}$ ungleich Null ist!

3.2.3 Gelenke

In der in **Bild 3.2** abstrahierten kettenförmigen Struktur eines Roboterarms leistet jedes der N Gelenke einen Beitrag zu der — hier noch einmal ungenau bezeichneten — „Geschwindigkeit zwischen 0 und G". Mit dem Index 0 wird das Fußkoordinatensystem bezeichnet, G ist das Greifersystem, und die Verbindungsstriche stellen Koordinatentransformationen dar. Der Index N steht für

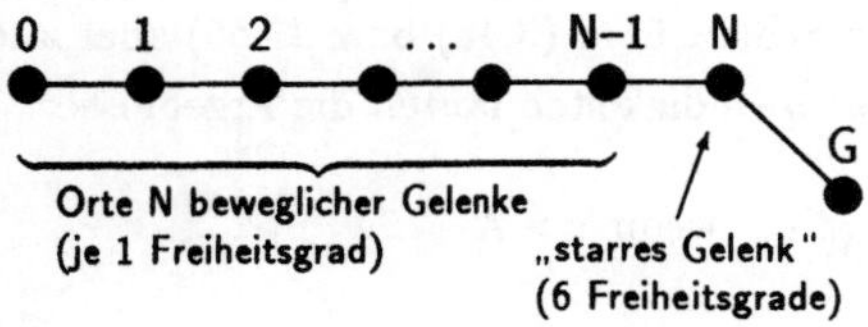

Bild 3.2: Kettenförmige Aufhängung der Gelenkarm-Koordinatensysteme

das Handkoordinatensystem (weiter unten mit H bezeichnet) entsprechend der Denavit-Hartenberg-Konvention [10, 35, 60, 40, 82]. Diesbezüglich braucht hier nur an folgende Zusammenhänge erinnert zu werden:

1. Gelenk i liegt zwischen Armteil i−1 und Armteil i.

2. Koordinatensystem i ist fest mit Armteil i verbunden.
3. Punkt i ist der Ursprung von Koordinatensystem i.
4. Achse von Gelenk i ist die z-Achse von Koordinatensystem i−1.

Die Koordinatentransformation von G nach N wird mit vollen 6 Freiheitsgraden angesetzt, so daß entsprechend den Erfordernissen der Praxis eine beliebige Greifer- bzw. Werkzeuggeometrie parametrierbar ist. Diese Parameter sind jedoch im Betrieb konstant.

Gebraucht werden nun die Geschwindigkeitsbeiträge der einzelnen Gelenke; dies sind die Geschwindigkeiten eines Armteils i in Bezug auf das in der Kette vorhergehende Armteil i−1 [35]:

$$\vec{\omega}_{i\langle i-1\rangle} = \begin{cases} \dot{q}_i \, \vec{e}_{z_{i-1}} & \text{wenn Gelenk i rotatorisch} \\ 0 & \text{wenn Gelenk i translatorisch} \end{cases} \tag{3.57}$$

$$\vec{v}_{i\langle i-1\rangle} = \begin{cases} \vec{\omega}_{i\langle i-1\rangle} \times \vec{t}_{i\langle i-1\rangle} & \text{wenn Gelenk i rotatorisch} \\ \dot{q}_i \, \vec{e}_{z_{i-1}} & \text{wenn Gelenk i translatorisch} \end{cases} \tag{3.58}$$

Drehgelenke bewirken sowohl translatorische als auch rotatorische Geschwindigkeitsanteile, Schubgelenke ergeben nur translatorische Geschwindigkeitsbeiträge.

3.2.4 Geschwindigkeiten am Gelenkarm

Greift man nun in **Bild 3.2** zwei beliebige Koordinatensysteme i und A heraus, so ergeben sich die rotatorische und die translatorische Geschwindigkeit von i bezüglich A durch Berechnung des „Summeneffekts" aller Geschwindigkeitsbeiträge der Gelenke im Bereich zwischen A und i der Systemkette. Diese Summenbeiträge ergeben sich durch rekursive Anwendung von (3.43) bzw. (3.52) und Einsetzen der einzelnen Gelenkbeiträge (3.57) bzw. (3.58), bis mit (3.42) bzw. (3.48) die Rekursion jeweils endet. Wegen der in (3.57) und (3.58) gegebenen Indexrelation bekommt man damit nur die Gleichungen im Fall $i > A$. Daraus erschließt sich dann im zweiten Schritt über (3.45) bzw. (3.55) aber auch der Fall $i < A$.

Für die Winkelgeschwindigkeiten lauten die Ergebnisse:

$$\vec{\omega}_{i\langle A\rangle} = \sum_{j=A+1}^{i} \vec{\omega}_{j\langle j-1\rangle} \quad \text{wenn } i > A \tag{3.59}$$

$$\boxed{\vec{\omega}_{i\langle A\rangle} = \begin{cases} \sum\limits_{\substack{j=A+1 \\ j\,\text{rot.}}}^{i} \dot{q}_j \, \vec{e}_{z_{j-1}} & \text{wenn } i > A \\ \vec{0} & \text{wenn } i = A \\ -\sum\limits_{\substack{j=i+1 \\ j\,\text{rot.}}}^{A} \dot{q}_j \, \vec{e}_{z_{j-1}} & \text{wenn } i < A \end{cases}} \tag{3.60}$$

Bei den translatorischen Geschwindigkeiten führt die erwähnte Rekursion zunächst auf

$$\vec{v}_{i\langle A\rangle} = \sum_{j=A+1}^{i} \vec{v}_{j\langle j-1\rangle} + \underbrace{\sum_{j=A+1}^{i-1} \vec{\omega}_{j\langle A\rangle} \times \vec{t}_{j+1\langle j\rangle}}_{=:\,\Phi_i} \quad \text{wenn } i > A \tag{3.61}$$

In die Teilsumme Φ_i wird nun auch noch einmal das vorige Rekursionsergebnis (3.59) übernommen, und die Summanden der entstehenden Doppelsumme lassen sich dann so umordnen, daß in dem von den Summanden gebildeten Dreieckschema diagonal statt spaltenweise addiert wird. Zuletzt wird zusammengefaßt und (3.57) eingesetzt:

$$\Phi_i = \sum_{j=A+1}^{i-1} \sum_{k=A+1}^{j} \vec{\omega}_{k\langle k-1\rangle} \times \vec{t}_{j+1\langle j\rangle} = \sum_{j=A+1}^{i-1} \vec{\omega}_{j\langle j-1\rangle} \times \sum_{m=j}^{i-1} \vec{t}_{m+1\langle m\rangle} \tag{3.62}$$

$$= \sum_{\substack{j=A+1\\ j\,\text{rot.}}}^{i-1} \dot{q}_j\, \vec{e}_{z_{j-1}} \times \vec{t}_{i\langle j\rangle} \tag{3.63}$$

Zusammen mit

$$\sum_{\substack{j=A+1\\ j\,\text{rot.}}}^{i} \vec{t}_{i\langle j-1\rangle} = \sum_{\substack{j=A+1\\ j\,\text{rot.}}}^{i} \vec{t}_{j\langle j-1\rangle} + \sum_{\substack{j=A+1\\ j\,\text{rot.}}}^{i-1} \vec{t}_{i\langle j\rangle} \tag{3.64}$$

folgt insgesamt die fertige Gleichung für $i > A$, aus der sich mit den gemäß (3.55), (3.45) und (3.50) zu schreibenden Umrechnungen

$$\vec{v}_{i\langle A\rangle} = -\vec{v}_{A\langle i\rangle} - \vec{\omega}_{i\langle A\rangle} \times \vec{t}_{A\langle i\rangle} \tag{3.65}$$

$$\sum_{j} \vec{t}_{A\langle j-1\rangle} = \sum_{j} \vec{t}_{i\langle j-1\rangle} + \sum_{j} \vec{t}_{A\langle i\rangle} \tag{3.66}$$

auch der Fall $i < A$ erschließt. Für die Bahngeschwindigkeiten lautet somit das Resultat schlicht:

$$\boxed{\vec{v}_{i\langle A\rangle} = \begin{cases} \displaystyle\sum_{\substack{j=A+1\\ j\,\text{rot.}}}^{i} \dot{q}_j\, \vec{e}_{z_{j-1}} \times \vec{t}_{i\langle j-1\rangle} + \sum_{\substack{j=A+1\\ j\,\text{trans.}}}^{i} \dot{q}_j\, \vec{e}_{z_{j-1}} & \text{wenn } i > A \\ \vec{0} & \text{wenn } i = A \\ \displaystyle -\sum_{\substack{j=i+1\\ j\,\text{rot.}}}^{A} \dot{q}_j\, \vec{e}_{z_{j-1}} \times \vec{t}_{i\langle j-1\rangle} - \sum_{\substack{j=i+1\\ j\,\text{trans.}}}^{A} \dot{q}_j\, \vec{e}_{z_{j-1}} & \text{wenn } i < A \end{cases}} \tag{3.67}$$

Hierbei unterscheiden sich die entgegengesetzten Fälle hinsichtlich Vorzeichen und Zuordnung der Summationsgrenzen zu i und A, aber die Hebelarmvektoren $\vec{t}$ enden in *beiden* Fällen bei i. Dies zeigt abschließend noch einmal, daß der Transformationszusammenhang (3.55) nicht die antisymmetrische Gestalt von (3.45) hat.

3.3 Jacobi-Matrix ${}^{\ell}\mathbf{J}_{A\langle B\rangle}$

Die kartesischen Geschwindigkeiten nach (3.60) und (3.67) lassen sich zu einem Vektor zusammenfassen, der im allgemeinen Fall von den N Gelenkgeschwindigkeiten $\dot{q}_i$ abhängt. Bei Herausziehen der $\dot{q}_i$ durch Übergang auf Matrizenschreibweise gelangt man nun unmittelbar zur Jacobi-Matrix.

3.3.1 Aufbau der Jacobi-Matrix

Die zusammengefaßten kartesischen Vektoren beginnen in der Robotik, anders als der Natur der Geschwindigkeitsgleichungen entsprechend, üblicherweise mit dem translatorischen Anteil. In den zugehörigen Summenausdrücken kommt das „starre Gelenk" zwischen Hand und Greifer (**Bild 3.2**, Index G) nie vor, da es keinen Geschwindigkeitsbeitrag liefert. Weiterhin wird die Möglichkeit der Wahl verschiedener Darstellkoordinaten durch Einführung eines zusätzlichen Indexes ℓ an den Vektoren verdeutlicht. (3.60) und (3.67) lauten damit nun formal:

$$ {}^{\ell}\vec{\dot{x}}_{A\langle B\rangle} = \begin{bmatrix} {}^{\ell}\vec{v}_{A\langle B\rangle} \\ {}^{\ell}\vec{\omega}_{A\langle B\rangle} \end{bmatrix} = \begin{bmatrix} \sum\limits_{i=1}^{N} {}^{\ell}\vec{v}^{\,o}_{A\langle B\rangle i}\,\dot{q}_i \\ \sum\limits_{i=1}^{N} {}^{\ell}\vec{\omega}^{\,o}_{A\langle B\rangle i}\,\dot{q}_i \end{bmatrix} = f(\dot{q}_1, \ldots, \dot{q}_N) \tag{3.68} $$

$$ \begin{bmatrix} {}^{\ell}\vec{v}_{A\langle B\rangle} \\ {}^{\ell}\vec{\omega}_{A\langle B\rangle} \end{bmatrix} = \underbrace{\begin{bmatrix} {}^{\ell}\vec{v}^{\,o}_{A\langle B\rangle 1} & \cdots & {}^{\ell}\vec{v}^{\,o}_{A\langle B\rangle N} \\ {}^{\ell}\vec{\omega}^{\,o}_{A\langle B\rangle 1} & \cdots & {}^{\ell}\vec{\omega}^{\,o}_{A\langle B\rangle N} \end{bmatrix}}_{{}^{\ell}\mathbf{J}_{A\langle B\rangle}} \begin{bmatrix} \dot{q}_1 \\ \vdots \\ \dot{q}_N \end{bmatrix} \tag{3.69} $$

In der Mechanik bildet die Jacobi-Matrix Vektoren vom Gelenkraum in den kartesischen Raum ab und ist daher eine 6×N-Matrix, die pro Gelenkfreiheitsgrad aus 2 Dreiervektoren besteht. Betrachtet man die Zusammenhänge nur in einer Ebene, reduziert sich der Umfang auf 1 Zweiervektor und 1 Skalar pro Gelenk, die zusammen eine 3×N-Matrix bilden:

$$ \begin{bmatrix} \begin{pmatrix} \vdots \end{pmatrix} \\ \begin{pmatrix} \vdots \end{pmatrix} \end{bmatrix} = \underbrace{\begin{bmatrix} \begin{pmatrix} \vdots \end{pmatrix} & \begin{pmatrix} \vdots \end{pmatrix} & \begin{pmatrix} \vdots \end{pmatrix} & \begin{pmatrix} \vdots \end{pmatrix} & \begin{pmatrix} \vdots \end{pmatrix} & \begin{pmatrix} \vdots \end{pmatrix} \\ \begin{pmatrix} \vdots \end{pmatrix} & \begin{pmatrix} \vdots \end{pmatrix} & \begin{pmatrix} \vdots \end{pmatrix} & \begin{pmatrix} \vdots \end{pmatrix} & \begin{pmatrix} \vdots \end{pmatrix} & \begin{pmatrix} \vdots \end{pmatrix} \end{bmatrix}}_{6\times N-\text{Matrix}} \begin{bmatrix} \square \\ \square \\ \square \\ \square \\ \square \\ \square \end{bmatrix} \tag{3.70} $$

$$ \begin{bmatrix} \begin{pmatrix} \vdots \end{pmatrix} \\ \square \end{bmatrix} = \underbrace{\begin{bmatrix} \begin{pmatrix} \vdots \end{pmatrix} & \begin{pmatrix} \vdots \end{pmatrix} & \begin{pmatrix} \vdots \end{pmatrix} \\ \square & \square & \square \end{bmatrix}}_{3\times N-\text{Matrix}} \begin{bmatrix} \square \\ \square \\ \square \end{bmatrix} \tag{3.71} $$

Aufgrund der Abhängigkeit von drei Parametern A, B und ℓ kann es, ganz abgesehen von der allgemeinen Bedeutung in der Mathematik, in der Robotik zu Mißverständnissen führen, wenn man nur einfach von *der* Jacobi-Matrix spricht.

3.3.2 Wahl der Index-Parameter A und B

Für die Indizes A und B in (3.69) kommen im Prinzip nur die Endpunkte der Armteilkette aus **Bild 3.2** infrage. Zwischenpunkte, falls überhaupt interessant, wären dann bei Betrachtung eines verkürzten Roboterarms mit enthalten. Zu unterscheiden ist allerdings, ob am oberen Armende nur das Handsystem $H \equiv N$ oder wirklich das Greifersystem G verwendet wird. Die Wahl von G bedeutet gemäß **Bild 3.2**, in die Algorithmen zusätzliche 6 konstante Freiheitsgradparameter für die Greifergeometrie einzubeziehen, die bei Beschränkung auf das Handsystem H fehlen. Ergebnisse für H statt G, z.B. in [60, 61], fallen zu simpel aus und haben nur akademischen Wert.

Somit bleiben für $\mathbf{J}_{A\langle B\rangle}$ nur die Fälle $\mathbf{J}_{G\langle 0\rangle}$ und $\mathbf{J}_{0\langle G\rangle}$ zu betrachten. Die Einsatzmöglichkeiten sind folgende:

a) $\mathbf{J}_{G\langle 0\rangle}$ Positions- und Kraftregelung des Robotergreifers

b) $\mathbf{J}_{0\langle G\rangle}$ Bewegtbildauswertung bei Kamera am Robotergreifer

Der Fall b) wird hier nur kurz im Vergleich zu a) eingeordnet und ansonsten nicht weiter betrachtet. Die Gleichungen in **Tabelle 3.1** und **Tabelle 3.2** enthalten stets $\mathbf{J}_{G\langle 0\rangle}$, also Fall a). Mit **Bild 3.7** und (3.108) folgen weiter unten noch je ein einfaches Beispiel.

Die Größen $\underline{\vec{x}}$ und $\underline{\vec{\Lambda}}(\underline{q})$ in (3.1) würden ausführlich geschrieben $\underline{\vec{x}}_{G\langle 0\rangle}$ und $\underline{\vec{\Lambda}}_{G\langle 0\rangle}(\underline{q})$ lauten. Dementsprechend müßte man für den Kraft-/Momenten-Vektor $\vec{\vec{F}}$ in (3.27) dann $\vec{\vec{F}}_{G\langle 0\rangle}$ schreiben, d.h. *actio* im Punkt/um Punkt G (Greifer) bei *reactio* auf System 0 (Fußsystem bzw. auch feste Umgebung). Dies sind die Kräfte und Momente, die man bei der Roboter-Kraftregelung meint, nicht dagegen Kräfte $\vec{\vec{F}}_{0\langle G\rangle}$, bei denen die Wirkungslinie durch den Roboterfußpunkt geht. Daher führt die Herleitung (3.26) bis (3.29) auf die Jacobi-Matrix Fall a).

Im allgemeinen Fall zu b) würde $\mathbf{J}_{U\langle G\rangle}$ statt $\mathbf{J}_{0\langle G\rangle}$ gebraucht, d.h. am Fußkoordinatensystem wäre noch ein Umgebungssystem aufgehängt (siehe **Bild 3.6**).

3.3.3 Bekannte Rechenalgorithmen

In [59] werden Rechenmethoden mehrerer Autoren für nach Art und Darstellkoordinaten teilweise unterschiedliche Jacobi-Matrizen angegeben und miteinander verglichen. Dazu gibt **Tabelle 3.3** eine kurze Auflistung, damit der hier entwickelte Algorithmus eingeordnet werden kann, der im Gegensatz zu den Einzelalgorithmen alle Darstellkoordinatensysteme gleichzeitig umfaßt. Ausgehend vom kettenförmigen Aufbau des Roboterarms hängt die Effektivität der Algorithmen davon ab, in welchem Maße im jeweiligen Rechengang aus bereits vorhandenen Teilergebnissen in rekursiver Weise weitere Zwischenergebnisse bzw. die gesuchten Matrizenelemente produziert werden und damit die rekursive Grundstruktur des Problems genutzt wird.

Nr.	Autoren (siehe [59])	Bezeichnung hier	Bezeichnung in [59]	Bemerkungen
I.	Vukobratović/ Potkonjak	${}^{G}\mathbf{J}_{G(0)}$	${}^{E}J_{E}$	
II.	Waldron	$-{}^{0}\mathbf{J}_{0(G)}$	${}^{0}J_{0}$	In [59] ist das Minuszeichen nicht beachtet.
III.	Ribble/Olson	${}^{0}\mathbf{J}_{G(0)}$	${}^{0}J_{E}$	
IV.	Renaud	?	${}^{\ell}J_{\ell}$	Mit den Gleichungen wird weder ${}^{\ell}\mathbf{J}_{G(0)}$ noch ${}^{\ell}\mathbf{J}_{0(G)}$, ${}^{\ell}\mathbf{J}_{\ell(0)}$, ${}^{\ell}\mathbf{J}_{0(\ell)}$, ${}^{\ell}\mathbf{J}_{\ell(G)}$ oder ${}^{\ell}\mathbf{J}_{G(\ell)}$ berechnet. Der Algorithmus enthält jedoch gute Ideen.
V.	Orin/Schrader	${}^{G}\mathbf{J}_{G(0)}$	${}^{E}J_{E}$	
VI.	Paul	${}^{G}\mathbf{J}_{G(0)}$	${}^{E}J_{E}$	
VII-ℓ.	Müller	${}^{\ell}\mathbf{J}_{G(0)}$	„${}^{\ell}J_{E}$“	Hier dargestellter optimaler Universal-Algorithmus

Tabelle 3.3: Vergleich mit bekannten Algorithmen für Jacobi-Matrizen

3.4 Effizienter Algorithmus für die Jacobi-Matrix ${}^{\ell}\mathbf{J}_{G(0)}$

Die Aufgabe besteht gemäß (3.69), (3.68), (3.67) und (3.60) darin, die Matrizenelemente ${}^{\ell}\vec{v}^{\circ}_{G(0)i}$ und ${}^{\ell}\vec{\omega}^{\circ}_{G(0)i}$ nach den folgenden Gleichungen zu berechnen. Dabei bleibt das geltende Darstellkoordinatensystem ℓ freier Parameter, so daß wie in [70, 61] auch ein System in Armmitte angesetzt werden kann.

$$ {}^{\ell}\vec{v}_{G(0)} = \sum_{i=1}^{N} {}^{\ell}\vec{v}^{\circ}_{G(0)i}\,\dot{q}_i = \sum_{\substack{i=1\\ i\,\mathrm{rot.}}}^{N} \dot{q}_i\,{}^{\ell}\vec{e}_{z_{i-1}} \times {}^{\ell}\vec{t}_{G(i-1)} + \sum_{\substack{i=1\\ i\,\mathrm{trans.}}}^{N} \dot{q}_i\,{}^{\ell}\vec{e}_{z_{i-1}} \tag{3.72} $$

$$ {}^{\ell}\vec{\omega}_{G(0)} = \sum_{i=1}^{N} {}^{\ell}\vec{\omega}^{\circ}_{G(0)i}\,\dot{q}_i = \sum_{\substack{i=1\\ i\,\mathrm{rot.}}}^{N} \dot{q}_i\,{}^{\ell}\vec{e}_{z_{i-1}} \tag{3.73} $$

Bild 3.3 zeigt die interessierenden Ortsvektoren am Roboterarm, die im Rechenablauf rekursiv bestimmt werden. Das Bild enthält auch die Vektoren, die bei Methode IV in [61] verwendet werden und zu einem unsinnigen Ergebnis führen (siehe **Tabelle 3.3**). Die jener Methode zugrundeliegende Idee, Aufwärts- und Abwärtsrekursionen geeignet zu kombinieren, wurde hier bei der Konstruktion des Universal-Algorithmus (3.83) ff aufgegriffen.

Die Algorithmus-Gleichungen beruhen auf den Rotations- und Translationsbeziehungen zwischen benachbarten Koordinatensystemen, die sich gelenkweise aus den 4 Denavit-Hartenberg-Parametern α_i, a_i, d_i und θ_i ergeben [10, 35]:

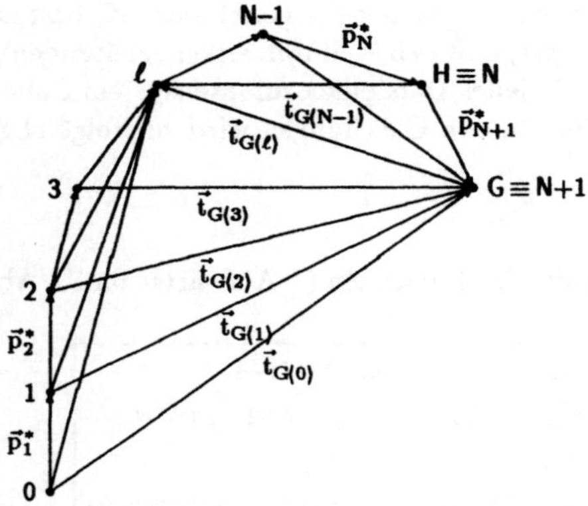

Bild 3.3: Hebelarm-Vektoren „Gelenk–Greifer“

$$ {}^{i-1}\mathbf{A}_i = {}^{i}\mathbf{A}_{i-1}^{-1} = {}^{i}\mathbf{A}_{i-1}^{T} = \begin{bmatrix} \cos\theta_i & -\cos\alpha_i \sin\theta_i & \sin\alpha_i \sin\theta_i \\ \sin\theta_i & \cos\alpha_i \cos\theta_i & -\sin\alpha_i \cos\theta_i \\ 0 & \sin\alpha_i & \cos\alpha_i \end{bmatrix} \tag{3.74} $$

$$ {}^{i-1}\vec{p}_i^{\,*} = {}^{i-1}\vec{t}_{i\langle i-1\rangle} = [\, a_i \cos\theta_i \,,\; a_i \sin\theta_i \,,\; d_i \,]^T = f(d_i\,,\theta_i) \tag{3.75} $$

$$ {}^{i}\vec{p}_i^{\,*} = {}^{i}\vec{t}_{i\langle i-1\rangle} = [\, a_i \,,\; d_i \sin\alpha_i \,,\; d_i \cos\alpha_i \,]^T = f(d_i) \tag{3.76} $$

Dabei sind die α_i und a_i konstant, während die d_i und θ_i mit den Gelenkkoordinaten q_i zusammenhängen:

$$ d_i = \begin{cases} \text{const} & \text{wenn Gelenk i rotatorisch} \\ q_i & \text{wenn Gelenk i translatorisch} \end{cases} \tag{3.77} $$

$$ \theta_i = \begin{cases} q_i & \text{wenn Gelenk i rotatorisch} \\ \text{const} & \text{wenn Gelenk i translatorisch} \end{cases} \tag{3.78} $$

Das „starre Gelenk“ zwischen Hand und Greifer mit seinen 6 Freiheitsgraden wird separat beschrieben durch die 3 Handkoordinaten des Greiferbezugspunkts und durch die 3 Euler-Winkel des Greifersystems bezüglich des Handsystems:

$$ {}^{N}\vec{p}_{N+1}^{\,*} = {}^{H}\vec{p}_G^{\,*} = [\, {}^{H}p_{G,x}^{*} \,,\; {}^{H}p_{G,y}^{*} \,,\; {}^{H}p_{G,z}^{*} \,]^T \tag{3.79} $$

$$ {}^{N}\mathbf{A}_{N+1} = {}^{H}\mathbf{R}_G = \text{Euler}(\beta_{G\langle H\rangle}\,,\vartheta_{G\langle H\rangle}\,,\gamma_{G\langle H\rangle}) \tag{3.80} $$

Dabei erfolgt die Besetzung der Drehmatrix aufgrund der Euler-Winkel wie folgt (siehe z.B. [60]):

$$ \text{Euler}(\beta,\vartheta,\gamma) = \begin{bmatrix} \cos\beta\cos\vartheta\cos\gamma - \sin\beta\sin\gamma & -\cos\beta\cos\vartheta\sin\gamma - \sin\beta\cos\gamma & \cos\beta\sin\vartheta \\ \sin\beta\cos\vartheta\cos\gamma + \cos\beta\sin\gamma & -\sin\beta\cos\vartheta\sin\gamma + \cos\beta\cos\gamma & \sin\beta\sin\vartheta \\ -\sin\vartheta\cos\gamma & \sin\vartheta\sin\gamma & \cos\vartheta \end{bmatrix} \tag{3.81} $$

Der im folgenden wiedergegebene Algorithmus [46] besteht aus drei Abschnitten und ist so optimiert, daß sich — durch einen „gleitenden" Übergang zwischen den Grenzfällen — für jedes Darstellkoordinatensystem ℓ aus **Bild 3.2** der kürzeste Rechenweg ergibt. In den Gleichungen wird wie folgt abgekürzt:

$$\vec{g}_i := \vec{t}_{G(i)} \tag{3.82}$$

Teil 1: Berechnung der Drehmatrizen (1 Aufwärts- und 1 Abwärtsrekursion)

$$
\begin{array}{lll}
{}^{\ell}\mathbf{W}_{\ell+1} = {}^{\ell}\mathbf{A}_{\ell+1} & \text{wenn } \ell \leq N-1 & (3.83)\\
{}^{\ell}\mathbf{W}_{i} = {}^{\ell}\mathbf{W}_{i-1}\,{}^{i-1}\mathbf{A}_{i} & \text{für } i = \ell+2 \text{ UPTO } N & (3.84)\\
{}^{\ell}\mathbf{W}_{\ell-1} = {}^{\ell-1}\mathbf{A}_{\ell}^{T} & \text{wenn } \ell \geq 1 & (3.85)\\
{}^{\ell}\mathbf{W}_{i} = {}^{\ell}\mathbf{W}_{i+1}\,{}^{i}\mathbf{A}_{i+1}^{T} & \text{für } i = \ell-2 \text{ DOWNTO } 0 & (3.86)
\end{array}
$$

Teil 2: Berechnung der Hebelarm-Vektoren (2 Abwärtsrekursionen)

$$
{}^{\ell}\vec{g}_N = \begin{cases} {}^{N+1}\vec{p}^{\,*}_{N+1} & \text{wenn } \ell = N+1\\ {}^{N}\vec{p}^{\,*}_{N+1} & \text{wenn } \ell = N\\ {}^{\ell}\mathbf{W}_N\,{}^{N}\vec{p}^{\,*}_{N+1} & \text{wenn } \ell \leq N-1 \end{cases} \tag{3.87}
$$

$$
\begin{array}{lll}
{}^{\ell}\vec{g}_i = {}^{\ell}\vec{g}_{i+1} + {}^{\ell}\mathbf{W}_i\,{}^{i}\vec{p}^{\,*}_{i+1} & \text{für } i = N-1 \text{ DOWNTO } \ell+1 & (3.88)\\
{}^{\ell}\vec{g}_\ell = {}^{\ell}\vec{g}_{\ell+1} + {}^{\ell}\vec{p}^{\,*}_{\ell+1} & \text{wenn } \ell \leq N-1 & (3.89)\\
{}^{\ell}\vec{g}_{\ell-1} = {}^{\ell}\vec{g}_\ell + {}^{\ell}\vec{p}^{\,*}_{\ell} & \text{wenn } 1 \leq \ell \leq N & (3.90)\\
{}^{\ell}\vec{g}_i = {}^{\ell}\vec{g}_{i+1} + {}^{\ell}\mathbf{W}_{i+1}\,{}^{i+1}\vec{p}^{\,*}_{i+1} & \text{für } i = \ell-2 \text{ DOWNTO } 0 & (3.91)
\end{array}
$$

Teil 3: Bestimmung der Jacobi-Matrizenelemente (2 Aufwärtsrekursionen)

$$
\left.
\begin{array}{l}
{}^{\ell}\vec{\omega}^{\,o}_{G(0)i} = \begin{cases} {}^{\ell}\mathbf{W}_{i-1}\,[0,0,1]^T & \text{wenn i rot.}\\ \vec{0} & \text{wenn i trans.} \end{cases} \quad (3.92)\\
{}^{\ell}\vec{v}^{\,o}_{G(0)i} = \begin{cases} {}^{\ell}\vec{\omega}^{\,o}_{G(0)i} \times {}^{\ell}\vec{g}_{i-1} & \text{wenn i rot.}\\ {}^{\ell}\mathbf{W}_{i-1}\,[0,0,1]^T & \text{wenn i trans.} \end{cases} \quad (3.93)
\end{array}
\right\}
\begin{array}{l}\text{für } i = 1 \text{ UPTO } \min(\ell, N)\\ \text{sowie}\\ \text{für } i = \ell+2 \text{ UPTO } N\end{array}
$$

$$
\left.
\begin{array}{l}
{}^{\ell}\vec{\omega}^{\,o}_{G(0)\ell+1} = \begin{cases} [0,0,1]^T & \text{wenn } \ell+1 \text{ rot.}\\ \vec{0} & \text{wenn } \ell+1 \text{ trans.} \end{cases} \quad (3.94)\\
{}^{\ell}\vec{v}^{\,o}_{G(0)\ell+1} = \begin{cases} [-{}^{\ell}g_{\ell,y}\,, {}^{\ell}g_{\ell,x}\,, 0]^T & \text{wenn } \ell+1 \text{ rot.}\\ [0,0,1]^T & \text{wenn } \ell+1 \text{ trans.} \end{cases} \quad (3.95)
\end{array}
\right\}
\text{wenn } \ell+1 \leq N
$$

Dabei sind die Formulierungen der Rekursionsanweisungen mit UPTO und DOWNTO so zu verstehen, daß a UPTO b und b DOWNTO a im Falle $a > b$ ohne Ausführung bleiben. Dagegen genügt z.B. in (3.100) eine Formulierung mit „bis".

Für die Programmierung interessieren die Indexbereiche der vorkommenden Feldgrößen. Als Eingangsgrößen sind folgende stellungsabhängige Felder nach (3.74) bis (3.81) bereitzustellen:

$$ {}^{i-1}\mathbf{A}_i \qquad \text{für } i = \ell+1 \text{ bis } N \tag{3.96}$$

$$ {}^{i-1}\mathbf{A}_i^T \qquad \text{für } i = 1 \text{ bis } \ell \tag{3.97}$$

$$ {}^{i-1}\vec{p}_i^{\,*} \qquad \text{für } i = \ell+1 \text{ bis } N+1 \tag{3.98}$$

$$ {}^{i}\vec{p}_i^{\,*} \qquad \text{für } i = 1 \text{ bis } \ell \tag{3.99}$$

Zwischen- und Endergebnisse werden für folgende Indizes berechnet:

$$ {}^{\ell}\mathbf{W}_i \qquad \begin{cases} \text{für } i = 0 \text{ bis } \ell-1 \\ \text{sowie} \\ \text{für } i = \ell+1 \text{ bis } N \end{cases} \tag{3.100}$$

$$ {}^{\ell}\vec{g}_i \qquad \text{für } i = 0 \text{ bis } N \tag{3.101}$$

$$ {}^{\ell}\vec{\omega}^{\,o}_{G(0)i} \qquad \text{für } i = 1 \text{ bis } N \tag{3.102}$$

$$ {}^{\ell}\vec{v}^{\,o}_{G(0)i} \qquad \text{für } i = 1 \text{ bis } N \tag{3.103}$$

Insgesamt folgt:

$$ {}^{N}\mathbf{A}_{N+1} \qquad \text{kommt nicht vor.} \tag{3.104}$$

$$ {}^{N}\mathbf{A}^T_{N+1} \qquad \text{kommt vor, wenn } \ell = N+1. \tag{3.105}$$

$$ {}^{\ell}\mathbf{W}_{\ell} \qquad \text{kommt nie vor.} \tag{3.106}$$

$$ \left.\begin{array}{l} {}^{i-1}\vec{p}_i^{\,*} \text{ und } {}^{i}\vec{p}_i^{\,*} \\ {}^{i-1}\mathbf{A}_i \text{ und } {}^{i-1}\mathbf{A}_i^T \end{array}\right\} \begin{array}{l} \text{kommen jeweils für kein } \ell \\ \text{gleichzeitig vor.} \end{array} \tag{3.107}$$

Dabei ergibt sich aus (3.107) eine Möglichkeit, durch gleichnamige Zuordnungen Speicherplatz zu sparen.

3.5 Vergleich von Rechenzeiten

Alle betrachteten Rechenalgorithmen für Jacobi-Matrizen wurden zunächst in VAX-Pascal erstellt und später für den Echtzeitbetrieb auf Transputern nach Occam 2 übertragen — dies geht sehr einfach und schnell. In **Bild 3.4** sind für den Manutec r3 die in Occam 2 gemessenen Rechenzeiten dargestellt, wobei auf der Abszisse nach dem Darstellkoordinaten-Index ℓ unterschieden wird [44].

Links stehen die beiden für den jeweiligen Index schnellsten Methoden aus [59], die in **Tabelle 3.3** genannten Einzel-Algorithmen III und V. In der Mitte steht der hier beschriebene Universal-Algorithmus für sämtliche Fälle von ℓ. Für den Re-

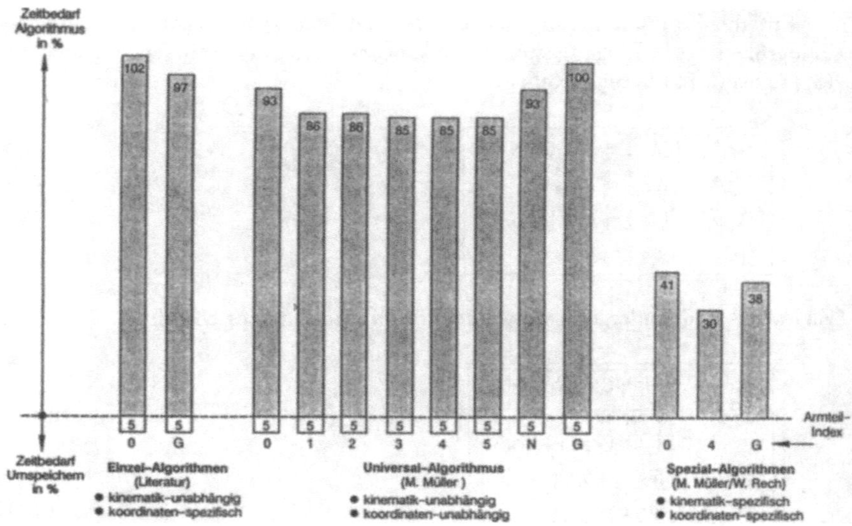

Bild 3.4: Vergleich von Algorithmen zur Berechnung von ${}^{\ell}\mathbf{J}_{G(0)}$: Rechenzeiten für Manutec r3

chenaufwand ergibt sich ein Minimum etwa in Armmitte, und zwar für Armteil-4-Koordinaten. Für $\ell = G$ geht der Rechengang in Methode V von **Tabelle 3.3** über; nicht jedoch für $\ell = 0$ in Methode III, da jene Methode nicht optimal ausgelegt ist. Beim Vergleich für Koordinatensystem G wird ein geringer Zeitnachteil für den Universal-Algorithmus deutlich, der auf den notwendigen Abfragen hinsichtlich des Parameters ℓ beruht.

Die Jacobi-Matrix ist wie die Hintransformation eine Transformation in der „Hin"-Richtung, daher ist der Rechenalgorithmus geschlossen kinematik-unabhängig formulierbar. Dies ist angesichts von etwa 80 in der Industrie vorkommenden Roboterkinematiken ein wichtiger Aspekt.

Trotzdem kann es lohnend sein, die zusätzlichen Vereinfachungsmöglichkeiten zu nutzen, die sich durch Festlegung auf eine bestimmte Kinematik und ein bestimmtes Darstellkoordinatensystem eröffnen. Durch „Handoptimierung" auf dem Papier schrumpft der Rechenaufwand dann auf ein jeweils absolutes Minimum zusammen; der Gewinn beruht auf dem *Wegfall* folgender Punkte:

1. Abfragen hinsichtlich Gelenkart und Parameter ℓ;
2. Neutrale Operationen ($\cdot 1$, $\cdot 0$ und $+0$), die aufgrund hoher Symmetrien in den Kinematiken bei den Koordinatentransformationen häufig auftreten;
3. Verwaltungsaufwand in Verbindung mit Laufanweisungen;

4. Verwaltungsaufwand durch den Aufruf von Vektoralgebra-Routinen (Kreuzprodukt, lineare Abbildung, Multiplikation orthogonaler Matrizen);
5. sin-/cos-Berechnung für den untersten Gelenkwinkel (zutreffend für $\ell > 0$);
6. Umspeichern der 2 N Stück Ergebnis-Dreiervektoren in die 6×6-Datenstruktur der Jacobi-Matrix (jedes Element kann gleich endgültig abgelegt werden).

Der Punkt 5 ist auf Basis der kinematik-unabhängigen Algorithmen nicht ersichtlich, ist dann aber im Nachhinein anschaulich verständlich.

Die relativen Rechenzeiten für drei durch eine solche Nachoptimierung entstandene Spezial-Algorithmen [68] finden sich rechts im **Bild 3.4**. Man erkennt deutlich wieder das Minimum in Armmitte sowie den Einfluß der obigen Punkte 5 und 6. Der Rechenaufwand geht hier im Fall $\ell = 4$ auf ein Drittel zurück und beträgt dann unter 50 % des Aufwands der zugehörigen Rücktransformation[1]. Der 30-%-Balken in **Bild 3.4** entspricht bei einem 25-MHz-Transputer mit internem und 3-Zyklen-RAM bei erfahrener Programmierung in Occam 2 knapp 180 μs Rechenzeit. Im Zuge der weiter zunehmenden Prozessorleistungen wird die individuelle Nachoptimierung natürlich an Bedeutung verlieren, da man künftig mit dem Universal-Algorithmus bereits auskommen wird.

3.5.1 Wahl des Koordinatensystems ℓ

Gründe für die Wahl eines bestimmten Darstellkoordinatensystems ℓ können beispielsweise die folgenden sein:

1. Wahl des rechenzeitgünstigsten Algorithmus (**Bild 3.4**);
2. Anpassung an die aktuell gewählten Zwangskoordinaten [37], in denen das Kraftregelgesetz arbeitet, so daß eine Stellgrößentransformation möglichst entfällt;
3. Günstige Bedingungen bei der Behandlung von redundanten Robotern und Singularitäten.

Die Punkte 1 und 2 zielen auf die Minimierung der Verarbeitungszeit im Kraftregelgesetz. Teilt man das Kraftregelgesetz in zwei Teile I und II auf, von denen I die ohne Kenntnis der Jacobi-Matrix **J** ausführbaren Schritte umfaßt und II die Berechnung von **J** und die restlichen Schritte, lassen sich die Teile I und II am Beginn jedes Regelungsintervalls gleichzeitig auf 2 Transputern beginnen und die Ergebnisse später zusammenführen. Dieser Gedanke liegt dem **Bild 3.5** zugrunde. Bei einer solchen Konstellation kommt es auf eine gute Aufteilung des Rechenaufwands auf beide Transputer an. Kommt die Jacobi-Berechnung auf den kritischen

[1] genau: ${}^{0}\vec{\Lambda}^{-1}_{G,H}$, d.h. translatorisch: Greifersystem G, rotatorisch: Handsystem H.

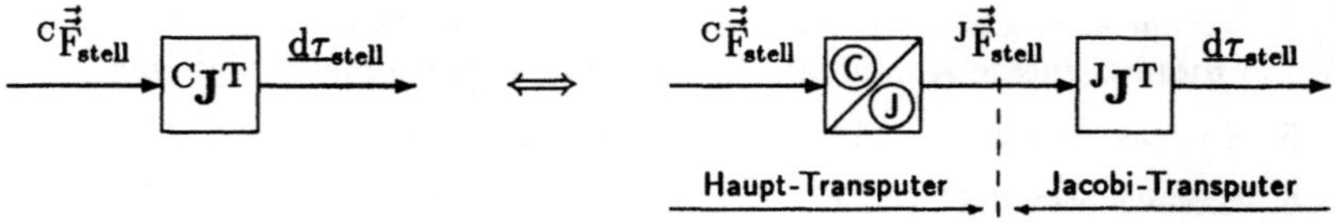

Bild 3.5: Stellgrößenabbildung Zwangskoordinaten → Jacobi-Koordinaten

Pfad, ist nach Punkt 1 zu verfahren, anderenfalls nach Punkt 2. Eine nachträgliche Transformation der Jacobi-Matrix in ein anderes Koordinatensystem kommt dagegen nie in Betracht, da die Anzahl der die Matrix bildenden Dreiervektoren (siehe (3.70)) ja größer ist als die Anzahl der abzubildenden Stellgrößenvektoren. Die Berechnung der Jacobi-Matrix liegt dann auf dem kritischen Pfad, wenn ein kinematik-unabhängiger Algorithmus verwendet wird oder wenn die ganze Kraftregelung auf nur einem Prozessor implementiert wird.

Punkt 3 wird hier nur am Rande im Hinblick auf [26, 27] erwähnt, wo mit rechten Pseudoinversen von $\mathbf{J}^T$ bzw. $\mathbf{J}$ gearbeitet wird. Bei der dafür durchzuführenden Bildung von geeigneten Rechteckmatrizen spielt auch die Wahl des Darstellkoordinatensystems eine Rolle.

Abschließend zeigt **Bild 3.6** die sinnvollen Wahlmöglichkeiten für die Zwangskoordinaten C und die Jacobi-Koordinaten J, wobei ausgehend von **Bild 3.2** noch

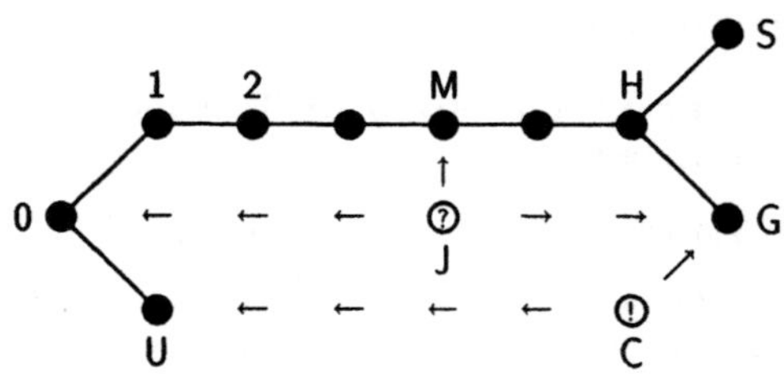

Bild 3.6: Wahl von Zwangskoordinaten und Jacobi-Koordinaten

das für die Definition kartesischer Regelungsaufgaben wichtige Umgebungskoordinatensystem U und das Sensorsystem S hinzugekommen sind.

3.5.2 Beispiele für Jacobi-Matrizen

Zunächst wird ein ebenes Beispiel [47] betrachtet, **Bild 3.7**, bei dem die Jacobi-Matrix die Struktur (3.71) besitzt. Wie man erkennt, ist der translatorische Teil der Matrix bei Drehgelenken besetzt mit Hebelarmen. Der rotatorische Teil, der bei Drehgelenken aus Richtungseinheitsvektoren besteht (→ Richtungscosinus), entartet hier bei Beschränkung auf eine Dimension zu Einsen (bei Zählpfeil-Umkehr Minus-Einsen).

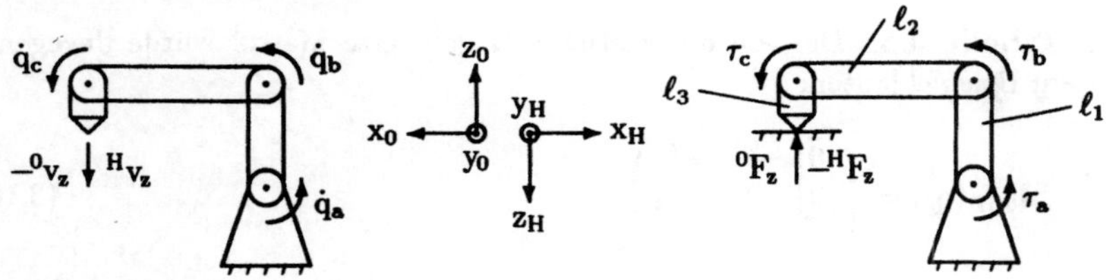

$$\begin{pmatrix}\dot{q}_a\\ \dot{q}_b\\ \dot{q}_c\end{pmatrix} = {}^J\mathbf{J}^{-1}\cdot\begin{pmatrix}{}^Jv_x\\ \boxed{{}^Jv_z}\\ {}^J\omega_y\end{pmatrix} \qquad \begin{pmatrix}\tau_a\\ \tau_b\\ \tau_c\end{pmatrix} = {}^J\mathbf{J}^T\cdot\begin{pmatrix}{}^JF_x\\ \boxed{{}^JF_z}\\ {}^JM_y\end{pmatrix}$$

$$J=0: \qquad {}^0\mathbf{J}(\underline{q}_0) = \begin{pmatrix}\ell_1-\ell_3 & -\ell_3 & -\ell_3\\ \boxed{-\ell_2 \quad -\ell_2 \quad 0}\\ 1 & 1 & 1\end{pmatrix}$$

$$J=H: \qquad {}^H\mathbf{J}(\underline{q}_0) = \begin{pmatrix}\ell_3-\ell_1 & \ell_3 & \ell_3\\ \boxed{\ell_2 \quad \ell_2 \quad 0}\\ 1 & 1 & 1\end{pmatrix}$$

$${}^H\mathbf{J}^{-1}(\underline{q}_0) = \begin{pmatrix}-\frac{1}{\ell_1} & \boxed{0} & \frac{\ell_3}{\ell_1}\\ \frac{1}{\ell_1} & \boxed{\frac{1}{\ell_2}} & -\frac{\ell_3}{\ell_1}\\ 0 & \boxed{-\frac{1}{\ell_2}} & 1\end{pmatrix} \qquad {}^H\mathbf{J}^T(\underline{q}_0) = \begin{pmatrix}\ell_3-\ell_1 & \boxed{\ell_2} & 1\\ \ell_3 & \boxed{\ell_2} & 1\\ \ell_3 & \boxed{0} & 1\end{pmatrix}$$

Für ${}^Hv_x = 0$ und ${}^H\omega_y = 0$,
also kartesisch nur **z aktiv**,
sind $\dot{q}_a = 0$ und $\dot{q}_b = -\dot{q}_c$,
d.h. Gelenke **b und c aktiv**,
und zwar **gegensinnig**.

Für ${}^HF_x = 0$ und ${}^HM_y = 0$,
also kartesisch nur **z aktiv**,
sind $\tau_a = \tau_b$ und $\tau_c = 0$,
d.h. Gelenke **a und b aktiv**,
und zwar **gleichsinnig**.

Bild 3.7: Ebenes Beispiel zu den Matrizen $\mathbf{J}^{-1}$ und $\mathbf{J}^T$

In der Bildmitte ist für die skizzierte Stellung $\underline{q}_0$ und die beiden Koordinatensysteme 0 und H jeweils die Jacobi-Matrix $\mathbf{J}_{H(0)}$ zu sehen; hier einfach nur mit $\mathbf{J}$ bezeichnet. Ein Greiferkoordinatensystem G wurde in diesem einfachen Beispiel nicht extra betrachtet. Die in den Beispielmatrizen eingerahmten Zeilen und Spalten heben die für die kartesische z-Richtung relevanten Elemente hervor, links für Geschwindigkeiten und rechts für Kräfte. Man erkennt, daß hier je nach Anforderung bzw. Steuerprinzip die Roboterachsen verschieden aktiv werden müssen.

Die beiden Jacobi-Matrizen in **Bild 3.7** entsprechen den Methoden III und V von **Tabelle 3.3**. Die von der Methode II gelieferte Matrix würde dagegen in diesem Beispiel lauten:

$$ {}^0\mathbf{J}_{0\langle H\rangle}(\underline{q}_0) = \begin{pmatrix} \boxed{0} & -\ell_1 & -\ell_1 \\ \boxed{0} & 0 & \ell_2 \\ 1 & 1 & 1 \end{pmatrix} \tag{3.108} $$

Diese Matrix ist in der Stellung $\underline{q}_0$ zufällig nicht von der Länge ℓ_3 abhängig. Kein Zufall sind dagegen die beiden eingerahmten Nullen, $\vec{v}^{\,0}_{0\langle H\rangle 1}$. Dieser Nullvektor tritt bei Jacobi-Matrizen $\mathbf{J}_{0\langle H\rangle}$ bzw. $\mathbf{J}_{0\langle G\rangle}$ immer auf.

Abschließend wird ein 6-achsiges Kontrollbeispiel anhand des Roboters Manutec r3 gegeben, für den Kinematik, Armkoordinatensysteme, Denavit-Hartenberg-Parameter und zugehörige Nullstellung in **Bild 3.8** und **Tabelle 3.4** zu finden sind.

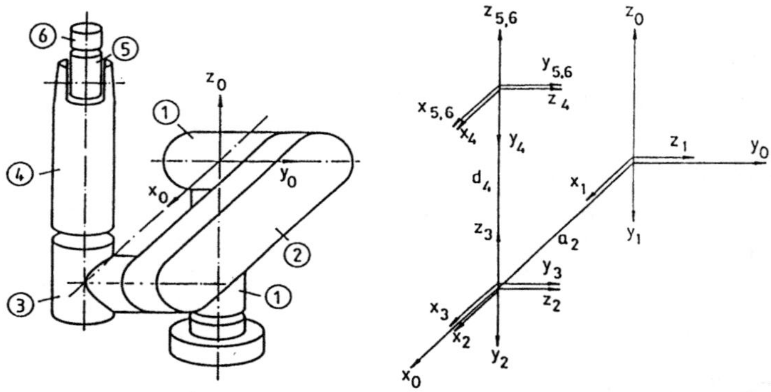

Bild 3.8: Definition der Armkoordinatensysteme für den Manutec r3 [82]

i	α_i	a_i	d_i	θ_i	$\cos\alpha_i$	$\sin\alpha_i$
1	−90°	0	0	q_1	0	−1
2	0	a_2	0	q_2	1	0
3	90°	0	0	q_3	0	1
4	−90°	0	d_4	q_4	0	−1
5	90°	0	0	q_5	0	1
6	0	0	0	q_6	1	0

Tabelle 3.4: Denavit-Hartenberg-Parameter für den Manutec r3

Ausgehend von **Tabelle 3.4** erhält man mit den folgenden Zahlenwerten für die Systemparameter und die Teststellung $\underline{q}_{Test}$ die anschließend abgedruckte

Jacobi-Matrix:

$$\mathbf{a}_2 = 0.50\,\mathrm{m} \qquad {}^{\mathrm{H}}\vec{\mathbf{p}}^{*}_{\mathrm{G}} = [0.05\,\mathrm{m},\ 0.10\,\mathrm{m},\ 0.15\,\mathrm{m}]^{\mathrm{T}}$$

$$\mathbf{d}_4 = 1.03\,\mathrm{m} \qquad {}^{\mathrm{H}}\mathbf{R}_{\mathrm{G}} = \mathrm{Euler}(10^\circ,\ 20^\circ,\ 30^\circ)$$

$$\underline{\mathbf{q}}_{\mathbf{Test}} = [\,11^\circ,\ 22^\circ,\ 33^\circ,\ 44^\circ,\ 55^\circ,\ 66^\circ\,]^{\mathrm{T}}$$

$${}^{\mathrm{G}}\mathbf{J}_{\mathrm{G(0)}}(\underline{\mathbf{q}}_{\mathrm{Test}}) = \begin{bmatrix} 0.586 & -1.367 & -1.087 & 0.110 & -0.064 & -0.040 \\ -0.733 & -0.544 & -0.142 & 0.015 & -0.131 & 0.100 \\ 1.079 & 0.320 & 0.420 & -0.043 & 0.079 & -0.031 \\ 0.797 & 0.372 & 0.372 & 0.066 & 0.911 & -0.296 \\ 0.604 & -0.460 & -0.460 & 0.880 & -0.246 & 0.171 \\ -0.022 & 0.806 & 0.806 & 0.471 & 0.332 & 0.940 \end{bmatrix}$$

Dabei wurden hier wegen (3.105) Greiferkoordinaten angenommen.

4 Kartesische Schnittstellen und einfache Anwendungen der Jacobi-Matrix

4.1 Abbildungszusammenhänge und Steuerprinzipien

Bei einem Roboterarm lassen sich mit Hilfe der Jacobi-Matrix Geschwindigkeiten, kleine Lageänderungen und auch Lage-Regelabweichungen, d.h. allesamt *kinematische Relativgrößen*, vom Gelenkraum in ein kartesisches System ℓ abbilden:

$$
\left.
\begin{aligned}
{}^{\ell}\dot{\vec{x}} &= {}^{\ell}\mathbf{J} \cdot \dot{\underline{q}} && (4.1)\\
{}^{\ell}\dot{\vec{x}} = \frac{d}{dt}({}^{\ell}\underline{\vec{x}}) = \frac{{}^{\ell}d\vec{x}}{dt} &= {}^{\ell}\mathbf{J} \cdot \frac{d\underline{q}}{dt} && (4.2)
\end{aligned}
\right\}\ \text{Geschwindigkeiten}
$$

$$
{}^{\ell}d\vec{x} = {}^{\ell}\mathbf{J} \cdot d\underline{q} \qquad \text{infinitesimale Lageänderungen} \qquad (4.3)
$$

$$
{}^{\ell}\Delta\vec{x} \approx {}^{\ell}\mathbf{J} \cdot \Delta\underline{q} \qquad \text{Lage-Regelabweichungen} \qquad (4.4)
$$

Für die kartesische Steuerung eines Roboters interessiert in erster Linie die umgekehrte Abbildungsrichtung von einem kartesischen System in den Gelenkraum. Hierzu sind die obigen Gleichungen jeweils zu invertieren, so daß dann dort die *inverse* Jacobi-Matrix[1)] auftritt. Neben diesen Größen interessiert in derselben Abbildungsrichtung außerdem der Zusammenhang zwischen *Kräften und Momenten* am Greifer und in der Wirkungsrichtung jedes Robotergelenks; diese Abbildung leistet die *transponierte* Jacobi-Matrix.

$$
\dot{\underline{q}} = {}^{\ell}\mathbf{J}^{-1} \cdot {}^{\ell}\dot{\vec{x}} \qquad \text{Geschwindigkeiten} \qquad (4.5)
$$

$$
\left.
\begin{aligned}
\underline{\tau} &= {}^{\ell}\mathbf{J}^{T} \cdot {}^{\ell}\vec{F} && (4.6)\\
d\underline{\tau} &= {}^{\ell}\mathbf{J}^{T} \cdot {}^{\ell}d\vec{F} && (4.7)
\end{aligned}
\right\}\ \text{Kräfte/Momente}
$$

Letztere Gleichungen sind bei der Roboter-Kraftregelung von grundlegender Bedeutung ($\mathbf{J}^T$-Prinzip, Kraftprinzip). Dabei können die gewünschten Gelenk-

---

1)Der Fall $N \neq 6$ ($\mathbf{J}$ nichtquadratisch) wird hier, abgesehen von Abschnitt 4.6, nicht betrachtet.

Stellmomente bzw. -kräfte $\underline{\tau}$ im Falle einer Steuerung über Gelenk-Lagesollwerte bei Berücksichtigung der Gelenk-Nachgiebigkeiten (Diagonalmatrix $\mathbf{D}_q^{-1}$) über eine Verspannung der Gelenkachsen erzielt werden. Da andererseits die interessierenden kartesischen Kräfte des Umgebungskontakts über die Annahme einer vorhandenen kartesisch wirkenden Elastizität auch gewissen kartesischen Stellwegen entsprechen, lassen sich die Kräfte auch nach dem kinematischen Prinzip ($\mathbf{J}^{-1}$-Prinzip, Bahnprinzip) steuern. Die Einhaltung der zu unterscheidenden positionsgeregelten und kraftgeregelten Richtungen kann dagegen naturgemäß nur kinematisch beschrieben werden, ist also immer über das $\mathbf{J}^{-1}$-Prinzip zu steuern.

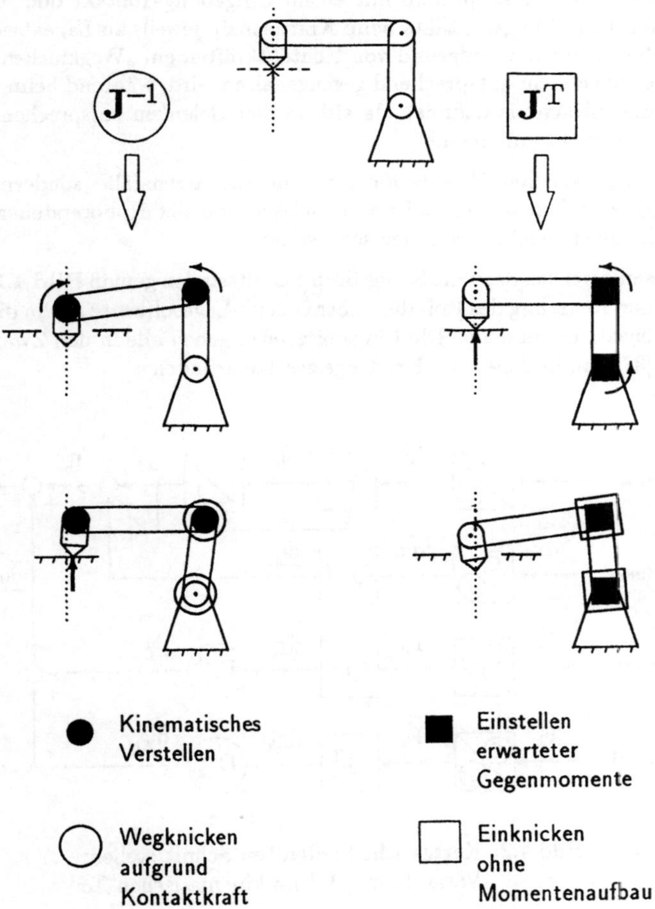

Bild 4.1: Veranschaulichung des $\mathbf{J}^{-1}$,$\mathbf{J}^{\mathrm{T}}$-Konflikts

Der Unterschied zwischen $\mathbf{J}^{-1}$ und $\mathbf{J}^{\mathrm{T}}$ wurde in Kapitel 3 an einem Beispiel behandelt. In Anknüpfung daran veranschaulicht **Bild 4.1** [47] die Wirkungsweisen der entsprechenden Steuerprinzipien. Die hinsichtlich der betrachteten kartesischen Richtung jeweils angesteuerten Gelenke sind dabei fett schwarz gekennzeichnet.

Für beide Steuerprinzipien werden hier die zwei Grenzfälle „kein Umgebungskontakt“ (freier Raum) und „fester Umgebungskontakt“ gegenübergestellt. Die oberen beiden Situationen stellen dabei jeweils die Idealkombination dar, in der keine Bahn- oder Richtungsabweichungen auftreten. Umgekehrt führen das Zusammentreffen von Bahnprinzip mit einem Umgebungskontakt oder das Fehlen eines festen Umgebungskontakts beim Kraftprinzip jeweils zu Lageabweichungen. Beim Bahnprinzip tritt aufgrund von Kontaktkräften ein „Wegknicken“ auf, weil in den Gelenken nicht entsprechend gegengehalten wird, während beim Kraftprinzip ein „Einknicken“ stattfindet, da sich in den Gelenken entsprechende Gegenmomente gar nicht aufbauen.

Weil im praktischen Einsatz nicht nur die zwei Grenzfälle, sondern vor allem Übergänge zwischen beiden auftreten, müssen von der Robotersteuerung beide Steuerprinzipien gleichzeitig beherrscht werden.

Insgesamt werden dazu die Stellgrößen-Schnittstellen gemäß **Bild 4.2** benötigt, die bei einer Steuerung des Roboters über Gelenk-Lagesollwerte alle in diesen einen Stellgrößensatz einmünden. Die Eingangsgrößen gehen alle in den Zwangskoordinaten C [37] ein, in denen die Kraftregelgesetze arbeiten.

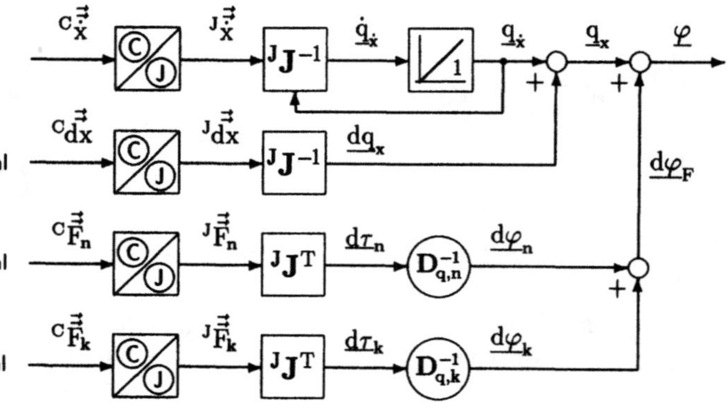

Bild 4.2: Kartesische Stellgrößen-Schnittstellen:
Variante mit $\mathbf{J}^{-1}$ im kinematischen Teil

4.2 Systemstruktur der Implementierung

Die anschließend dargelegten Meßergebnisse wurden mit einem gemäß den beiden folgenden Bildern aufgebauten Robotersystem gewonnen. **Bild 4.3** zeigt, daß die kartesisch arbeitende Kraftregelung der Lageregelung der Robotergelenke als eine zusätzliche Kaskadenstufe überlagert ist. Die Implementierung der Steuerungs-

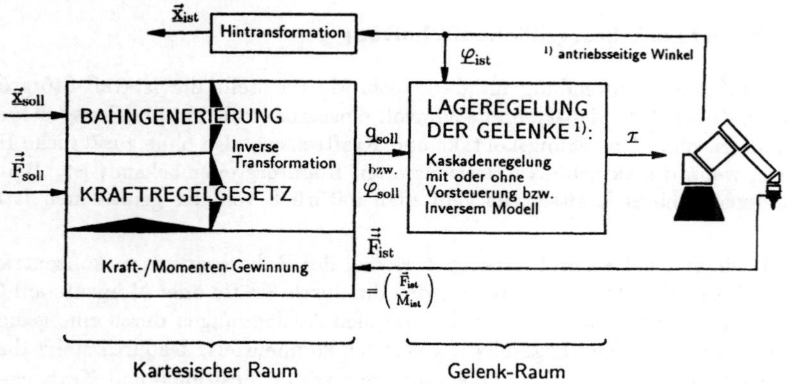

Bild 4.3: Grobstruktur der Kraft-Lage-Regelung

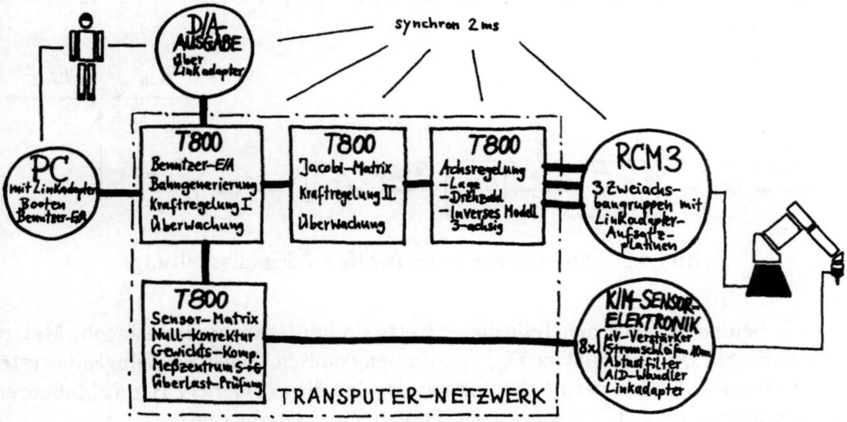

Bild 4.4: Transputer-Netzwerk: Ankopplung, Struktur und Aufgabenverteilung

aufgaben erfolgte in Occam 2 auf einem Netzwerk aus 4 Transputern, **Bild 4.4**, das direkt an die 3 Zweiachsbaugruppen der Robotersteuerung RCM 3 angekoppelt ist. Diese Ankopplung wurde von Seeger [81, 82, 9] hergestellt und kommuniziert in dem 2-ms-Takt der RCM 3-Achsregelung. Getragen von der hohen

Rechenleistung des Transputer-Netzwerks arbeitet das gesamte aufgebaute Steuerungssystem einheitlich mit diesem 2-ms-Takt; die Jacobi-Matrix wird also alle 2 ms neu berechnet.

4.3 Einsatz der transponierten Jacobi-Matrix

4.3.1 Istkraft-Störgrößenaufschaltung

Die einfachste Anwendung für die Jacobi-Matrix stellt die Istkraft-Störgrößenaufschaltung dar. Sie ist bereits sinnvoll einsetzbar bei rein positionsgesteuerten Robotern ohne Umgebungskontakt und Kraftsensor, also ohne zusätzliche Hardware, wenn die aktuelle Nutzlastmasse am Robotergreifer bekannt ist. Bei Vorhandensein eines Kraftsensors geht man natürlich von der gemessenen Istkraft aus.

Basierend auf einem Starrkörper-Modell des Roboterarms mit konzentrierten Gelenk-Elastizitäten (Getriebe) werden die durch Kräfte oder Momente am Greifer an dieser Stelle verursachten kartesischen Auslenkungen durch eine geeignete Korrektur der Gelenk-Lagesollwerte statisch kompensiert. Dadurch steigt die Positioniergenauigkeit, und im Falle einer gemischten Positions- und Kraftregelung wird die Positionsgenauigkeit in den nicht kraftgeregelten Richtungen[2)] verbessert, da sie dann deutlich weniger von den aktuellen Kräften in den kraftgeregelten Richtungen abhängt. In **Bild 4.5** ist die hierzu erforderliche Steuerkette dargestellt.

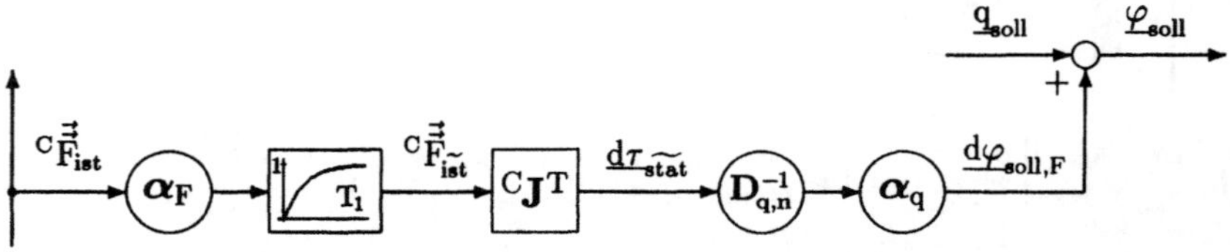

Bild 4.5: Struktur der Istkraft-Störgrößenaufschaltung

Die beiden wesentlichen Teile dieser Kette sind die transponierte Jacobi-Matrix sowie die als Diagonalmatrix $\mathbf{D}_{q,n}^{-1}$ zusammengefaßten Achsnachgiebigkeitswerte. Der Index n bedeutet „natürlich" und besagt, daß die am Gerät z.B. mit Meßuhren bestimmbaren tatsächlichen Elastizitätswerte einzusetzen sind.

Da die Istkraft direkt und nicht über die Soll-Ist-Vergleichstelle eines Reglers eingeht, stellt die Aufschaltung eine Mitkopplung dar, die nur solange unproblematisch ist, wie die wahren Nachgiebigkeiten nicht überkompensiert werden. Die verwendeten Nachgiebigkeitswerte dürfen daher nicht größer als die wahren Werte

---

[2)] Hier wird von *kartesischer* Positions*vorgabe*, nicht Positions*regelung*, ausgegangen.

sein. Zur Gewährleistung eines Sicherheitsabstands stehen hier Gelenk-Aufschaltfaktoren $\alpha_{q,i}$, für die man setzt

$$\alpha_{q,i} \leq \alpha_{q,max} < 1 \quad , \qquad i = 1, \ldots, N \tag{4.8}$$

Mit kartesischen Aufschaltfaktoren $\alpha_{F,j}$, $j = x, y, z, X, Y, Z$, läßt sich dagegen im Einzelfall der Kompensationseffekt auf bestimmte Kraftrichtungen beschränken.

Bei Kompensation der Gelenk-Nachgiebigkeiten reagiert der Roboterarm mechanisch deutlich steifer. Dies ist bei Kraftregelung unter Bedingungen harten Umgebungskontakts, d.h. mit einem steifen System „Sensor–Greifer–Umgebung", von Nachteil, da es hier auf die Restnachgiebigkeit des Roboters selbst ankommt. Für diesen Fall ist das Verzögerungsglied in **Bild 4.5** vorgesehen, da sich damit die Aufschaltung von der Kraftregelung dynamisch entkoppeln läßt, während die statische Genauigkeit erhalten bleibt.

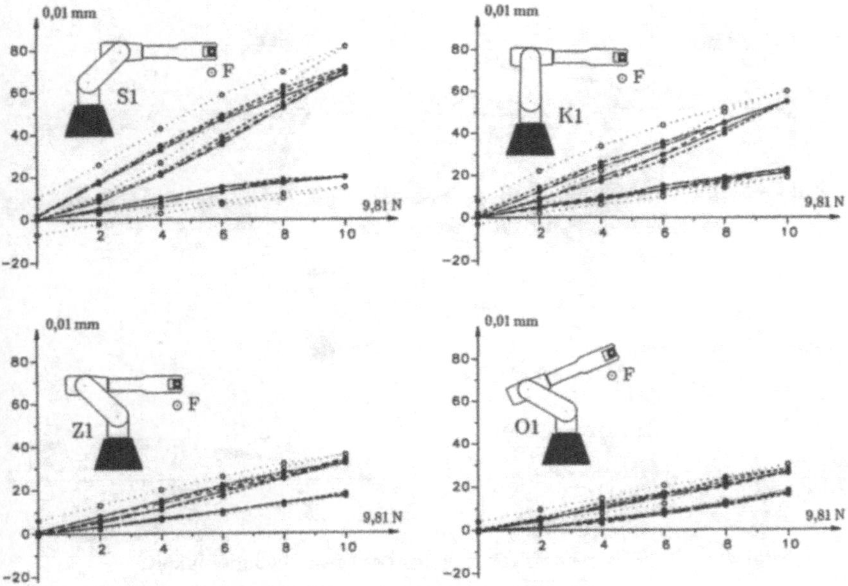

Bild 4.6: Kartesische Nachgiebigkeit ohne und mit $\mathbf{J}^T$-Störgrößenaufschaltung: Belastungsfälle für Achse 1

Die kartesische Steifigkeit des Roboterarms ist stellungsabhängig und stellt eine voll besetzte symmetrische Matrix dar. Im allgemeinen interessiert man sich jedoch nur für die translatorischen Hauptdiagonalelemente.

Bild 4.6 zeigt ein mit Federwaage[3)] und Meßuhr ermitteltes Steifigkeitsver-

[3)] Die Federwaage war in kg geeicht; dementsprechend sind die Diagramme skaliert.

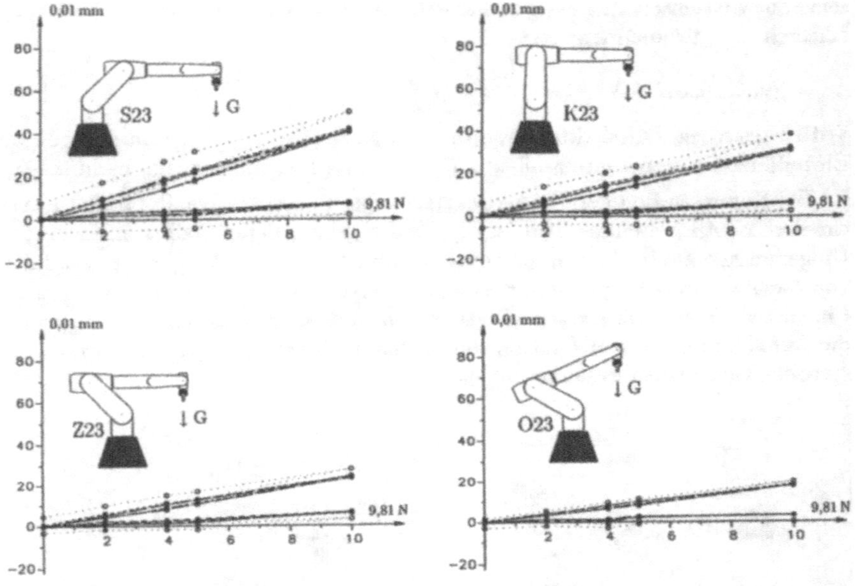

Bild 4.7: Kartesische Nachgiebigkeit ohne und mit $\mathbf{J}^T$-Störgrößenaufschaltung: Belastungsfälle für die Achsen 2 und 3

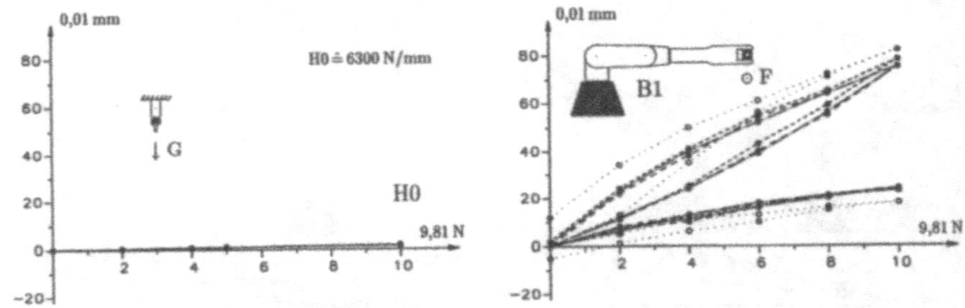

Bild 4.8: Referenzmessungen zur kartesischen Nachgiebigkeit: Kraftsensor in Längsrichtung; Roboterarm ganz ausgestreckt

halten des Arms mit und ohne Istkraft-Störgrößenaufschaltung für verschiedene Stellungen. Diese sind so gewählt, daß von den Roboterachsen nur die erste einen Beitrag liefert und der Sensor in seiner steifsten Richtung belastet wird. Die zugehörigen Roboterbildchen zeigen den Manutec r3 (Langversion) mit seinen Hebelarmverhältnissen maßstäblich.

Jeder Belastungsfall wurde viermal gemessen, zunächst ohne und unmittelbar anschließend mit Aufschaltung, wobei zu Beginn jeder Lastkurve die Meßuhr wieder genullt wurde. Die erste von vier Messungen fällt dabei aufgrund von Loseeffekten stets aus dem Rahmen (gepunktete Kurve, helle Kreise).

Die analog zu Achse 1 für die Achsen 2 und 3 durchgeführten Messungen sind in **Bild 4.7** dargestellt. Die Belastung erfolgte dort mit einer Waagschale und einem Wägesatz 1–2–2–5 kg. Hiermit konnten wegen der aus Hysteresegründen monoton erforderlichen Be- und Entlastung keine Zwischenschritte im oberen Bereich eingelegt werden. Die Lageabhängigkeit der Nachgiebigkeit beruht hier in den drei Fällen mit waagerechtem Unterarm nur auf dem veränderten Hebelarm zu Achse 2; der Hebelarm zu Achse 3 ist erst in der vierten Stellung verändert.

Wie man sieht, bringt die $\mathbf{J}^T$-Störgrößenaufschaltung einen Steifigkeitszuwachs um einen Faktor zwischen 2 und 5. Interessant sind die Referenzmessungen dazu in **Bild 4.8**: im Vergleich zur Robotersteifigkeit ist die Sensorsteifigkeit sehr groß. Die Messung am waagerecht ausgestreckten Arm dient dagegen dazu, den Nachgiebigkeitsbeitrag durch den Torsionseffekt an Armteil 2 (zwischen Achsen 2 und 3) zu beurteilen. Außerdem war in dieser Stellung die Ersatzsteifigkeit für Achse 1 ermittelt worden, allerdings bei um 90° verdrehter Achse 4. Offenbar scheint Armteil 4 dann biegesteifer zu sein, denn auffällig ist der hohe Konstant-Anteil der kartesischen Nachgiebigkeit in den Lastfällen zu Achse 1: Da beim Starrkörper-Drehfeder-Modell die kartesische Nachgiebigkeit quadratisch von den effektiven Hebelarmen abhängig ist, wäre bei den Hebelarmverhältnissen in **Bild 4.6** insgesamt ein Faktor 7 zwischen den Nachgiebigkeiten zu erwarten.

Eine wichtige und einfache Anwendung für die $\mathbf{J}^T$-Störgrößenaufschaltung könnte beim Einsatz großer Nutzlasten, z.B. 60 kg schwerer Schweißzangen, zu finden sein, wenn damit auf das (den statischen Nutzlasteffekt automatisch berücksichtigende) Teach-In verzichtet werden kann und die Sollbahn stattdessen rein kinematisch off-line vorgebbar wird. Bei bekannter Nutzlast würde dabei das Rechnen mit dem Gewicht genügen, so daß dann kein Kraftsensor benötigt wird.

4.3.2 $\mathbf{J}^T$-Regelung

Bei der Konzeption eines Kraftregelgesetzes sind stets die beiden Aufgaben „Heranfahren" (H) und „Kontakthalten" (K) zu unterscheiden. Bei hartem Umgebungskontakt kommt dann als drittes noch die Aufgabe der „Aufpralldämpfung" (A) hinzu, **Bild 4.9**.

Wie eingangs im Zusammenhang mit **Bild 4.1** diskutiert, kommt für einen „Heranfahrregler" nur eine Steuerung nach dem $\mathbf{J}^{-1}$-Prinzip infrage, während ein „Kontaktregler" sowohl nach dem $\mathbf{J}^{-1}$- als auch nach dem $\mathbf{J}^T$-Prinzip arbeiten kann. Dabei ist allerdings zu beachten, daß der I-Anteil eines Kontaktreglers wegen der ggf. größeren Stellwege als zum Heranfahrregler gehörig betrachtet werden muß, denn wegen des „Einknick-Effekts" gemäß **Bild 4.1** darf das $\mathbf{J}^T$-Prinzip dabei nicht ohne weiteres angewendet werden.

Ausgehend von einem rein kinematisch konzipierten Kraftregelgesetz, das nur

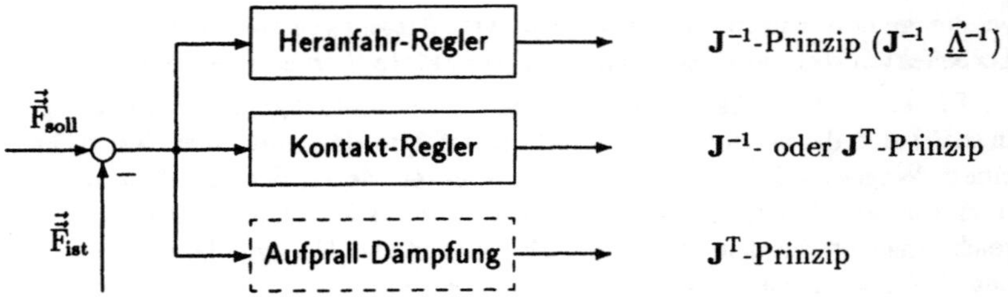

Bild 4.9: Aufgabenverteilung im Kraftregelgesetz

die beiden oberen Kanäle in **Bild 4.2** benutzt und von den Autoren „H-K-Regelung" genannt wird, kann man zu einem gemischten Kraftregelgesetz übergehen, bei dem der lageproportionale kartesische Stellgrößenkanal (dx-Kanal) des Kontaktreglers durch den nach dem $\mathbf{J}^T$-Prinzip arbeitenden F_n-Kanal ersetzt ist. Dieser Ansatz wird als „H-K-$\mathbf{J}^T$-Regelung" bezeichnet.

Bild 4.10 gibt einen Vergleich des dynamischen Verhaltens dieser beiden Varianten des Kraftregelgesetzes für harten Aufprall an unbekannter Stelle, Einschwingen auf die gewünschte Kontaktkraft und verschiedene Sollkraftsprünge. Dabei liegt harter Umgebungskontakt vor (quasi Fundament und steifer Sensor), so daß der Roboter das weichste Glied in der Kette darstellt. Der Roboter befand sich ungefähr in einer Stellung gemäß **Bild 4.1**.

Die Experimente haben zwei Unterschiedsmerkmale ergeben, die in den Meßschrieben gut erkennbar sind: Kontaktregelung mit $\mathbf{J}^T$ ist bei der stationären Genauigkeit wesentlich besser, aber beim Aufprallverhalten meist schlechter als eine rein kinematisch arbeitende Kraftregelung.

4.3.3 Aufprall-Dämpfung über Handachsen

Bei der $\mathbf{J}^T$-Regelung ist man bemüht, für die im Stellkraft-Kanal eingesetzten Achsnachgiebigkeiten möglichst die wahren (natürlichen) Werte zu verwenden. Dabei kommt es im wesentlichen nur auf die richtigen Größenverhältnisse zwischen den Achsen an, da ein konstanter Faktor aus der Matrix $\mathbf{D}_{q,n}^{-1}$ auch in die Kraftregler-Verstärkung herübergezogen werden kann.

Es kann aber auch beabsichtigt sein, mit verzerrten („künstlichen") Nachgiebigkeitsverhältnissen zu arbeiten, also z.B. die Handachsen extra überzubewerten und die Hauptachsen in diesem Stellgrößenkanal sogar durch Einsetzen einer Nachgiebigkeit Null stillzulegen. Bei entsprechender Verstärkung reagiert der Roboter dann auf Kräfte am Greifer mit federweichen Handachsen, während die Hauptachsen fest stehenbleiben.

Ein solcher $\mathbf{J}^T$-Eingriff eignet sich speziell für die Aufpralldämpfung, indem die Eigenschaft der Handachsen ausgenutzt wird, schneller und mit weniger be-

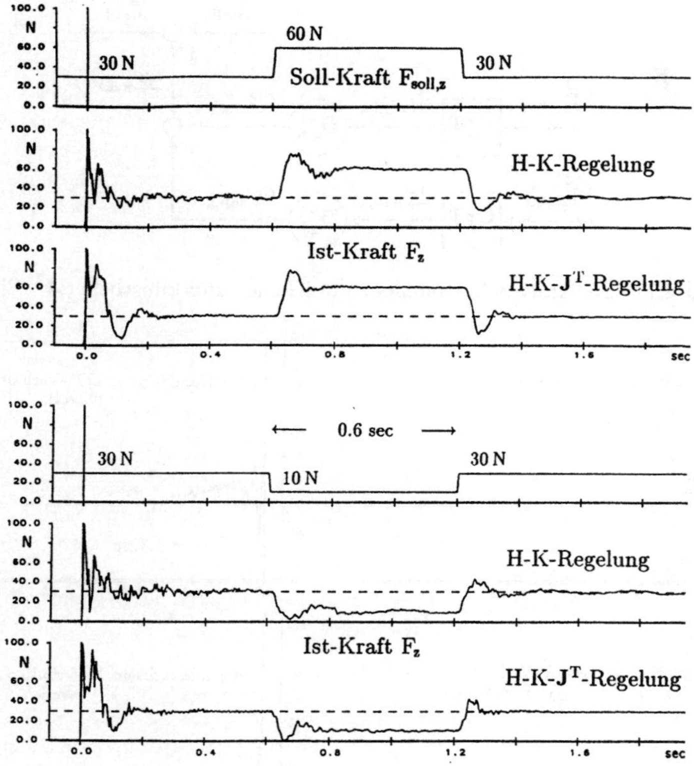

Bild 4.10: Vergleich von H-K-Regelung und H-K-$\mathbf{J}^T$-Regelung

wegten Massen reagieren zu können als die Hauptachsen. Und zwar kann mit dem Ziel der Dynamikverbesserung parallel zur normalen Kraftregelung ein $\mathbf{J}^T$-Kanal mit künstlicher Achsgewichtung betrieben werden, wenn sichergestellt wird, daß diese Maßnahme keinen Einfluß auf die stationären Genauigkeiten in den nicht kraftgeregelten Richtungen hat [24].

In **Bild 4.11** ist die Kombination zweier $\mathbf{J}^T$-Eingriffe (F_n-Kanal und F_k-Kanal) dargestellt. Da die unterschiedliche Achsgewichtung und die Überlagerung erst im Gelenkraum erfolgen, ist eine kanalweise getrennte Multiplikation mit $\mathbf{J}^T$ dabei nicht zu umgehen.

Der Grundansatz zur Handachsen-Aufpralldämpfung bestand darin, einen auf den F_k-Kanal arbeitenden Kraftregler mit DT_1-Verhalten zu verwenden. Dadurch weichen die Handachsen bei einem Aufprall im ersten Moment schnell zurück, fangen so den Kraftstoß ab und kehren anschließend langsam wieder in die Ur-

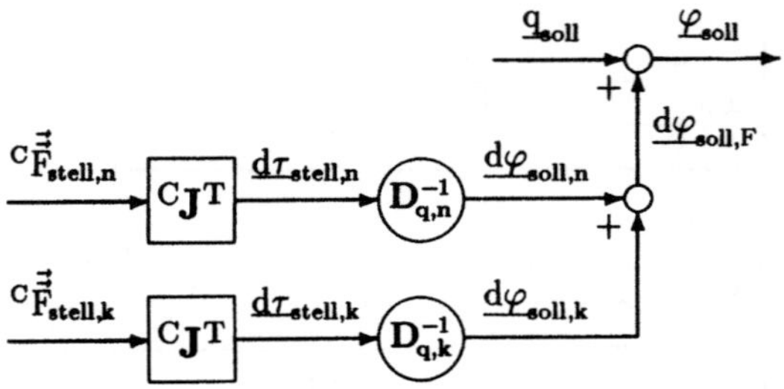

Bild 4.11: Stellkraft-Schnittstellen: natürlicher und künstlicher $\mathbf{J}^T$-Eingriff

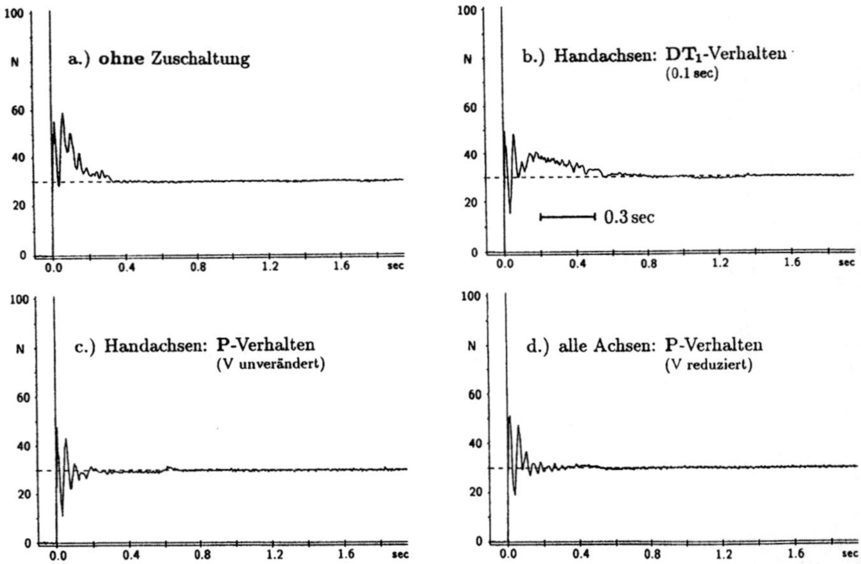

Bild 4.12: Zuschaltung künstlicher Achsnachgiebigkeiten zur Aufpralldämpfung

sprungslage zurück, was dann aber aufgrund der unverändert im Eingriff befindlichen eigentlichen Kraftregelung im Istkraftverlauf nicht mehr sichtbar sein sollte. Da die erprobten Kraftregelgesetze alle ein ausgeprägtes Anstiegsfehlerverhalten aufweisen, ist dies jedoch ein Trugschluß, wie der Vergleich von **Bild 4.12** a.) und b.) zeigt: der Aufprall wird zwar schwächer, aber dafür quasi in die Länge gezogen.

Gut funktioniert dagegen der Ansatz eines reinen P-Verhaltens, Teilbild c.). Dabei sind in der Heranfahrphase, wo bei der Kraftregelung ja immer Regelabweichung = Sollkraft gilt, die Handachsen-Stellwinkel $\underline{d\varphi}_{soll,k}$ entsprechend der

Sollkraft vorgefahren und werden in der Aufprallphase auf Null zurückgenommen, so daß anschließend keine Auslenkung mehr abgebaut werden muß. Daher entfällt das Anstiegsfehler-Problem, und der Vorteil der schnellen, leichten Handachsen kommt voll zur Geltung. Ein kleiner Nachteil dabei ist ein bei genauem Hinsehen erkennbares feines Zittern auf dem Kraft-Istwert, das darauf zurückzuführen ist, daß über verschiedene Stellgrößenkanäle zwei Kraftregler gleichzeitig ohne dynamische Entkopplung im Eingriff sind.

Bei Steuerung über das $\mathbf{J}^T$-Prinzip kann jede Achse individuell bewertet werden. Es gibt Stellungen, in denen man mit den 3 Handachsen allein in Nutzkraftrichtung auch mit dem $\mathbf{J}^T$-Prinzip nichts ausrichten kann. Dies läßt sich durch Hinzunahme der obersten Hauptachse beheben.

Die künstlichen Handachsen-Nachgiebigkeiten wurden für **Bild 4.12** um etwa einen Faktor 100 größer angesetzt als die natürlichen Nachgiebigkeiten der Hauptachsen. Bei Hinzunahme aller Hauptachsen mit ihren wahren Werten (und dann notwendiger Halbierung der Verstärkung des Aufprallreglers) ergibt sich das Teilbild d.).

4.4 Kinematische Schnittstellen

4.4.1 Inverse Jacobi-Matrix und Rücktransformation

Die Überführung kartesischer Stellgeschwindigkeiten ($\dot{x}$-Kanal) in die Gelenk-Lagesollwert-Trajektorien kann gemäß **Bild 4.13** sowohl mit Hilfe der inversen Jacobi-Matrix als auch mit der Rücktransformation erfolgen. Die Integration fin-

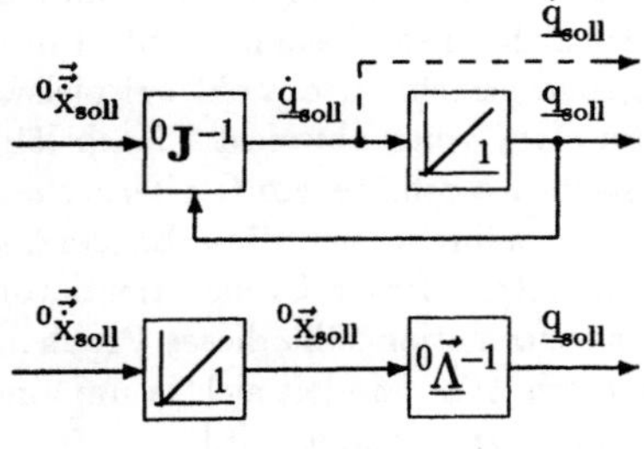

Bild 4.13: Dualität von inverser Jacobi-Matrix und Rücktransformation

det im ersten Fall im Gelenkraum und im zweiten Fall im kartesischen Raum statt. Bei der Integration im Gelenkraum sind einfach N Geschwindigkeitssignale in gleicher Weise numerisch zu integrieren (Trapezregel). Im kartesischen Raum ist diese einfache Möglichkeit nur bei den 3 translatorischen Geschwindigkeitskomponenten gegeben; bei den rotatorischen Komponenten ist die Rechnung aufgrund der nichtlinearen Raumwinkelzusammenhänge wesentlich aufwendiger, siehe Abschnitt 4.4.2.

Dem steht bei der $\mathbf{J}^{-1}$-Variante der Rechenaufwand für das Lösen eines Gleichungssystems gegenüber. Nachdem die Matrix **J** berechnet ist, die im Hinblick auf die $\mathbf{J}^{T}$-Anwendungen sowieso gebraucht wird, muß die Inverse $\mathbf{J}^{-1}$nun nicht explizit berechnet werden, wenn nur das Ergebnis einer Stellgrößenabbildung interessiert: Um das Resultat $\dot{\underline{q}} = \mathbf{J}^{-1}\,\dot{\vec{\vec{x}}}$ zu erhalten, genügt es, das lineare Gleichungssystem $\mathbf{J}\,\dot{\underline{q}} = \dot{\vec{\vec{x}}}$ zu lösen. Dagegen müßten für die Berechnung von $\mathbf{J}^{-1}$aus **J** allein 6 Gleichungssysteme gelöst werden.

Bei der $\mathbf{J}^{-1}$-Variante läßt sich die der kartesischen Stellgeschwindigkeit entsprechende Gelenkgeschwindigkeit direkt abgreifen, ohne daß eine numerische Differentiation auszuführen ist. Im Hinblick auf **Bild 4.2** ist dieses Signal jedoch nicht das zur Drehzahlvorsteuerung benötigte, da auf das zugehörige Sollwinkelsignal anschließend noch weitere Stellgrößen addiert werden. Die Abgriffsmöglichkeit ist daher ohne Bedeutung.

Für die zur Berechnung der Jacobi-Matrix einzusetzenden Gelenkkoordinaten müssen Sollwerte und nicht die Istwerte verwendet werden. Anderenfalls kann man nach einigen Bewegungen eine deutliche Abdrift von der kinematischen Bahn beobachten, weil in dem Fall die Schleppfehler der einzelnen Roboterachsen quasi aufintegriert werden. Aus ähnlichen Gründen hinsichtlich der Stellgrößen dürfen jedoch für die Berechnung, wie in **Bild 4.2** erkennbar, auch nicht die Gesamt-Lagesollwerte genommen werden. Stattdessen ist auf die Lage-Zustandsgröße am Ausgang des Integrators zurückzugreifen, damit von den unteren Stellgrößen bei deren Wegnahme nichts im Integrator gespeichert ist. In den drei unteren Stellgrößenzweigen ist es irrelevant, welche Winkel benutzt werden.

Dennoch verbleibt bei der $\mathbf{J}^{-1}$-Variante ein kleines Driftproblem, wenn die Armlängen des Roboters nicht exakt bekannt sind. Im vorliegenden Fall wurde mit den Datenblattangaben gerechnet, obwohl beispielsweise der Unterarm von der Nennlänge 1030 mm etwa 3 mm abweicht. Nach längeren Orientierungsbewegungen bei sollwertmäßig festgehaltenem Greiferbezugspunkt beobachtet man daher eine kleine Ortsdrift, während sich diese Längendiskrepanz bei Raumkurvenbewegungen mit konstantgehaltener Greiferorientierung nicht auswirkt. Bei Verwendung der Rücktransformation fällt dieses Problem nicht auf, da sich die Abweichung nicht aufintegriert; es handelt sich ja um eine absolute Transformation, die nach der Integration angewendet wird.

Theoretisch ergibt sich noch eine Driftmöglichkeit numerischer Art; diese ist jedoch bei der Implementierung mit Gleitkomma-Arithmetik vernachlässigbar.

Die Äquivalenz der beiden Zweige in **Bild 4.13** gilt übrigens nur, solange die Parameter zur Greifergeometrie im Betrieb konstant bleiben, d.h. in der Greifergeometrie darf keine „heimliche“ Gelenkkoordinate verborgen sein.

Ein Vorteil des Betriebs über die inverse Jacobi-Matrix ergibt sich beim kartesischen Fahren bis in die Überlappbereiche einzelner Achsen (Drehbereich größer ±180°). Hier gibt es mit einer einfachen Rücktransformation Schwierigkeiten, während sich die Winkelbereichsgrenzen bei der differentiellen Steuerung über $\mathbf{J}^{-1}$ nicht bemerkbar machen: Es findet dort kein Konfigurationswechsel statt, und die Konfiguration bleibt im $\mathbf{J}^{-1}$-Betrieb immer zwangsläufig gleich, ohne daß sie wie bei der Rücktransformation bestimmt oder spezifiziert werden muß. Andererseits läßt sich die Rücktransformation auch so erweitern, daß neben den Fallunterscheidungen durch die verschiedenen Konfigurationen auch die durch den Überlappbetrieb hinzukommenden Doppeldeutigkeiten richtig verarbeitet werden. Die Praxis des 6-achsigen sensorgeführten Teach-In hat gezeigt, daß die Verfügbarkeit der Überlappbereiche beim kartesischen Fahren sehr von Vorteil ist, weil bei der großzügigen Inanspruchnahme der Bewegungsmöglichkeiten beim intuitiven Führen der Roboterhand die Bewegung sonst oftmals durch eine unnötige Winkelgrenze beendet wird.

Die für die wichtigsten vorkommenden Steuerungsalgorithmen bestimmten Rechenzeiten sind in **Tabelle 4.1** wiedergegeben. Wegen der Implementierungs-

• lin. Gleichungssystem	140 %	Gauß-Jordan, schleifenlose[4)] Programmierung für $N \equiv 6$
• Rücktransformation	100 %	${}^{0}\underline{\vec{\Lambda}}_{G,H}^{-1}$ incl. Eulerwinkel-Option, ohne Überlappbetrieb
• Hintransformation	70 %	${}^{0}\underline{\vec{\Lambda}}_{G}$ incl. Eulerwinkel-Berechnung
• Jacobi-Matrix	50 %	${}^{4}\mathbf{J}_{G(0)}$ (Armteil-4-Koordinaten: Aufwands-Minimum)
• Greifer-Dreibein	40 %	3×3-Orientierungsmatrix ${}^{0}\mathbf{R}_G$
• kart. Lage-Integration	25 %	siehe Abschnitt 4.4.2
• kart. Lage-Summation	20 %	siehe Abschnitt 4.4.2
• Matrizenmultiplikation	6 %	Sparversion für orthogonale Matrizen
• Integration Gelenkraum	5 %	6× nach Trapezregel

Tabelle 4.1: Rechenzeit-Relationen

abhängigkeit und Kurzlebigkeit absoluter Zeitangaben sind hier Relativzeiten in bezug auf die Rücktransformation angegeben. Die 100 % entsprechen bei einem 25-MHz-Transputer mit internem und 3-Zyklen-RAM bei erfahrener Programmierung in Occam 2 etwa 380 μs Rechenzeit.

Eine genaue Betrachtung der Zeiten zeigt, daß man selbst ohne den dx-Kanal (**Bild 4.2**) mit der $\underline{\vec{\Lambda}}^{-1}$-Variante günstiger fährt; der Unterschied ist hier jedoch noch nicht gravierend. Bei der vorliegenden Implementierung ist es sogar umgekehrt, weil die kartesische Lage-Integration und -Summation stets zusammen im Haupt-Transputer (**Bild 4.4**) ablaufen, der mit DRAM und nicht mit SRAM bestückt ist (4 statt 3 Taktzyklen). Bei Hinzunahme des dx-Kanals kommt nur die $\underline{\vec{\Lambda}}^{-1}$-Variante infrage, auch wenn die $\mathbf{J}^{-1}$-Variante deutlich übersichtlicher ist (siehe Abschnitt 4.4.2).

Die kartesischen Stellgeschwindigkeiten entstehen gemäß **Bild 4.14** durch Summation der Anteile aus den kraftgeregelten Richtungen und den nicht kraftgeregelten Richtungen (Bahn-Vorgabe). Die entsprechende Stellgrößen-Summier-

4) Durch Elimination aller Laufanweisungen und indirekten Adressierungen reduziert sich die

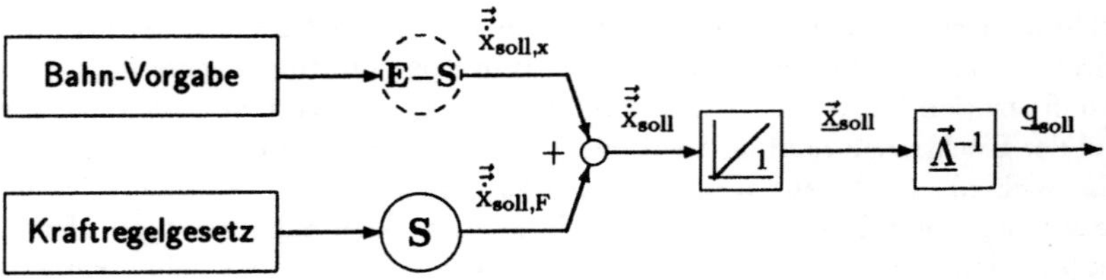

Bild 4.14: Stellgeschwindigkeiten für Positions- und Kraft-Richtungen

stelle ist eine vierte neben den drei Summierstellen in **Bild 4.2** bzw. **Bild 4.15** (s.u.). Da infolge dieser Geschwindigkeiten große Wege zurückgelegt werden, muß diese Summation aufgrund der Nichtlinearität der Rücktransformation auf jeden Fall vor der Integration durchgeführt werden. Die Summation erfolgt in den wählbaren Zwangskoordinaten C, in denen über die diagonale Selektionsmatrix ${}^C\mathbf{S}$ die Trennung nach Positions- und Kraftrichtungen definiert wird, so daß anschließend zur Anpassung erst noch lineare Abbildungen erforderlich sind. Diese und die Koordinatenangaben sind in **Bild 4.14** der Übersichtlichkeit halber weggelassen, in **Bild 4.2** und **Bild 4.15** aber zu finden. Die komplementäre Selektionsmatrix ($\mathbf{E} - {}^C\mathbf{S}$) ist nicht zwingend, da Positions-Einprägungen in den kraftgeregelten Richtungen grundsätzlich erlaubt sind (Kraftregelung in Fahrtrichtung).

4.4.2 Kartesische Lage-Integration und Lage-Summation

Aufgrund der Diskussion im vorigen Abschnitt ergibt sich aus **Bild 4.2** und **Bild 4.13** und unter Hinzufügung der noch erforderlichen linearen Abbildungen die Schnittstellenstruktur **Bild 4.15**. Die oben im Bild auftretenden kartesischen Soll-Lage-Angaben sind jeweils Sätze aus 4 Dreiervektoren (Ortsvektor sowie die Einheitsvektoren des Orientierungs-Dreibeins):

$$\vec{p}_i := \vec{t}_{i\langle 0\rangle} \tag{4.9}$$

$${}^0\underline{\vec{x}}_G = \left[{}^0\vec{p}_G\,,\, {}^0\mathbf{R}_G\right] \tag{4.10}$$

Wie nachfolgend ersichtlich, sind bei den Stellgrößen von $\dot{x}$-Kanal und dx-Kanal der translatorische und der rotatorische Teil in verschiedene Koordinaten zu transformieren:

$${}^C\dot{\vec{x}} \equiv {}^C\dot{\vec{x}}_G = \begin{bmatrix} {}^C\vec{v}_G \\ {}^C\vec{\omega}_G \end{bmatrix} \quad \text{und} \quad {}^{0,G}\dot{\vec{x}} \equiv {}^{0,G}\dot{\vec{x}}_G = \begin{bmatrix} {}^0\vec{v}_G \\ {}^G\vec{\omega}_G \end{bmatrix} \tag{4.11}$$

$${}^C\vec{dx} \equiv {}^C\vec{dx}_G = \begin{bmatrix} {}^C\vec{dx}_{G,trans} \\ {}^C\vec{dx}_{G,rot} \end{bmatrix} \quad \text{und} \quad {}^{0,G}\vec{dx} \equiv {}^{0,G}\vec{dx}_G = \begin{bmatrix} {}^0\vec{dx}_{G,trans} \\ {}^G\vec{dx}_{G,rot} \end{bmatrix} \tag{4.12}$$

Rechenzeit auf fast 60 %, bei dann 13-fachem Programmcode-Umfang (Occam 2).

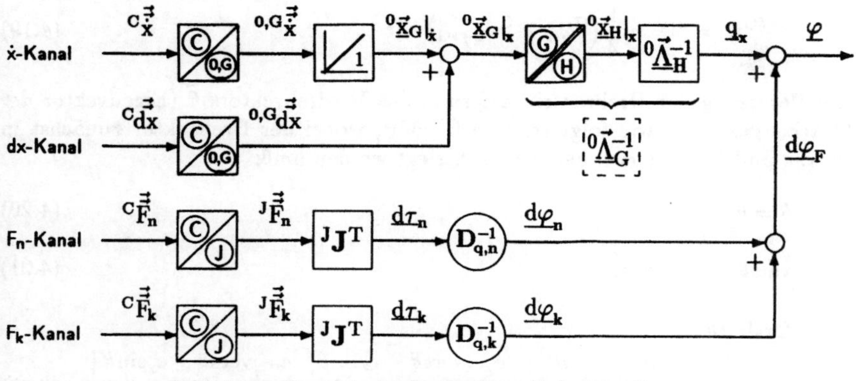

Bild 4.15: Kartesische Stellgrößen-Schnittstellen:
Variante mit $\vec{\underline{\Lambda}}^{-1}$ im kinematischen Teil

Die Integration der Stellgeschwindigkeit muß als erstes erfolgen, um eine Lagesollwert-Zustandsgröße mit Arbeitspunktfunktion zu bilden, die durch die anderen Kanäle dann nur momentan modifiziert wird. Aufgrund dieser Reihenfolge gilt für die kartesischen Lagen:

$$ {}^0\vec{\underline{x}}_G\Big|_{\dot{x}} = \left[{}^0\vec{p}_{G+\delta G}\,,\ {}^0\mathbf{R}_{G+\delta G}\right] \tag{4.13}$$

$$ {}^0\vec{\underline{x}}_G\Big|_{x} = \left[{}^0\vec{p}_{G+\delta G+dG}\,,\ {}^0\mathbf{R}_{G+\delta G+dG}\right] \tag{4.14}$$

Der translatorische Teil der Integration weist keine Besonderheiten auf. Er wird mit der Trapezregel wie folgt durchgeführt:

$$ {}^0\vec{p}_{G+\delta G} = {}^0\vec{p}_G + {}^0\vec{t}_{G+\delta G\langle G\rangle} \tag{4.15}$$

$$ {}^0\vec{t}_{G+\delta G\langle G\rangle} = \frac{1}{2}\left({}^0\vec{v}_G + {}^0\vec{v}_{G+\delta G}\right)\cdot \delta t \tag{4.16}$$

Bei der rotatorischen Integration erfolgt die schrittweise Weiterdrehung mit einer Drehmatrix, deren Eigenvektor sich — z.B. nach der Trapezregel — aus der räumlichen Stell-Winkelgeschwindigkeit im Abtastintervall ergibt. Diese Rechnung findet im Gegensatz zum translatorischen Fall in Greifer- statt Fußkoordinaten statt.

$$ {}^0\mathbf{R}_{G+\delta G} = {}^0\mathbf{R}_G\ {}^G\mathbf{R}_{G+\delta G} \tag{4.17}$$

$$ {}^G\mathbf{R}_{G+\delta G} = \mathrm{Ortho}({}^G\vec{r}_{\dot{x}}) = \mathrm{Ortho}({}^{G+\delta G}\vec{r}_{\dot{x}}) \tag{4.18}$$

$$^{G+\delta G}\vec{r}_{\dot{x}} = {}^{G}\vec{r}_{\dot{x}} = \frac{1}{2}\left({}^{G}\vec{\omega}_{G} + {}^{G}\vec{\omega}_{G+\delta G}\right) \cdot \delta t \tag{4.19}$$

Die Besetzung der Drehmatrix aufgrund des Verdrehvektors $\vec{\theta}$ (Eigenvektor der Matrix) geschieht wie folgt (siehe z.B. [60]), wobei der Drehvektor zunächst in Betrag und Richtungseinheitsvektor zerlegt werden muß:

$$\vec{\theta} = \theta\,\vec{e} \tag{4.20}$$

$$\mathrm{vers}\theta := 1 - \cos\theta \tag{4.21}$$

$$\begin{aligned} &\mathrm{Ortho}(\vec{\theta}) \\ &= \begin{bmatrix} e_x e_x \mathrm{vers}\theta + \cos\theta & e_y e_x \mathrm{vers}\theta - e_z \sin\theta & e_z e_x \mathrm{vers}\theta + e_y \sin\theta \\ e_x e_y \mathrm{vers}\theta + e_z \sin\theta & e_y e_y \mathrm{vers}\theta + \cos\theta & e_z e_y \mathrm{vers}\theta - e_x \sin\theta \\ e_x e_z \mathrm{vers}\theta - e_y \sin\theta & e_y e_z \mathrm{vers}\theta + e_x \sin\theta & e_z e_z \mathrm{vers}\theta + \cos\theta \end{bmatrix} \end{aligned} \tag{4.22}$$

$$\overset{\theta \to \delta\theta}{\approx} \begin{bmatrix} 1 & -e_z\,\delta\theta & e_y\,\delta\theta \\ e_z\,\delta\theta & 1 & -e_x\,\delta\theta \\ -e_y\,\delta\theta & e_x\,\delta\theta & 1 \end{bmatrix} \tag{4.23}$$

Die Rechnungen für die kartesische Lage-Summation gestalten sich fast genauso, nur die Anwendung der Trapezregel entfällt. Bei kleiner Abtastschrittweite sind die Näherungen (4.27), (4.29) und entsprechend (4.31) erlaubt, die den Verzicht auf eine weitere Koordinatentransformation ermöglichen. Man hinkt hier dann nur einen Abtastschritt hinterher, ohne daß sich der Fehler aufsummiert.

$$^{0}\vec{p}_{G+\delta G+dG} = {}^{0}\vec{p}_{G+\delta G} + {}^{0}\vec{t}_{G+\delta G+dG\langle G+\delta G\rangle} \tag{4.24}$$

$$^{0}\vec{t}_{G+\delta G+dG\langle G+\delta G\rangle} = {}^{0}\vec{dx}_{G,\mathrm{trans}} \tag{4.25}$$

$$^{0}\mathbf{R}_{G+\delta G+dG} = {}^{0}\mathbf{R}_{G+\delta G}\;{}^{G+\delta G}\mathbf{R}_{G+\delta G+dG} \tag{4.26}$$

$$\overset{\delta G \to 0}{\approx} {}^{0}\mathbf{R}_{G+\delta G}\;{}^{G}\mathbf{R}_{G+dG} \tag{4.27}$$

$$^{G+\delta G}\mathbf{R}_{G+\delta G+dG} = \mathrm{Ortho}({}^{G+\delta G}\vec{r}_{dx}) = \mathrm{Ortho}({}^{G+\delta G+dG}\vec{r}_{dx}) \tag{4.28}$$

$$\overset{\delta G \to 0}{\approx} \mathrm{Ortho}({}^{G}\vec{r}_{dx}) = \mathrm{Ortho}({}^{G+dG}\vec{r}_{dx}) \tag{4.29}$$

$$^{G+\delta G+dG}\vec{r}_{dx} = {}^{G+\delta G}\vec{r}_{dx} = {}^{G+\delta G}\vec{dx}_{G,\mathrm{rot}} \tag{4.30}$$

$$^{G+dG}\vec{r}_{dx} = {}^{G}\vec{r}_{dx} = {}^{G}\vec{dx}_{G,\mathrm{rot}} \tag{4.31}$$

Bei der Drehmatrizen-Bestimmung nach (4.22) oder nach (4.23) kommt im $\dot{x}$-Kanal nur der exakte Weg infrage, auch wenn die Stellgrößen hier auf jeden Fall

klein sind, da die Abweichungen aufintegriert werden. Im dx-Kanal hängt es von den verwendeten Steuerprinzipien ab, ob man sich mit der deutlich rechenzeitgünstigeren Näherung (4.23) begnügt. Über (4.22) läßt sich hier die Normallage theoretisch auch um sehr große Stellbeträge modulieren, was z.B. bei Graphik-Anwendungen wegen der fehlenden Massenträgheit ohne weiteres realisierbar ist.

Bei der Rücktransformation ist zu unterscheiden, ob ein Algorithmus für ${}^0\underline{\vec{\Lambda}}_H^{-1}$ oder ${}^0\underline{\vec{\Lambda}}_G^{-1}$ vorliegt. Im ersteren Fall, wo der Rechengang erst im Handwurzelpunkt beginnt, müssen Soll-Orientierung und -Lage erst noch ermittelt werden über

$$ {}^0\mathbf{R}_H = {}^0\mathbf{R}_G \; {}^H\mathbf{R}_G^T \tag{4.32} $$

$$ {}^0\vec{p}_H = {}^0\vec{p}_G - {}^0\mathbf{R}_H \; {}^H\vec{t}_{G(H)} \tag{4.33} $$

Manchmal ist auch ein gemischter Algorithmus ${}^0\underline{\vec{\Lambda}}_{G,H}^{-1}$ vorhanden, der kartesische Lagen gemäß

$$ {}^0\underline{\vec{x}}_{G,H} = \left[{}^0\vec{p}_G \, , \, {}^0\mathbf{R}_H\right] \tag{4.34} $$

verarbeitet, so daß vorher nur (4.32) anzuwenden ist.

4.4.3 Kartesische Lage-Differentiation

Im Hinblick auf die Echtzeit-Datenaufzeichnung ist es sinnvoll, die virtuelle, achswinkel-basierte Greifer-Istlage (Hintransformation) und die kartesische Greifer-Istgeschwindigkeit im Regelungstakt zu berechnen. Da die Größen nicht im Regelkreis liegen, können diese Berechnungen bei einer Systemimplementierung auf mehreren Prozessoren abseits des kritischen Pfades erfolgen.

Die kartesische Istgeschwindigkeit läßt sich bei Vorliegen der Jacobi-Matrix einfach nach Gleichung (4.1) bestimmen. Sie kann jedoch entsprechend (4.2) auch durch Differentiation der Istlage, d.h. nach Anwendung der Hintransformation,

$$ {}^0\underline{\vec{x}}_G = {}^0\underline{\vec{\Lambda}}_G = \left[{}^0\vec{p}_G \, , \, {}^0\mathbf{R}_G\right] \tag{4.35} $$

berechnet werden[5)]. Bei der vorliegenden Implementierung (**Bild 4.4**) mußte, um freie Rechenkapazität im Haupt-Transputer zu nutzen, der zweite Weg gewählt werden, weil die Jacobi-Matrix außerhalb des Jacobi-Transputers hier nicht zur Verfügung steht.

Die durchzuführende Lage-Differentiation gestaltet sich nach der Rechteckregel wie folgt. Der Bahngeschwindigkeitsvektor kann stets komponentenweise

---

5) Im Gegensatz hierzu geht es in Gleichung (4.10) ff um Soll-Lagen bzw. Stell-Lagen.

bestimmt werden, während sich der Winkelgeschwindigkeitsvektor nur im räumlichen Zusammenhang berechnen läßt:

$$ {}^0\vec{v}_G \equiv {}^0\vec{v}_G(\nu) = \frac{1}{\delta t}\left({}^0\vec{p}_G(\nu) - {}^0\vec{p}_G(\nu-1)\right) \tag{4.36} $$

$$ {}^G\vec{\omega}_G \equiv {}^G\vec{\omega}_G(\nu) = \frac{1}{\delta t}\,\mathrm{Ortho}^{-1}\left([{}^0\mathbf{R}_G(\nu-1)]^T \cdot {}^0\mathbf{R}_G(\nu)\right) \tag{4.37} $$

Dabei ist die Abbildung Ortho^{-1} die Umkehrung des Zusammenhangs (4.22), und die Näherungsvariante (4.40) entspricht der Näherung (4.23) in [60].

$$ \mathrm{Ortho}^{-1}(\mathbf{R}) $$

$$ = \frac{1}{2}\left[\arcsin(R_{zy} - R_{yz}),\ \arcsin(R_{xz} - R_{zx}),\ \arcsin(R_{yx} - R_{xy})\right]^T \tag{4.38} $$

$$ \overset{\mathbf{R}\to\mathbf{E}_3}{\approx} \frac{1}{2}\left[(R_{zy} - R_{yz}),\ (R_{xz} - R_{zx}),\ (R_{yx} - R_{xy})\right]^T \tag{4.39} $$

$$ \overset{\mathbf{R}\to\mathbf{E}_3}{\approx} [R_{zy},\ R_{xz},\ R_{yx}]^T \tag{4.40} $$

Die Zulässigkeit der Näherungen ergibt sich durch folgende einfache Rechnung: Bei dem verwendeten Roboter beträgt die Grenzgeschwindigkeit der schnellsten Achse 400°/s. Selbst bei 500°/s würde in einem 2-ms-Abtastintervall nur ein Drehwinkel von 1° überstrichen, während in der Praxis eine lineare Approximation der trigonometrischen Funktionen bis zum Betrag 5° üblich ist.

Die in unterschiedlichen Koordinaten vorliegenden Geschwindigkeitsergebnisse (4.36) bzw. (4.37) müssen zum Schluß noch einheitlich in die Zwangskoordinaten, d.h. Umgebungs- oder Greiferkoordinaten, gebracht oder aber entsprechend der Hintransformation nach Fußkoordinaten transformiert werden.

4.5 Drehtransformationen im Kraftregelkreis

Im Kraftregelkreis kommen Drehmatrizen sowohl im Zuge der Sensorsignalverarbeitung (Gleichungen (2.13) und (2.28)) als auch bei den kartesischen Schnittstellen vor (**Bild 4.2** bzw. **Bild 4.15**). Behandelt man die Bereitstellung aller dieser Drehmatrizen gemäß **Tabelle 4.2** und **Tabelle 4.3** gemeinsam, läßt sich viel Rechenzeit einsparen, worauf bei der vorliegenden Implementierung nicht verzichtet werden konnte. Bei der Aufgabenverteilung im Transputer-Netzwerk (**Bild 4.4**) ergibt sich, daß die Drehtransformationen vorteilhafterweise nur in einem Prozeß vorkommen (Kraftregelung I, Haupt-Transputer).

Die Matrizen ${}^0\mathbf{R}_S^T$ und ${}^C\mathbf{R}_S$ gehören zur Sensorsignalverarbeitung und werden daher in jedem Fall benötigt. Die Drehmatrizen ${}^0\mathbf{R}_C$, ${}^G\mathbf{R}_C$ und ${}^J\mathbf{R}_C$ sind entsprechend **Tabelle 4.3** nur je nach den verwendeten Stellgrößen-Kanälen erforderlich, kommen im Maximalfall aber alle vor.

	C = U	C = G
J = 0	${}^0\mathbf{R}_S^T = ({}^0\mathbf{R}_H\,{}^H\mathbf{R}_S)^T$ ${}^C\mathbf{R}_S = {}^U\mathbf{R}_0\,{}^0\mathbf{R}_H\,{}^H\mathbf{R}_S$ ${}^0\mathbf{R}_C = {}^0\mathbf{R}_U$ • ${}^G\mathbf{R}_C = {}^G\mathbf{R}_H\,{}^0\mathbf{R}_H^T\,{}^0\mathbf{R}_U$ ${}^J\mathbf{R}_C = {}^0\mathbf{R}_U$ •	${}^0\mathbf{R}_S^T = ({}^0\mathbf{R}_H\,{}^H\mathbf{R}_S)^T$ ${}^C\mathbf{R}_S = {}^G\mathbf{R}_H\,{}^H\mathbf{R}_S$ ${}^0\mathbf{R}_C = {}^0\mathbf{R}_H\,{}^H\mathbf{R}_G$ ${}^G\mathbf{R}_C = \mathbf{E}_3$ • ${}^J\mathbf{R}_C = {}^0\mathbf{R}_H\,{}^H\mathbf{R}_G$
J = 4	${}^0\mathbf{R}_S^T = (({}^0\mathbf{R}_4\,{}^4\mathbf{R}_H)\,{}^H\mathbf{R}_S)^T$ ${}^C\mathbf{R}_S = {}^U\mathbf{R}_0\,({}^0\mathbf{R}_4\,{}^4\mathbf{R}_H)\,{}^H\mathbf{R}_S$ ${}^0\mathbf{R}_C = {}^0\mathbf{R}_U$ • ${}^G\mathbf{R}_C = {}^G\mathbf{R}_H\,({}^0\mathbf{R}_4\,{}^4\mathbf{R}_H)^T\,{}^0\mathbf{R}_U$ ${}^J\mathbf{R}_C = {}^0\mathbf{R}_4^T\,{}^0\mathbf{R}_U$	${}^0\mathbf{R}_S^T = (({}^0\mathbf{R}_4\,{}^4\mathbf{R}_H)\,{}^H\mathbf{R}_S)^T$ ${}^C\mathbf{R}_S = {}^G\mathbf{R}_H\,{}^H\mathbf{R}_S$ ${}^0\mathbf{R}_C = ({}^0\mathbf{R}_4\,{}^4\mathbf{R}_H)\,{}^H\mathbf{R}_G$ ${}^G\mathbf{R}_C = \mathbf{E}_3$ • ${}^J\mathbf{R}_C = {}^4\mathbf{R}_H\,{}^H\mathbf{R}_G$
J = G	${}^0\mathbf{R}_S^T = ({}^0\mathbf{R}_H\,{}^H\mathbf{R}_S)^T$ ${}^C\mathbf{R}_S = {}^U\mathbf{R}_0\,{}^0\mathbf{R}_H\,{}^H\mathbf{R}_S$ ${}^0\mathbf{R}_C = {}^0\mathbf{R}_U$ • ${}^G\mathbf{R}_C = {}^G\mathbf{R}_H\,{}^0\mathbf{R}_H^T\,{}^0\mathbf{R}_U$ ${}^J\mathbf{R}_C = {}^G\mathbf{R}_H\,{}^0\mathbf{R}_H^T\,{}^0\mathbf{R}_U$	${}^0\mathbf{R}_S^T = ({}^0\mathbf{R}_H\,{}^H\mathbf{R}_S)^T$ ${}^C\mathbf{R}_S = {}^G\mathbf{R}_H\,{}^H\mathbf{R}_S$ ${}^0\mathbf{R}_C = {}^0\mathbf{R}_H\,{}^H\mathbf{R}_G$ ${}^G\mathbf{R}_C = \mathbf{E}_3$ • ${}^J\mathbf{R}_C = \mathbf{E}_3$ •

Tabelle 4.2: Komposition der Drehtransformationen im Kraftregelkreis bei Jacobi-Koordinaten J und Zwangskoordinaten C

	ohne $\mathbf{J}^T$	mit $\mathbf{J}^T$
ohne $\vec{\underline{\Lambda}}^{-1}$ (mit $\mathbf{J}^{-1}$)	${}^J\mathbf{R}_C$	${}^J\mathbf{R}_C$
mit $\vec{\underline{\Lambda}}^{-1}$ (ohne $\mathbf{J}^{-1}$)	${}^0\mathbf{R}_C$ und ${}^G\mathbf{R}_C$	${}^0\mathbf{R}_C$ und ${}^G\mathbf{R}_C$ sowie ${}^J\mathbf{R}_C$

Tabelle 4.3: Auftretende Drehmatrizen bei den kartesischen Schnittstellen (Stellgrößen-Transformationen)

Die **Tabelle 4.2** beruht auf dem **Bild 3.6** und zeigt, wie die insgesamt 5 Matrizen je nach vorliegendem Fall von Jacobi-Koordinaten J und Zwangskoordinaten C im Hinblick auf offensichtlich gemeinsam zu nutzende Zwischenergebnisse zu berechnen sind. Die endgültige Vereinfachung wurde aus Gründen der Übersichtlichkeit nicht explizit angegeben, da sie davon abhängt, welche der drei letzten Matrizen gemäß **Tabelle 4.3** im Einzelfall berechnet werden müssen. Bei entsprechender Index-Verarbeitung bei der Auswertung von Gleichung (2.13) kann hier in der jeweils ersten Zeile eines Kastens das tatsächliche Transponieren eingespart werden.

Bei den in **Tabelle 4.2** mit einem Punkt gekennzeichneten Matrizen kann zudem der Ablauf so gesteuert werden, daß zusätzlich Matrizenzuweisungen oder neutrale Operationen eingespart werden. Außerdem lohnt es sich zumindest bei einer Labor-Software, neben der allgemeingültigen Implementierung für die häufig gegebenen Spezialfälle ${}^{\mathrm{H}}\mathbf{R}_{\mathrm{S}} = \mathbf{E}_3$ (axiale Sensormontage) und ${}^{0}\vec{\mathrm{G}}_{\mathrm{E}} = [0, 0, \mathrm{G}_{\mathrm{E}}]^{\mathrm{T}}$ (Roboterfuß auf waagerechtem Untergrund) zuschaltbare Optionen für zusätzlichen Rechenzeitgewinn zu programmieren.

4.6 Durchfahren von Singularitäten mit dem $\mathbf{J}^{\mathrm{T}}$-Prinzip

In einem 6-achsigen Kraftregelungsmodus mit Sollkraft Null, in dem über die Selektionsmatrix ${}^{\mathrm{C}}\mathbf{S}$ vorübergehend auch bestimmte kartesische Bewegungsmöglichkeiten des Robotergreifers blockiert werden können, lassen sich Teach-In-Aufgaben im Handumdrehen ausführen. In der Praxis entsteht dabei automatisch der Wunsch, in diesem intuitiv beherrschbaren kartesisch gesteuerten Modus auch durch die verschiedenen singulären Gelenkstellungen eines Roboterarms hindurchzufahren, so daß dort ein Abbruch der Bewegung unterbleibt und so gleichzeitig auf einfache Weise ein Konfigurationswechsel zu bewerkstelligen ist, ohne daß der Umweg über eine gelenkgesteuerte Bewegung genommen werden muß.

Bei der üblichen Steuerung nach dem $\mathbf{J}^{-1}$-Prinzip ist dies nicht möglich, weil einzelne Gelenk-Sollgeschwindigkeiten über alle Grenzen wachsen, so daß schon vor der Singularität ein Bewegungsabbruch erfolgt. Durch Einschränkungen hinsichtlich des kinematischen Prinzips ergeben sich jedoch Möglichkeiten für das Durchfahren von Singularitäten.

In [27] wird darauf hingewiesen, daß ein Roboter in einer Singularität ähnlich wie ein redundanter Roboter ($\mathrm{N} > 6$) behandelt werden kann, da er dann redundante Bewegungsmöglichkeiten besitzt. In beiden Fällen läßt sich nicht über die Gleichung

$$\dot{\underline{q}} = \mathbf{J}^{-1} \, \dot{\vec{\vec{\mathrm{x}}}} \qquad (4.41)$$

steuern. Im ersten Fall scheitert das an der Singularität von $\mathbf{J}$, im zweiten Fall daran, daß $\mathbf{J}$ nichtquadratisch ist (mehr Spalten als die 6 Zeilen). In [27] wird daher der allgemeinere Weg über rechte Pseudo-Inverse behandelt, bei dem anstelle von (4.41) angesetzt wird:

$$\dot{\underline{q}} = \mathbf{J}^{\#} \, \dot{\vec{\vec{\mathrm{x}}}} + [\mathbf{E}_{\mathrm{N}} - \mathbf{J}^{\#} \, \mathbf{J}] \, \dot{\underline{q}}_{\diamond} \qquad (4.42)$$

Dabei ist $\dot{\underline{q}}_{\diamond}$ ein beliebiger, im Hinblick auf Stetigkeiten passend wählbarer Satz Gelenkgeschwindigkeiten, und für die rechte Pseudo-Inverse $\mathbf{J}^{\#}$ von $\mathbf{J}$ gilt:

$$\mathbf{J}^{\#} = \mathbf{J}^{\mathrm{T}} (\mathbf{J} \, \mathbf{J}^{\mathrm{T}})^{-1} \qquad (4.43)$$

$$\mathbf{J} \, \mathbf{J}^{\#} = \mathbf{E}_{\mathrm{m_u}} \quad , \qquad \mathrm{m_u} \leq 6 \qquad (4.44)$$

Das Problem der Singularitäten kann dann über (4.42) angegangen werden, indem in **J** zunächst eine geschickte Zeilenreduktion auf m_u linear unabhängige Zeilen durchgeführt wird. Dieser Weg wurde jedoch nicht weiter verfolgt.

Stattdessen wird hier im Hinblick auf die sensorgeführte Bewegung ein anderer, übersichtlicherer Weg vorgeschlagen [24], nämlich die Erzeugung der Verfahrgeschwindigkeiten nach dem $\mathbf{J}^T$-Prinzip. Ersetzt man in **Bild 4.13** die Matrix $\mathbf{J}^{-1}$ durch $\mathbf{J}^T$, läßt sich ausgehend von **Bild 4.15** die neue Steuerungsstruktur **Bild 4.16** [51] konstruieren. Diese Struktur fügt sich jedoch wegen des in einem

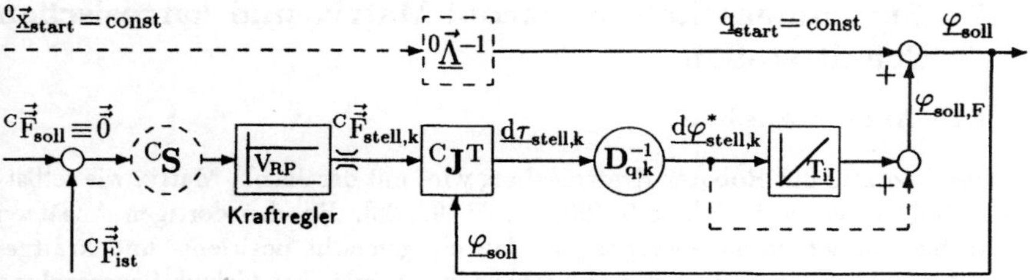

Bild 4.16: Nutzung des $\mathbf{J}^T$-Prinzips zum kartesisch gesteuerten Führen

der Kraftkanäle auf Gelenkseite befindlichen Integrators nicht mehr in **Bild 4.15** oder **Bild 4.2** ein. Hiermit können nun, wie mit einem Gelenkroboter Manutec r3 experimentell bewiesen wurde, von einer beliebigen Startstellung aus im gesamten Arbeitsraum große Wege zurückgelegt werden und bequem alle Singularitäten durchfahren werden. Beim Manutec r3 sind dies die Handgelenk-Singularität, die Ellenbogen-Singularität und die Hochachsen-Singularität.

Die Möglichkeit, auf diese Weise kartesisch gesteuert große Wege zurückzulegen, erfordert es, die Jacobi-Matrix hier anders als in **Bild 4.2** auf jeden Fall aus den Gesamtsollwinkeln zu berechnen. Da es im Zuge einer Führbewegung keinen Arbeitspunkt gibt und der Block $\mathbf{J}^T$ hier somit nicht als linear betrachtet werden kann, besteht nicht die Möglichkeit, den Integrator in den kartesischen Raum zu verschieben und ihn dort in den Kraftregler einzubeziehen. Der P-Kanal parallel zum Integrator ist zur Stabilisierung erforderlich (Vorhalt), wenn im Hinblick auf ein leichtgängiges, schnelles Führen eine hohe Kraftreglerverstärkung realisiert werden soll.

Weil anders als beim $\mathbf{J}^{-1}$-Prinzip die Kraftregelabweichungen hier nicht mehr in kartesische Geschwindigkeiten umgesetzt werden, büßt die Selektionsmatrix ${}^C\mathbf{S}$ einen Teil ihrer Bedeutung ein, da mit ihr nicht mehr die räumlichen Bewegungsrichtungen bzw. Bewegungsräume definiert werden können. Dafür wird das Bewegungsverhalten nun entscheidend von den Gewichtungen unter den künstlichen Achsnachgiebigkeiten geprägt. Das $\mathbf{J}^T$-Führen fühlt sich anders an als das kinematische Führen, wie man sich auch anhand von **Bild 4.1** klarmachen kann. Der Hauptunterschied ist, daß der Greiferbezugspunkt stets der am stärksten bewegte

Punkt ist, während dieser beim kinematischen Führen über die Selektionsmatrix fixierbar ist.

Das $\mathbf{J}^T$-Führen ist daher beim Teach-In von Hand nicht einfach als Ersatz für das kinematische Bewegen geeignet, sondern in der Regel nur als vorübergehende Alternative in der Umgebung der Singularitäten einzuschalten, um beim Durchfahren derselben die Möglichkeit der intuitiven Bewegung des Robotergreifers beibehalten zu können.

4.7 Zusammenschau zu Jacobi-Matrix und kartesischen Schnittstellen

4.7.1 Andere Ansätze

In der Literatur zur Roboter-Kraftregelung wird mit der Jacobi-Matrix wie selbstverständlich hantiert, siehe z.B. [90, 73, 66, 92, 26]. Bei den dortigen Ansätzen wird fast immer davon ausgegangen, daß ein gemischt positions- und kraftgeregelter Roboter anstatt über eine vorhandene unterlagerte Gelenk-Lageregelung über eine unterlagerte Gelenk-Momentenregelung gesteuert wird [86]. Dies paßt jedoch nicht zu kommerziell verfügbaren Robotern, so daß diese Ansätze weit von der Praxis entfernt sind. Dagegen lassen sich die hier behandelten Ansätze bei lagegeregelten Robotern anwenden und sind experimentell intensiv erprobt.

An dieser Stelle soll nur kurz der schon lange bekannte Steifigkeitsansatz nach Salisbury [73] betrachtet werden, **Bild 4.17**. Hierbei wird dem Roboterarm ein

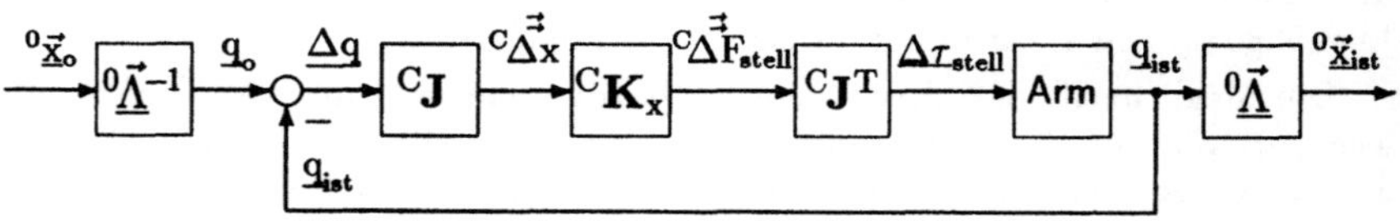

Bild 4.17: Steifigkeitsregelung nach Salisbury [73]

vorgebbares kartesisches Steifigkeitsverhalten aufgeprägt; eine Eigenschaft, die im Hinblick auf die Konstruktion von Fingern für künstliche Hände interessant ist. Man erkennt eine durch Jacobi-Matrizen-Operationen modifizierte, gezielt weich einstellbare einschleifige Gelenk-Lageregelung, die eine als Teil des Kastens „Arm" anzunehmende unterlagerte Gelenk-Momentenregelung voraussetzt.

Der Ansatz ist ein Beispiel dafür, wie mit der Jacobi-Matrix auch Regelabweichungen abgebildet werden können, siehe Gleichung (4.4). Dies geschieht auf andere Weise auch in [92], wo die Gelenkregelung gegenüber Abweichungen in selektierten kartesischen Richtungen unempfindlich gemacht wird. In beiden Fällen ergibt sich ein Einfluß des Arm-Eigengewichts auf die kartesische Lage, wobei dieser Effekt nur durch offene Steuerung vermindert werden kann.

Bei künstlichen Händen ist dies nicht tragisch. Beim Ansatz [92] und dem die klassische Basis bildenden Ansatz "Hybrid Control" [66] kommt aber hinzu, daß diese Ansätze eine verborgene Instabilität beinhalten, wie zuerst von [1] beobachtet wurde. Umfangreiche eigene Simulationserfahrungen basierend auf [92] kamen zu dem Schluß, daß auf jenem Weg eine gemischte Positions- und Kraftregelung nicht realisierbar ist [42].

Dagegen haben die Laborforschungen auf dem „einfachen" Weg [20] mit unterlagerter herkömmlicher Gelenk-Lageregelung dank der schnellen Transputer-Ankopplung von Seeger [81, 82, 9] zu sehr leistungsfähigen Kraftregelungs-Implementierungen geführt [50].

4.7.2 Zusammenfassung zum Einsatz von $\mathbf{J}^T$, $\mathbf{J}^{-1}$ und $\underline{\vec{\Lambda}}^{-1}$

Die hier behandelten einfachen Anwendungen mit $\mathbf{J}^T$-Eingriff gemäß **Bild 4.11** lassen sich zusammenfassend wie folgt einteilen:

a.) natürliche Achssteifigkeiten:

- Istkraft-Störgrößenaufschaltung
- $\mathbf{J}^T$-Regelung

b.) künstliche Achssteifigkeiten:

- Aufprall-Dämpfung über Handachsen
- Durchfahren von Singularitäten

Eine weitere einfache steuerungstechnische Anwendung für $\mathbf{J}$ und $\mathbf{J}^T$ wäre die Adaption der Kraftreglerverstärkungen im Hinblick auf die Lageabhängigkeit der kartesischen Robotersteifigkeit.

Bei einfachen Anwendungen bietet die Matrix $\mathbf{J}^{-1}$ dagegen keine Vorteile gegenüber einer Steuerung über die Rücktransformation $\underline{\vec{\Lambda}}^{-1}$. Für theoretische Betrachtungen (siehe **Bild 4.1**) und für Off-line-Testprogramme (z.B. zur Berechnung von resultierenden Steifigkeiten) ist die inverse Jacobi-Matrix jedoch sehr nützlich.

5 Kraftregelkreis und Kraftregelgesetze

5.1 Kraftregelkreis

Beim Aufbau einer kartesischen Regelung mit einem Robotersystem stellen neben der Leistungsfähigkeit der Rechner-Ankopplung die sensorischen Gegebenheiten eine wesentliche Randbedingung dar.

5.1.1 Struktur des Kraftregelkreises

Bei normalem apparativen Aufwand läßt sich bei Robotersystemen die Greifer-Lage im Gegensatz zu den Kräften und Momenten nicht direkt kartesisch, sondern nur indirekt und näherungsweise über den Gelenkraum messen. Umgekehrt gilt, daß die Momente bzw. Kräfte in den Dreh- oder Schubgelenken des Roboterarms normalerweise nicht gemessen werden können, siehe **Bild 5.1**.

	Lage-Erfassung	Kraft-/Momenten-Messung
Gelenk-Raum	●	—
Kartesischer Raum	—	●

Bild 5.1: Kraft-Lage-Regelung: Dualität bei der Istwerteerfassung

Aufgrund dieser sensorischen Voraussetzungen wird hier hinsichtlich der nicht kraftgeregelten Richtungen nur der Fall der Positions*vorgabe* betrachtet. Außerdem folgt, daß für die Kraftregelung hier als Stellglied auf Achsebene keine Gelenk-Drehmomentenregelung [73, 26, 86], sondern nur eine Achs-*Lage*regelung infrage kommt [20]. Beides wird hier bei dem Begriff *Kraft-Lage-Regelung* impliziert.

Bild 5.2 zeigt den Aufbau des Kraftregelkreises. Ein- und Ausgangsgrößen des Kraftregelgesetzes durchlaufen dabei die Selektionsmatrix **S**. Die erste Maske **S** bewirkt eine Projektion der Kraftgrößen in den kraftgeregelten Unterraum, während die zweite Maske **S** verdeutlicht, daß die Ausgangsgrößen, welche alle den Charakter von Relativgrößen haben, in den nicht kraftgeregelten Freiheitsgraden Null-Komponenten aufweisen. Eine Ausnahme bildet lediglich die $\mathbf{J}^T$-Störgrößenaufschaltung (Abschnitt 4.3.1), wo stets der vollständige Istkraftvektor verarbeitet wird. Bei der Implementierung der Regelalgorithmen wirkt sich die Selektions-

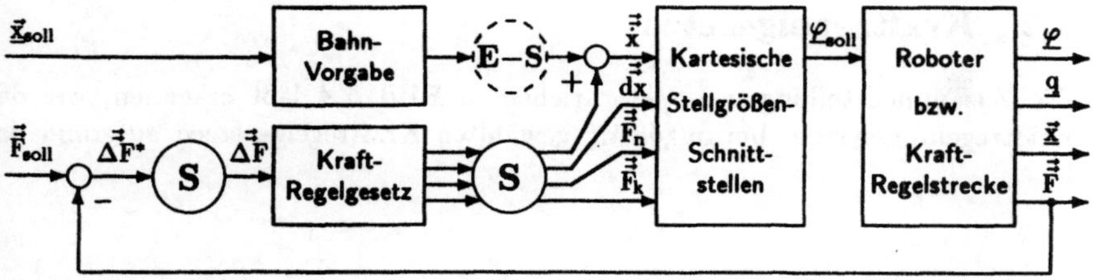

Bild 5.2: Kraft-Lage-Regelung: Grobstruktur des Kraftregelkreises

matrix lediglich in Form von IF-Abfragen aus; sie wird im folgenden der Übersichtlichkeit halber überwiegend weggelassen.

5.1.2 Kraftregelstrecke

Der in **Bild 5.2** enthaltene Block „Roboter bzw. Kraft-Regelstrecke" ist in **Bild 5.3** genauer dargestellt. Der linke Block beschreibt das aufgrund der Achselastizitäten und -trägheiten schwingungsfähige System des Roboterarms, auf dessen motor- oder gelenkseitige Teile bestimmte Gegenmomentvektoren $\underline{\tau}$ wirken. Dies sind Reibungen, der Gravitationseinfluß, dynamische Koppelmomente und der für die Kraftregelung entscheidende Gegenmomentvektor $\underline{\tau}_{F_G}$ durch den Umgebungskontakt des Greifers. Dieser ergibt sich aus den in der Regel nicht meßbaren Gelenkwinkeln $\underline{q}$ über die Hintransformation $\vec{\underline{\Lambda}}_G$, die nichtlineare Steifigkeitskennlinie des einseitigen Umgebungskontakts und die transponierte Jacobi-Matrix $\mathbf{J}_G^T$ für den Greiferbezugspunkt G. Die gesamte Gelenk-Lageregelungs-Kaskade muß man sich im linken Teil des Roboterarm-Blocks zwischen $\underline{\varphi}_{soll}$ und $\underline{\varphi}$ angesiedelt denken.

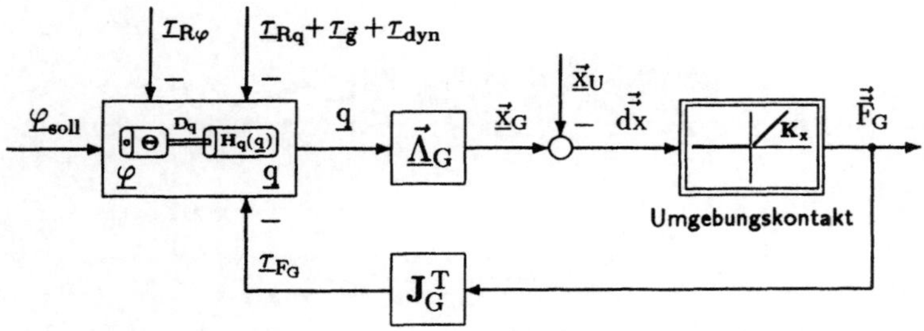

Bild 5.3: Kraft-Lage-Regelung: Struktur der Kraftregelstrecke

In den folgenden Abschnitten wird gezeigt, wie sich die Nichtlinearität des einseitigen Umgebungskontakts in einem teilweise nichtlinearen Aufbau brauchbarer Kraftregelgesetze widerspiegelt.

5.2 Kraftregelgesetze

Die Zusammenstellung von Meßschrieben in **Bild 5.4** läßt erkennen, wie das Kraftregelungssystem bei ungünstig gewählten Kraftregelgesetzen aufgrund der

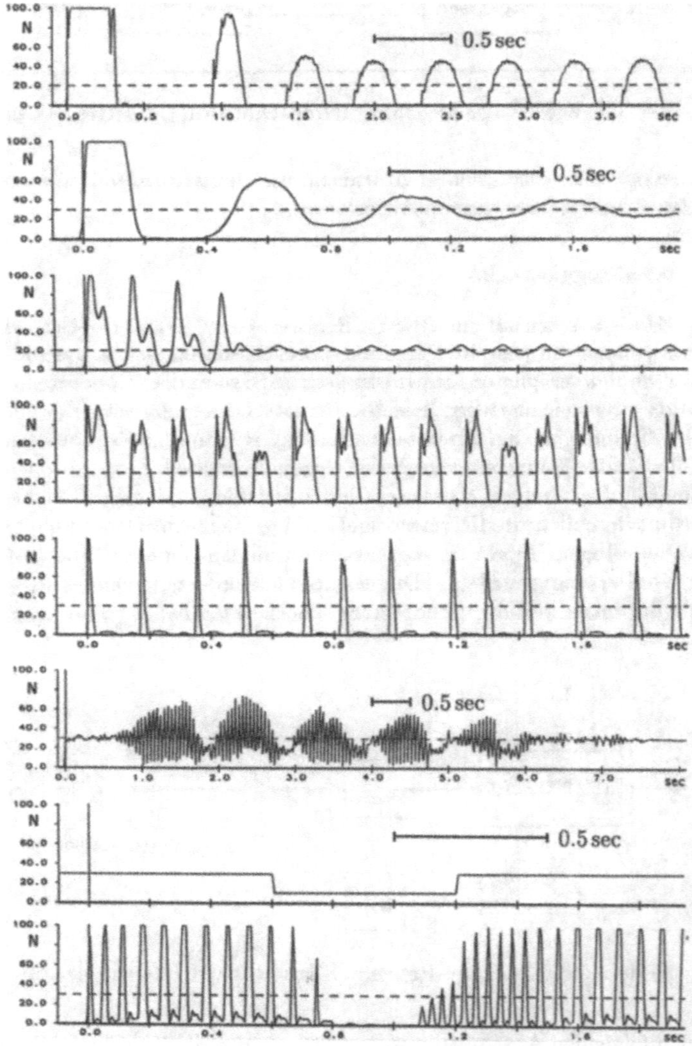

Bild 5.4: Negativ-Beispiele zum Umgebungskontakt (Istkraft F_z): Klopfen, Hämmern, Nageln, Hacken, Rattern, ...

nichtlinearen Streckeneigenschaft zu nichtlinear schwingenden oder lückenden Istkraftverläufen neigt. In den ersten sechs Teilbildern war eine konstante Kontaktkraft von 20 N bzw. 30 N gefordert (gestrichelte Linien).

In den nächsten Abschnitten folgen Blockschaltbilder für verschiedene Kraftregelgesetze, mit denen die Aufgaben aus Bild 4.9 auf verschiedene Weise gelöst werden. In den Strukturbildern wird der Block „Kartesische Stellgrößen-Schnittstellen“ aus Bild 5.2 vorausgesetzt (Bild 4.2 bzw. Bild 4.15). Die daraus benötigten Kanäle sind jeweils Teil der Strukturbilder, wobei der Übersicht wegen Transformationen teilweise zu einem Block zusammengelegt sind. Die Bilder reichen also vom Soll- und Istkraftvektor bis zu den Achs-Sollwinkeln. Der zweite Index an den Reglerparametern gibt dann jeweils an, mit welcher Dynamik (P oder I) die Kraftregelabweichung auf die Sollwinkel abgebildet wird. Eine D-Dynamik bringt hier keine Vorteile mehr.

5.2.1 $\mathbf{J}^{-1}$-Regelung

Die einfachste Möglichkeit für ein Kraftregelgesetz besteht darin, nur über den $\dot{x}$-Kanal zu arbeiten, **Bild 5.5**. Vorteilhaft hierbei ist, daß die Heranfahrgeschwin-

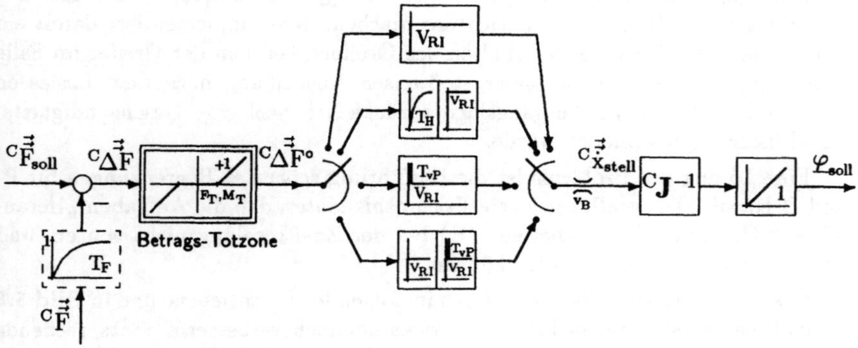

Bild 5.5: Struktur der $\mathbf{J}^{-1}$-Regelung

digkeit des sich auf die unbekannt liegende Umgebung zubewegenden Greifers in übersichtlicher Weise begrenzt werden kann.

Die Heranfahrgeschwindigkeit, die auf das Aufprallgeschehen beim Aufbau des Umgebungskontakts den Haupteinfluß besitzt, muß innerhalb des kraftgeregelten Unterraums aus den Komponenten ΔF_i des Kraftregelabweichungsvektors gewonnen werden. Solange der Greifer in der entsprechenden Raumrichtung noch ohne Kontakt ist, ist der Kraftregelkreis für eine unbekannte Zeit aufgeschnitten (!):

$$\Delta F_i = F_{soll,i} \qquad \text{wenn kein Umgebungskontakt} \tag{5.1}$$

Bei den verschiedenen Ansätzen nach **Bild 5.5** ist die sich ergebende Heranfahrgeschwindigkeit von der gewählten Sollkraft abhängig, was eine unerwünschte Eigenschaft darstellt. Daher ist für den Fall sehr großer Sollkräfte eine Begrenzung der Stell- und damit der Aufprallgeschwindigkeit notwendig. Für bei steifem Umgebungskontakt zulässige Reglerverstärkungen wird bei „normalen" Sollkräften ($\lesssim 30\,\mathrm{N}$) diese Begrenzung bei weitem nicht erreicht, so daß die Sollkraftabhängigkeit der Heranfahrgeschwindigkeit nicht verschwindet. Gleichzeitig werden die auftretenden Geschwindigkeiten als viel zu langsam empfunden.

Bei einer Erhöhung der Verstärkung wird ein (sich proportional auf die Sollwinkel auswirkender) D-Anteil im Regler zur Stabilisierung erforderlich. Jedoch ergibt sich auch hier alsbald eine Grenze, oberhalb derer zur Vermeidung eines Verhaltens gemäß **Bild 5.4** zunächst nur eine künstliche, drastische Herabsetzung der Umgebungssteifigkeit auf z.B. 10 N/mm weiterhilft. Der Grund ist, daß der zur Stabilisierung erforderliche D-Kanal bei hartem Umgebungskontakt Signalausschläge von einem Vielfachen einer vernünftigen Geschwindigkeitsbegrenzung produziert, so daß die Vorhalt-Anteile hier abgeschnitten werden und so kaum zur Wirkung kommen. Auf die Begrenzung kann jedoch aus Sicherheitsgründen auch nicht verzichtet werden.

Der Einfluß der Begrenzung läßt sich für $V_{RI} \to 0$ und $T_{VP} \to \infty$, also den Fall eines reinen D-Kanals, gut sichtbar machen. Man implementiert damit ein künstliches räumliches Federverhalten des Greifers, bei dem der Greifer im Falle enger Reglerbegrenzung bei einer stoßweisen Auslenkung nach dem Loslassen nicht vollständig in die Ausgangslage zurückkehrt, weil eine Geschwindigkeits-Zeit-Fläche weggeschnitten wurde.

Eine Lösung des Problems ist die Einführung separater Begrenzungen für P- und D-Kanal. Die verallgemeinerte Erkenntnis lautet, daß die Aufgaben „Heranfahren" (H) und „Kontakthalten" (K) bei der Kraftregelung nicht von ein und demselben Regler gelöst werden können.

Das Systemverhalten läßt sich durch im folgenden beschriebene und in **Bild 5.5** symbolisch angedeutete nichtlineare Tricks dennoch verbessern. Entsprechende Maßnahmen sind, teilweise in abgewandelter Form, auch Teil weiterer Kraftregelgesetze.

Gegenüber einem normalen PD-Regler läßt sich eine kleine Verbesserung der Dämpfung durch Einsatz eines wie folgt arbeitenden P-PD-Reglers erzielen:

$$\begin{array}{lll} \Delta F_i \cdot \Delta \dot{F}_i \leq 0 & \text{(P und D gegensinnig)} \Longrightarrow & \text{P- und D-Kanal aktiv} \\ \Delta F_i \cdot \Delta \dot{F}_i > 0 & \text{(P und D gleichsinnig)} \Longrightarrow & \text{nur P-Kanal aktiv!} \end{array} \qquad (5.2)$$

Dies läßt sich folgendermaßen begründen: Wenn sich der Istwert vom Sollwert wegbewegt, haben ΔF_i und $\Delta \dot{F}_i$ und damit beide Reglerkanäle gleiches Vorzeichen. Hier verzichtet man auf den D-Kanal, da dem Umkehrprozeß sonst zu viel Energie zugeführt und ein Abprallen oder Abheben begünstigt würde. Dagegen

profitiert man in der Annäherungsphase mit gegensinnig wirkenden Kanälen von dem geschwindigkeits-abschwächenden Einfluß des D-Kanals.

Außerdem wurde ein sogenannter PT_1-P-Regler eingeführt, der folgendermaßen arbeitet:

$$\tilde{z}(\nu) = V_{RI} \cdot \Delta F_i(\nu) \tag{5.3}$$

$$\dot{x}_{stell,i}(\nu) = z(\nu) = \begin{cases} z(\nu-1) + (1+c_0)\left[\tilde{z}(\nu) - z(\nu-1)\right] & \text{wenn } |\tilde{z}(\nu)| > |z(\nu-1)| \\ & \text{„Beschleunigen: langsam!“} \\ \tilde{z}(\nu) & \text{wenn } |\tilde{z}(\nu)| \le |z(\nu-1)| \\ & \text{„Abbremsen: schnell!“} \end{cases} \tag{5.4}$$

$$c_0 = -e^{-\frac{T}{T_H}} \qquad \text{Heranfahrzeitkonstante } T_H \tag{5.5}$$

Bei diesem Regler läßt sich unter Vorschaltung einer Betrags-Totzone von 1 N mit der sehr hohen Verstärkung V_{RI} von 4 mm/(Ns) statt 0,5 mm/(Ns) arbeiten. Bei

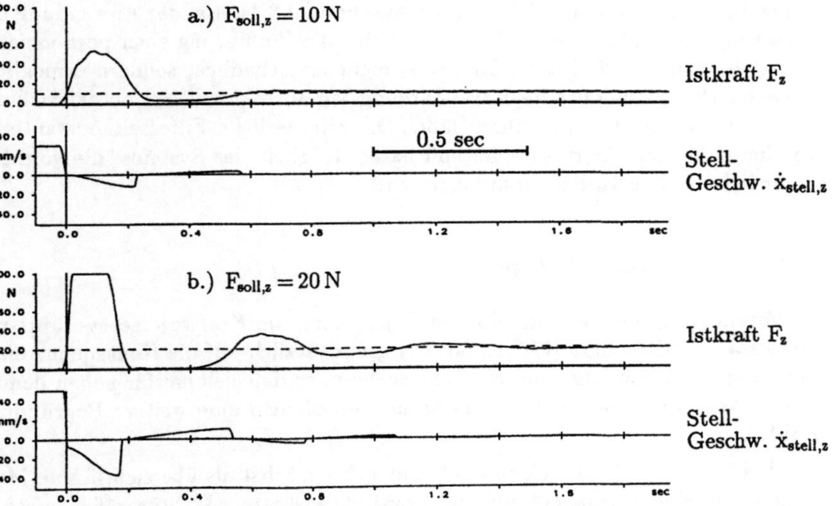

Bild 5.6: Aufprall und Führungsverhalten bei der $\mathbf{J}^{-1}$-Regelung mit PT_1-P-Regler

einer Umgebungssteifigkeit von lediglich 15 N/mm ergibt sich ein Einschwingverhalten gemäß **Bild 5.6**. Dort ist auch die Sollkraftabhängigkeit erkennbar. Bei Heraufsetzen der Totzone auf 5 N verhält sich das System hier sogar bei steifem

Umgebungskontakt relativ gutmütig, wenn auch nicht ohne Lücken des Kraftverlaufs (erste Kurve in **Bild 5.4**). Die auftretende Grenzschwingung mit einem Abheben von maximal 0,5 mm war hier bei einer Anwendung mit einem Hubmagneten tolerierbar [45].

PT_1-Verhalten und eine Totzone sind ungewöhnliche Maßnahmen bei einem Regler und haben hier neben gewissen Vorteilen natürlich auch Nachteile. Der PT_1-P-Regler ist zwar in der Lage, einen Aufprall schnell abzufangen, kann aber einem auf den Greifer zu bewegten Hindernis nicht schnell nach hinten ausweichen, weil hierbei dann nur die langsame PT_1-Phase aktiviert wird.

Die in den folgenden Abschnitten vorgestellten Kraftregelgesetze kommen bei der *Kontakt*-Regelung ohne Totzone aus, jedoch wird zur Steuerung des *Heranfahr*-Vorgangs das nichtlineare Mittel einer Totzone in verschiedenen Abwandlungen jedesmal benötigt. Bei der sogenannten $\mathbf{J}^{-1}$,$\mathbf{J}^{T}$-Kombi-Regelung kommt auch der PT_1-P-Regler wieder zum Einsatz.

Angesichts besserer Regelgesetze hat die $\mathbf{J}^{-1}$-Regelung nur für die Anwendung des freien Führens im Raum ($\vec{F}_{soll} = \vec{0}$) eine Bedeutung. Dabei tritt ein fester Umgebungskontakt nicht auf, so daß die Parameter ganz auf das *Fahren* optimiert werden können. Daher genügt ein normaler PD-Regler, und eine Totzone wird im Prinzip nicht benötigt (siehe jedoch Abschnitt 2.8.4). Bei der Anwendung des freien Führens des Robotergreifers erweist sich die Einführung einer permanenten Tiefpaßfilterung der Istkraft (**Bild 5.5**) nicht als schädlich, sondern ermöglicht die weitere Steigerung der Reglerverstärkung V_{RI} auf 20 mm/(Ns), so daß sich das System dann sehr bequem führen läßt. Die erforderliche Filterzeitkonstante T_F liegt bei 0,25 s und führt zu einer spürbaren Trägheit des Systems, die vom Bediener jedoch als natürlich empfunden wird.

5.2.2 $\mathbf{J}^{-1}$,$\mathbf{J}^{T}$-Wechsel-Regelung

Die Vereinigung von Bahnprinzip und Kraftprinzip im Kraftregelgesetz führt wegen des $\mathbf{J}^{-1}$,$\mathbf{J}^{T}$-Konflikts [47] (Kapitel 4) grundsätzlich auf die Konsequenz einer Trennung von Heranfahr- und Kontaktregelung, so daß sich hierfür neben den im letzten Abschnitt diskutierten Verstärkungsproblemen eine weitere Begründung ergibt.

Als Lösung des $\mathbf{J}^{-1}$,$\mathbf{J}^{T}$-Konflikts bietet sich zunächst als übersichtlichste Möglichkeit an, eine permanent und unverzögert wirksame $\mathbf{J}^{T}$-Störgrößenaufschaltung (Abschnitt 4.3.1) zu betreiben und dieser eine nach dem $\mathbf{J}^{-1}$-Prinzip arbeitende Kraftregelung zu überlagern. Diese Lösung führt jedoch gegenüber einem alleinigen Einsatz des $\mathbf{J}^{-1}$-Prinzips für die Kraftregelung (H-K-Regelung, Abschnitt 5.2.4) zu einer Überhöhung von auftretenden Kraftstößen (Aufprall, Positionsstörungen). Der Grund ist, daß die $\mathbf{J}^{T}$-Störgrößenaufschaltung der Positionstreue förderlich ist, dadurch der Kraftregelung entgegenwirkt (Mitkopplung)

und somit nur quasistatisch sinnvoll ist[1]. Bei einer nur auf dem $\mathbf{J}^{-1}$-Prinzip aufgebauten Kraftregelung werden jedoch statische und dynamische Momente in den Achsen bewirkt, ohne daß gleichzeitig passende Stützmomente in den anderen Achsen erzeugt werden.

Durch Einsatz des $\mathbf{J}^{\mathrm{T}}$-Prinzips zur Regelung erreicht man dagegen statisch und dynamisch eine Art Kraft-Vorsteuer-Effekt, auch ohne daß eine Drehmoment-Vorsteuerung nach dem inversen Modell bei der Achs-Lageregelung aktiv ist.

Dies führte zunächst zur Entwicklung der $\mathbf{J}^{-1}$,$\mathbf{J}^{\mathrm{T}}$-Wechsel-Regelung, **Bild 5.7**. Der Wechsel zwischen dem $\mathbf{J}^{-1}$-Regler und dem $\mathbf{J}^{\mathrm{T}}$-Regler durch zwei sich aus-

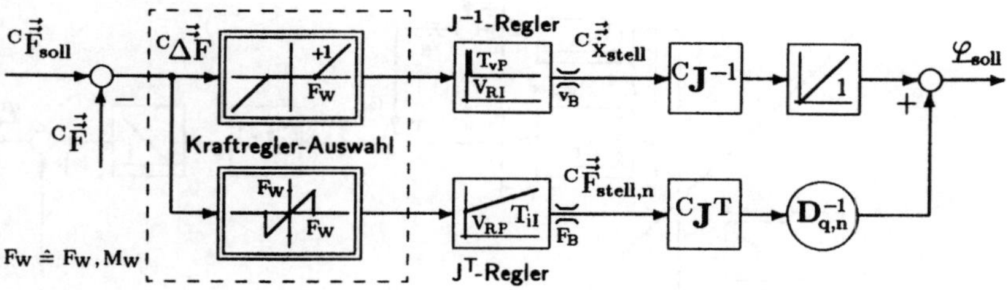

Bild 5.7: Struktur der $\mathbf{J}^{-1}$,$\mathbf{J}^{\mathrm{T}}$-Wechsel-Regelung

schließende, aber ergänzende Kriterien stellt eine Möglichkeit dar zu vermeiden, daß sich beide Regler „bekämpfen". Da in der Nähe des Kontakt-Arbeitspunkts exakt nur der $\mathbf{J}^{\mathrm{T}}$-Regler aktiv ist, stellt dieses Verfahren hier das genaueste von den vier im Abschnitt 5.2.7 verglichenen Regelgesetzen dar (**Bild 5.12** ff).

Das Problem des Verlassens der kinematischen Bahn durch $\mathbf{J}^{\mathrm{T}}$-Regelung („Einknicken") wird durch die Begrenzung F_B in Grenzen gehalten. Bei Deaktivierung des $\mathbf{J}^{\mathrm{T}}$-Reglers, der normalerweise vorher seine Begrenzung erreicht hatte, entfällt anschließend vollständig dessen Stellgröße, da der I-Anteil für den nächsten Einsatz gelöscht werden muß. Dieser muß vom $\mathbf{J}^{-1}$-Kanal quasi übernommen werden. Die hiermit verbundenen Diskontinuitäten fallen beim Aufprallverhalten kaum auf, werden jedoch nach mittelgroßen Störungen, welche den $\mathbf{J}^{\mathrm{T}}$-Regler am Arbeitspunkt kurz ablösen, sichtbar. Dies ist ein Nachteil des Ansatzes.

Das Problem der sollkraftabhängigen Heranfahrgeschwindigkeit wird hier bereits teilweise dadurch gelöst, daß die Parameter V_{RI} und v_B nun auf das Fahren optimiert werden können, insbesondere wenn der D-Kanal aus der Begrenzung v_B herausgenommen wird, so daß v_B hinreichend klein und V_{RI} größer gewählt werden können.

---

[1]Quasistatisch wirkend kann sie zu jedem Kraftregelgesetz parallelgeschaltet werden.

5.2.3 $\mathbf{J}^{-1}$,$\mathbf{J}^{\mathrm{T}}$-Kombi-Regelung

Soll das Abschalten des $\mathbf{J}^{\mathrm{T}}$-Reglers vermieden werden, muß sein I-Anteil kontinuierlich abgebaut werden. Hierzu wurde die $\mathbf{J}^{-1}$,$\mathbf{J}^{\mathrm{T}}$-Kombi-Regelung entwickelt, **Bild 5.8**, bei der der $\mathbf{J}^{\mathrm{T}}$-Regler dauernd im Eingriff ist, allerdings mit einer wegen

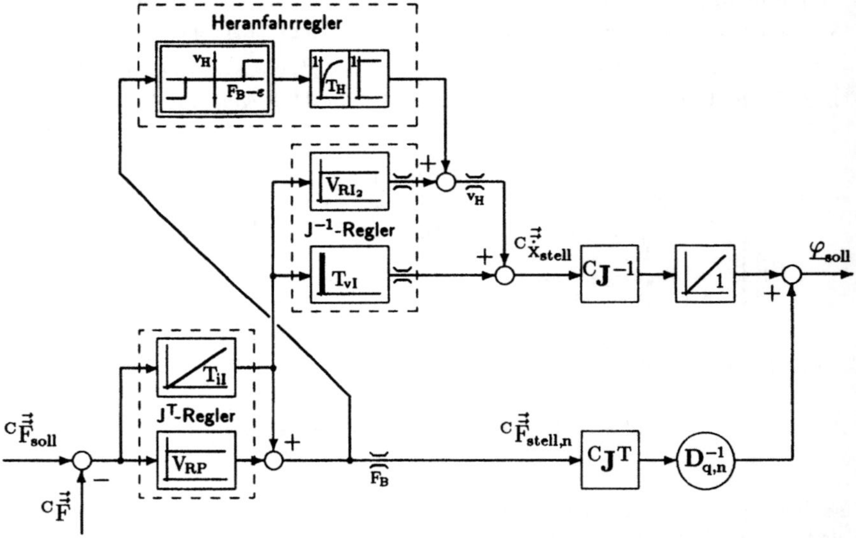

Bild 5.8: Struktur der $\mathbf{J}^{-1}$,$\mathbf{J}^{\mathrm{T}}$-Kombi-Regelung

des I-Anteils unverzichtbaren Begrenzung. Für diese ergibt sich aus den zulässigen Auslenkungen und den Parametern der Diagonalmatrix $\mathbf{D}_{q,n}^{-1}$ selbst eine obere Grenze.

Geschaltet wird in dieser Struktur nur noch der Heranfahrregler, wobei als Kriterium nun nicht mehr ein Grenzbetrag der Regelabweichung, sondern das Erreichen der Begrenzung bei der $\mathbf{J}^{\mathrm{T}}$-Stellgröße dient. Um ein sanftes Anfahren bei gleichzeitig schneller Abbremsmöglichkeit beim Aufprall zu ermöglichen, wird wieder der für die $\mathbf{J}^{-1}$-Regelung entwickelte PT_1-P-Regler eingesetzt, der hier allerdings von einem Dreipunktglied gesteuert wird. Damit läßt sich einerseits die aufzubauende Heranfahrgeschwindigkeit v_H fest vorgeben, und andererseits wird durch den Totbereich ein plötzlicher Löscheffekt für die eingespeiste Geschwindigkeit erzielt, der angesichts eines Aufpralls keine Nachteile hat. Der Parameter v_H wirkt anschließend gleichzeitig als Begrenzung, so daß im Falle der Einspeisung einer Heranfahrgeschwindigkeit der P-Anteil des $\mathbf{J}^{-1}$-Reglers keinen zusätzlichen Einfluß mehr hat.

Während des Heranfahrvorgangs befindet sich der $\mathbf{J}^{\mathrm{T}}$-Regler in der in Richtung des erwarteten Aufpralls liegenden Begrenzung. Dieser Zustand entspricht vorteilhafterweise der „vorgestreckten" Armhaltung bei einem Menschen, der im Dunkeln auf eine Wand zuläuft. Wegen des unvermeidlichen Vibrationsrauschens auf der Istkraft und damit auf der $\mathbf{J}^{\mathrm{T}}$-Stellgröße muß die Schaltschwelle im Dreipunktglied etwas enger als F_B plaziert werden, damit keine Aussetzer bei der Geschwindigkeitseinspeisung entstehen.

Anders als bei der $\mathbf{J}^{-1}$,$\mathbf{J}^{\mathrm{T}}$-Wechsel-Regelung werden hier $\mathbf{J}^{\mathrm{T}}$-Regler und $\mathbf{J}^{-1}$-Regler dynamisch entkoppelt, und zwar indem V_{RI_2} klein gewählt wird. Dies ist ebenfalls wegen der aus der „Hintereinanderschaltung" der Regler resultierenden I_2-Dynamik notwendig, die zu einem Kraftregelverhalten mit leichten Schwingungen um den Sollwert führt (**Bild 5.13**). Gleichzeitig erwies sich dieses Regelgesetz aber hinsichtlich der Verlängerung der Abtastzeiten am robustesten.

Hervorzuheben ist, daß die Realisierung von Experimenten zur Andruckregelung mit Momentenausgleich gemäß **Bild 1.1** b) allein mit der Struktur der $\mathbf{J}^{-1}$,$\mathbf{J}^{\mathrm{T}}$-Kombi-Regelung gelang.

5.2.4 H-K-Regelung

Als weiteres Kraftregelgesetz wurde die in **Bild 5.9** skizzierte rein kinematisch arbeitende H-K-Regelung entwickelt [24]. Hier wird neben dem $\dot{x}$-Kanal auch

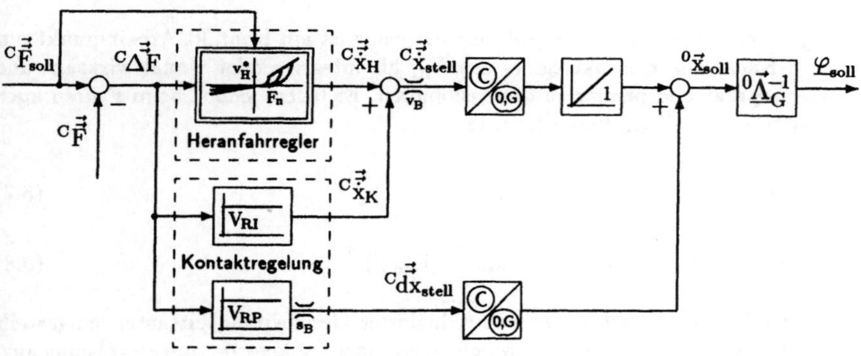

Bild 5.9: Struktur der H-K-Regelung

der dx-Kanal verwendet, so daß die als Relativstellwege zu interpretierenden Stellgrößenanteile nicht erst einen Differenzierer und dann einen Integrierer durchlaufen und statt geschwindigkeitsmäßig direkt wegmäßig begrenzt werden können. Letzteres ist für die Implementierung eines räumlichen Federverhaltens wichtig.

Die Heranfahrregelung arbeitet hier mit einer „allmählich wirksamen Totzone". Zwecks Erreichung einer sollkraft-unabhängigen Geschwindigkeit arbeitet der Heranfahrregler mit einem Kennlinienfeld $\Omega(\phi, |F_{soll}|)$ mit dem Sollkraftbetrag

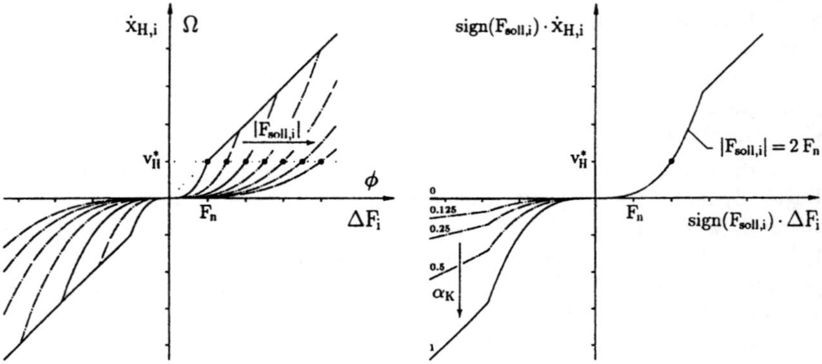

Bild 5.10: Heranfahr-Kennlinienfeld bei der H-K-Regelung

als Parameter. Ausgehend von einem Parabelansatz mit wählbarem ungeraden Kennliniengrad $\eta = 3$ (**Bild 5.10**) oder $\eta = 5$ liefert dieser Regler

$$\dot{x}_{H,i} = v_H^* \cdot \left(\frac{\Delta F_i}{|F_{soll,i}|} \right)^{\eta} \tag{5.6}$$

Wegen der horizontalen Tangente im Ursprung ist am Kontakt-Arbeitspunkt nur der P-Kanal des Kontaktreglers mit V_{RI} als integrierender Kanal wirksam und daher separat und primär zu dimensionieren. Er liefert jedoch beim Fahren auch einen zu berücksichtigenden Beitrag:

$$\dot{x}_{K,i} = V_{RI} \cdot \Delta F_i \overset{(5.1)}{\Rightarrow} V_{RI} \cdot F_{soll,i} \tag{5.7}$$

$$\dot{x}_{stell,i} = \dot{x}_{H,i} + \dot{x}_{K,i} \quad , \qquad \dot{x}_{stell,i}\left(|F_{soll,i}|\right) \overset{!}{=} v_H \tag{5.8}$$

Im Kennlinienfeld muß somit ein reduzierter Geschwindigkeitsanteil eingestellt werden, wobei die rechnerische Möglichkeit einer Umkehrung des Regelsinns ausgeschlossen werden muß. Die Grenze wird bei normalen Betriebszuständen jedoch nicht erreicht.

$$v_H^* = \max\left(0,\ v_H - V_{RI} \cdot |F_{soll,i}|\right) \tag{5.9}$$

Die Verstärkung des Heranfahrreglers wächst mit abnehmender Sollkraft und mit zunehmender Kraftregelabweichung. Dies erfordert die Festlegung einer Grenzkennlinie. Zunächst wird das Kennlinienfeld durch eine Ursprungsgerade begrenzt. Unterhalb einer Normierungs-Sollkraft F_n (Parameter für die Grenzgerade) ist

die Forderung einer sollkraft-unabhängigen Heranfahrgeschwindigkeit dann nicht mehr erfüllbar; der Greifer fährt dort langsamer. Um im Ursprung eine ausgeprägte horizontale Tangente zu gewährleisten, bildet unterhalb von F_n nicht die Ursprungsgerade, sondern die zu F_n gehörende Parabel die Grenzkennlinie.

Die Versuche haben gezeigt, daß die Regelungsstruktur nur dann stabil arbeitet, wenn je nach Umgebungssteifigkeit die Verstärkung des Kennlinienfeldes „kontaktseitig" zurückgenommen wird. Dies kann mit einem Hartkontaktfaktor α_K bei $0 \leq \alpha_K \leq 1$ erfolgen, Bild 5.10, der im Falle des harten Kontakts am besten auf Null gesetzt wird. Somit bildet sich wieder der nichtlineare Charakter der Kraftregelstrecke (Bild 5.3) im Kraftregelgesetz ab.

5.2.5 Implementierung der Nichtlinearitäten

Eine komponentenweise Implementierung des Kraftregelgesetzes liefert ein räumlich isotropes Verhalten nur bei Abwesenheit von Nichtlinearitäten. Anderenfalls muß der von den als kraftgeregelt selektierten Richtungen aufgespannte Unterraum betrachtet werden, und die dort hinein projizierten Vektoren müssen als Ganzes der betreffenden Nichtlinearität unterworfen werden.

Es hängt jedoch vom Kraftregelungsexperiment ab, ob die komponentenweise oder die räumliche Implementierung das bessere Regelverhalten liefert. Wenn der Umgebungskontakt beispielsweise wie in **Bild 1.1** a) an orthogonalen Wänden auftritt, liefert die komponentenweise Implementierung klar bessere Ergebnisse. Bei Fehlen ausgezeichneter Kontaktrichtungen, wie z.B. bei der Tastscheibe nach **Bild 1.1** b), die auch rund ausgeführt sein kann, ist eine räumliche Implementierung zu wählen.

Bei der $\mathbf{J}^{-1}$,$\mathbf{J}^{T}$-Kombi-Regelung ist ein wichtiger Punkt, ob das Kriterium zur Aktivierung der Heranfahrgeschwindigkeit komponentenweise oder räumlich isotrop arbeitet. Im ersteren Fall können nur achsenparallel, flächen- oder raumdiagonal gerichtete Geschwindigkeiten mit entsprechend einfachem, $\sqrt{2}$- oder $\sqrt{3}$-fachem Betrag eingespeist werden. Dies kann vorteilhaft oder nachteilig sein.

Bei Nichtlinearitäten wie Begrenzungen oder Betrags-Totzonen, die nur den Vektorbetrag betreffen, ist die räumliche Implementierung relativ übersichtlich (siehe **Bild 2.34**).

Beim Kennlinienfeld der H-K-Regelung sind die Verhältnisse jedoch schwieriger, da durch den Hartkontaktfaktor eine Richtungsabhängigkeit hereinkommt. Auf eine räumliche Implementierung wurde daher hier verzichtet. Eine Möglichkeit für eine solche Implementierung wäre die folgende, wobei nur der translatorische Teil angegeben ist. Für die rotatorischen Gleichungen sind dann entsprechend $\Delta\vec{M}$ und $\vec{M}_{soll}$ einzusetzen:

$$\vec{x}_{H,trans} = \Omega\left(|\Delta\vec{F}|, |\vec{F}_{soll}|\right) \cdot \alpha^{*}_{K,trans} \cdot \Delta\vec{F} \qquad (5.10)$$

$$\alpha^*_{K,trans} = \frac{1+\alpha_{K,trans}}{2} + \frac{1-\alpha_{K,trans}}{2}\left(\Delta\vec{F}\cdot\vec{e}_{F_{soll}}\right) \quad (5.11)$$

Der verallgemeinerte Hartkontaktfaktor α^*_K wird hier also über eine Projektion des Regelabweichungsvektors auf die Sollkraftrichtung bestimmt. Dies ist jedoch auch noch keine Ideallösung, wie die folgende Betrachtung zeigt, bei der von einem Kräftedreieck aus Sollkraft-, Istkraft- und Kraftregelabweichungsvektor auszugehen ist:

- Das Heranfahren ($\alpha^*_K = 1$) muß in Richtung des *Sollkraft*vektors erfolgen.
- Das Minimum von α^*_K müßte in Richtung des stärksten Umgebungskontakts liegen und müßte sich daher an der Richtung des *Istkraft*vektors orientieren.
- Die Korrekturbewegung hat die Richtung des *Kraftregelabweichungs*vektors.
- Der Istkraftvektor ist beim freien Heranfahren Null und bietet dann keine Richtung für eine Projektion.
- Bei einer komponentenweisen Betrachtung liegen Soll- und zugehörige Istkraftkomponente stets in ein- und derselben Richtung, so daß die Zusammenhänge einfach werden.

Wählt man die Richtungen des Zwangskoordinatensystems gerade orthogonal zu den ausgezeichneten Richtungen der Kraftregelungsaufgabe, liegt die einfache, komponentenweise Implementierung gleichzeitig der Anwendung am nächsten. Daher ist dieser Fall durch passende Wahl der Drehmatrix ${}^{0}\mathbf{R}_U$ bei $C = U$ bzw. ${}^{H}\mathbf{R}_G$ bei $C = G$ stets anzustreben.

5.2.6 H-K-$\mathbf{J}^T$-Regelung

Ersetzt man den dx-Kanal bei der H-K-Regelung durch den F_n-Kanal, entsteht ein Kraftregelgesetz, das den Vorteil der Kraftvorsteuerung nach dem $\mathbf{J}^T$-Prinzip nutzt, ohne gleichzeitig mit dem Nachteil behaftet zu sein, daß der mit größeren und vor allem stationären Auslenkungen verbundene integrierend wirkende Kanal des Kontaktreglers nach dem $\mathbf{J}^T$-Prinzip arbeitet. Dieses Regelverfahren (**Bild 5.11**) stellt die beste gefundene Lösung des $\mathbf{J}^{-1}$,$\mathbf{J}^T$-Konflikts dar und wurde als H-K-$\mathbf{J}^T$-Regelung bezeichnet.

5.2.7 Regelverhalten der Kraftregelgesetze

Von den einschließlich der $\mathbf{J}^{-1}$-Regelung vorgestellten fünf Kraftregelgesetzen muß ersteres bei einem Vergleich herausgelassen werden, da es für einen stationären festen Umgebungskontakt nicht geeignet ist.

Bild 5.12 bis **Bild 5.15** zeigen für verschiedene Zykluszeiten der einzelnen

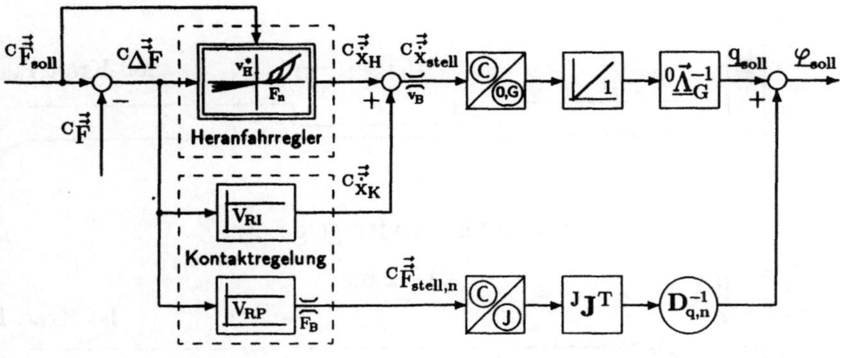

Bild 5.11: Struktur der H-K-$\mathbf{J}^T$-Regelung

Kraftregelgesetze jeweils erstens das Regelverhalten beim Aufbau des Umgebungskontakts (Aufprall an unvorhergesehener Stelle) und zweitens das Führungsverhalten bei vorliegendem Umgebungskontakt. Hierzu wurde bei stets unveränderter Arbeitsweise der Gelenkregelung (2-ms-Takt) die Zykluszeit der kartesischen Regelung schrittweise auf Vielfache dieses Intervalls erhöht und für die entsprechende Anzahl von 2-ms-Intervallen jeweils derselbe Gelenk-Lagesollwert vorgegeben.

Wie man sieht, wird das Regelverhalten erst ab 8 ms kartesischem Zyklus deutlich schlechter. Bemerkenswert ist, daß die $\mathbf{J}^{-1}$,$\mathbf{J}^T$-Kombi-Regelung auch bei 16 ms noch recht gut funktioniert: Sie arbeitet zwar nicht genau, schwingt aber zügig ein und hält den Kontakt.

Bei der $\mathbf{J}^{-1}$,$\mathbf{J}^T$-Wechsel-Regelung ergeben sich nach dem Aufprall — hier nicht sichtbar — sehr unübersichtliche, „zufällige" Stellgrößenverläufe, da hier mehrfach zwischen beiden Reglern hin- und hergeschaltet wird. Daher ist hier die Aufprallphase am längsten. Die Kontaktregelung arbeitet hier jedoch am besten.

Bei der H-K-$\mathbf{J}^T$-Regelung zeigt sich der Kraftvorsteuer-Effekt u.a. daran, daß es mit dem $\mathbf{J}^T$-Prinzip gelingt, den Greifer hochzureißen. Das Aufprallverhalten sieht daher nicht so gut gedämpft aus wie bei der H-K-Regelung, bei der hier durch ein aus dem $\mathbf{J}^{-1}$-Prinzip resultierendes „Durchsacken" von Achse 2 eine Entlastung des Umgebungskontakts unterbleibt. Bei der Kraftregelung ist jedoch nicht das Aufprallverhalten, sondern das Regelverhalten unter Kontakt in erster Linie entscheidend. Das Aufprallverhalten kann durch eine separate Aufprall-Regelung verbessert werden (Abschnitt 4.3.3).

Bei der digitalen Implementierung des Kraftregelgesetzes geht die jeweils gewählte Zeitbasis in alle im Zusammenhang mit Zeitkonstanten stehenden Rechengrößen ein. Dies ist nur eine Software-Frage. Dagegen müßte bei einer Kraftsensor-Abfrage seltener als alle 2 ms auch die hardwareabhängige, im vorliegenden Fall

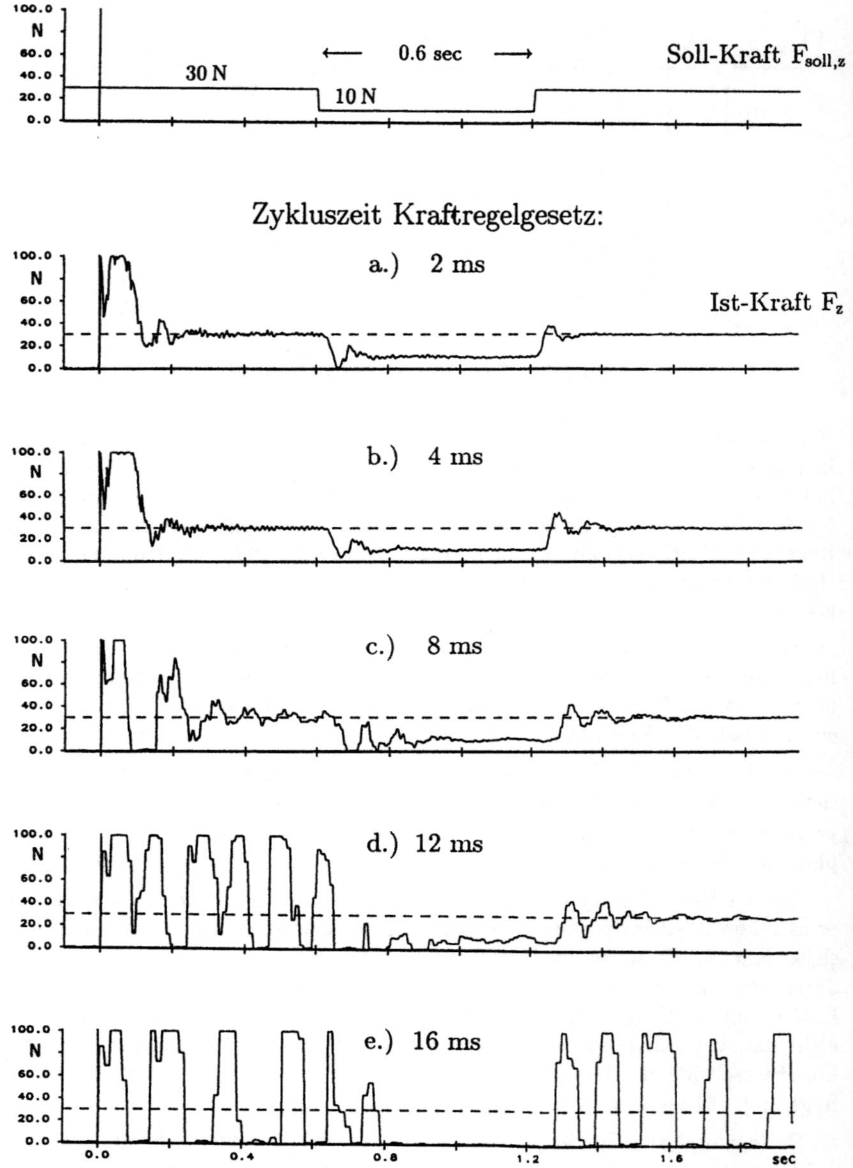

Bild 5.12: Aufprall und Führungsverhalten bei $\mathbf{J}^{-1}$,$\mathbf{J}^{T}$-Wechsel-Regelung

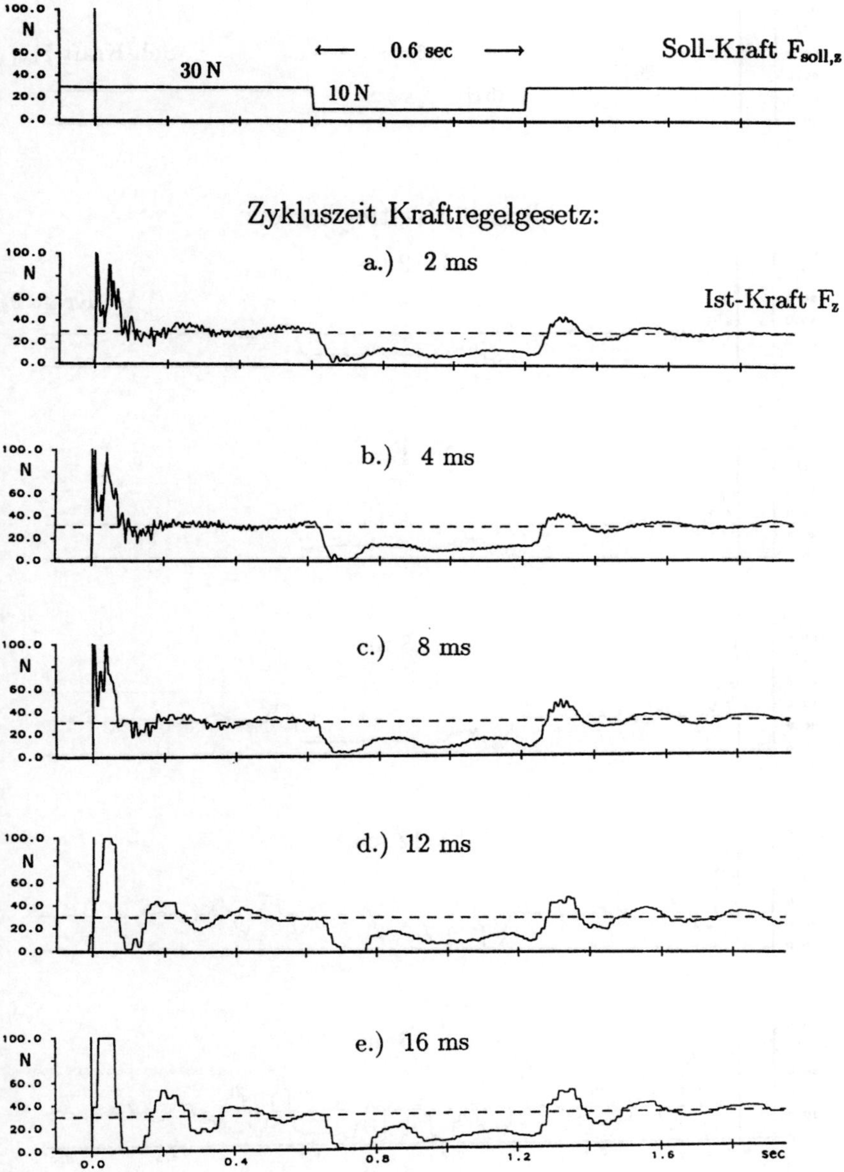

Bild 5.13: Aufprall und Führungsverhalten bei $\mathbf{J}^{-1}$,$\mathbf{J}^{\mathrm{T}}$-Kombi-Regelung

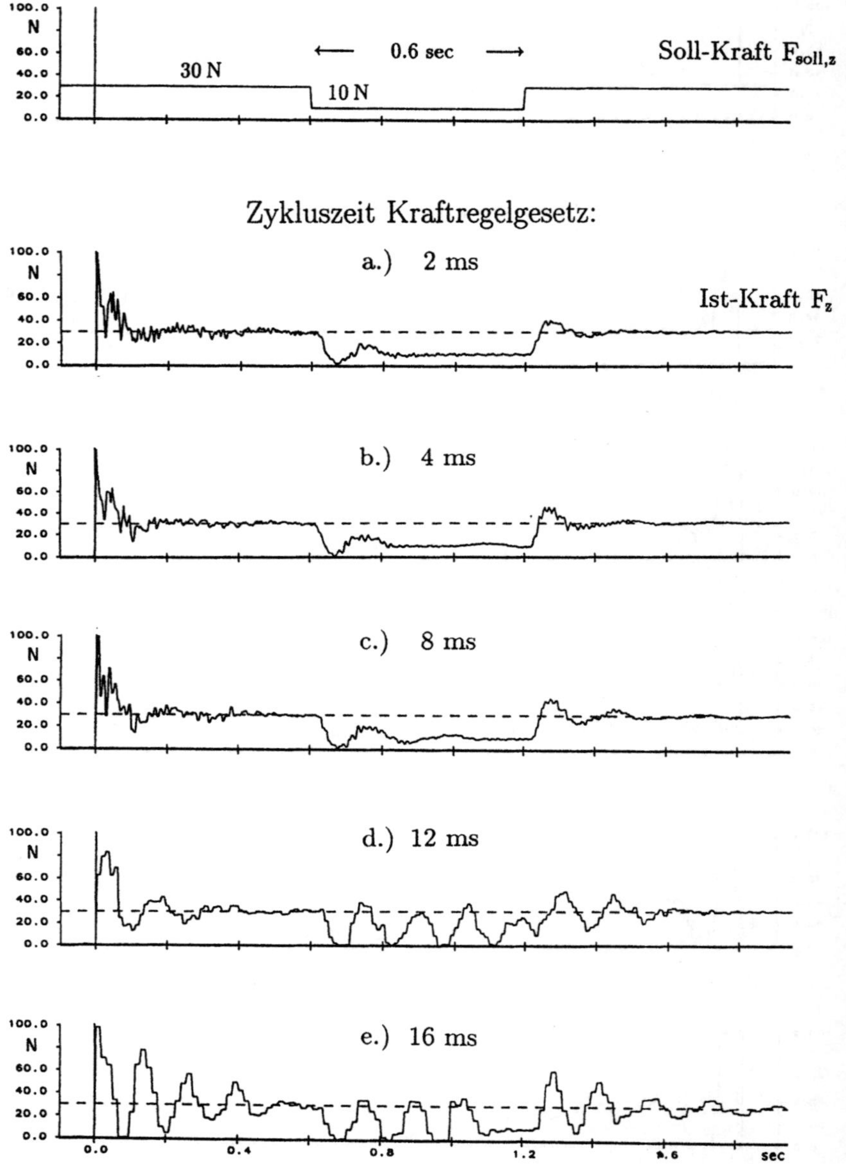

Bild 5.14: Aufprall und Führungsverhalten bei H-K-Regelung

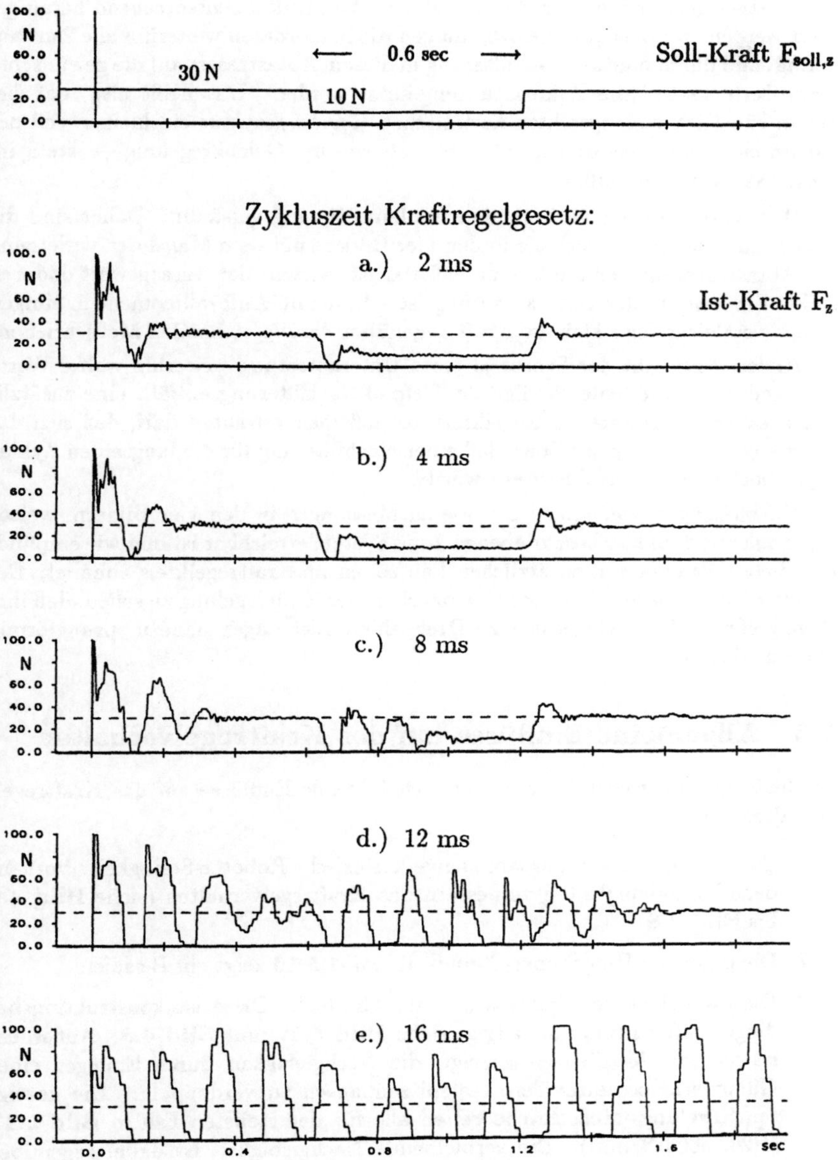

Bild 5.15: Aufprall und Führungsverhalten bei H-K-J^T-Regelung

aber festgelegte, Zeitkonstante des analogen Abtastfilters entsprechend heraufgesetzt werden. Da dies ausscheidet, müssen die Sensordaten weiterhin alle 2 ms abgefragt und durch digitale Nachfilterung in diesem Abtastraster auf die gewünschte vergrößerte kartesische Zykluszeit umgesetzt werden. Das heißt also, daß bei einem künstlich verlangsamten kartesischen Regelungszyklus ein kleiner Teil der kartesischen Signalverarbeitung — ebenso wie die Gelenkregelung — stets im 2-ms-Takt arbeiten muß.

Dies wurde bei der vorliegenden Implementierung versäumt. Daher sind die jeweils unteren Istkraftverläufe in den vier Bildern mit dem Makel der Verletzung des Abtasttheorems behaftet, ohne daß klar ist, wieweit der Aussagewert dadurch sinkt. Ein Zeichen der Unterabtastung ist z.B. die im Aufprallmoment in einigen Fällen vergleichsweise kleinere Kraft gegenüber darüberstehenden Meßschrieben.

Andererseits gibt der Sensor ja trotz Unterabtastung weiterhin wahre Werte aus, und durch die fehlende digitale Tiefpaß-Nachfilterung entfällt eine zusätzliche Ersatzzeitkonstante im Regelkreis, so daß man vermuten darf, daß sich das Regelungsverhalten unter Einschluß einer Nachfilterung für die langsamen Zyklen sogar noch stärker verschlechtern würde.

Unabhängig davon zeigen die oberen Messungen in den vier Bildern, welche Dynamik mit dem hier beschriebenen 2-ms-System erreichbar ist und wie empfindlich diese Dynamik von zusätzlichen Laufzeiten im Kraftregelkreis abhängt. Der Grund dafür ist natürlich in der Besonderheit der Kraftregelung zu sehen, daß ihre Regelgrößen sich im Gegensatz zu Drehzahlen oder Lagen nahezu sprungförmig ändern können.

5.3 Allgemeine Einflüsse auf das Kraftregelverhalten

Unabhängig vom Regelgesetz wirken sich folgende Einflüsse auf das Kraftregelverhalten aus:

1. Die vorliegende stellungsabhängige kartesische Roboter-Steifigkeit. Vorhandene Nachgiebigkeiten verbessern das Kraftregelverhalten (siehe **Bild 4.6** bis **Bild 4.8**).
2. Die gegebene Umgebungs-Steifigkeit. **Bild 5.16** zeigt ein Beispiel.
3. Die Steifigkeit des Systems „Sensor–Greifer". Diese ist konstruktionsbedingt kraftrichtungs-abhängig, siehe **Bild 5.17** und **Bild 4.8**. Außerdem ist hier die Möglichkeit gezeigt, die Nachgiebigkeit durch Einlegen einer Gummischeibe unter den Tastspitzenflansch zu verdoppeln. Die gezeigten Regelungs-Meßschriebe gelten alle für den steifsten Fall in **Bild 5.17** (H20, 3600 N/mm). Die verbleibende Nachgiebigkeit ist dabei gegenüber der Roboter-Nachgiebigkeit vernachlässigbar.
4. Die stellungsabhängigen Gelenk- und Koppel-Trägheiten.

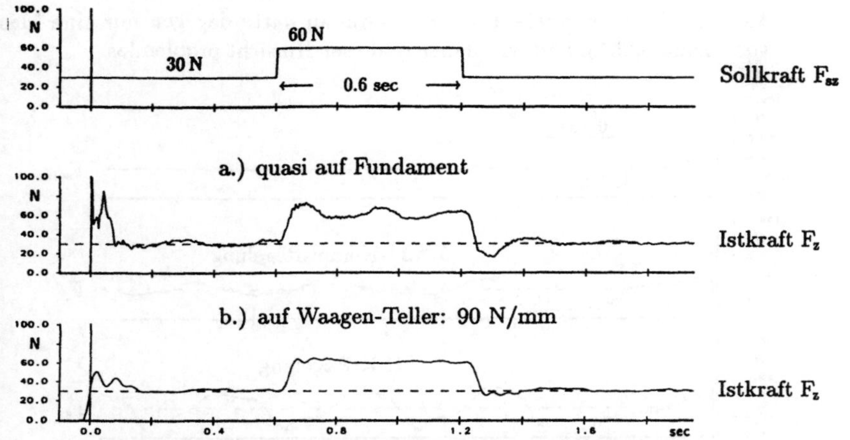

Bild 5.16: Einfluß der Umgebungssteifigkeit auf das Kraftregelverhalten (Beispiel $\mathbf{J}^{-1}$,$\mathbf{J}^{T}$-Kombi-Regelung)

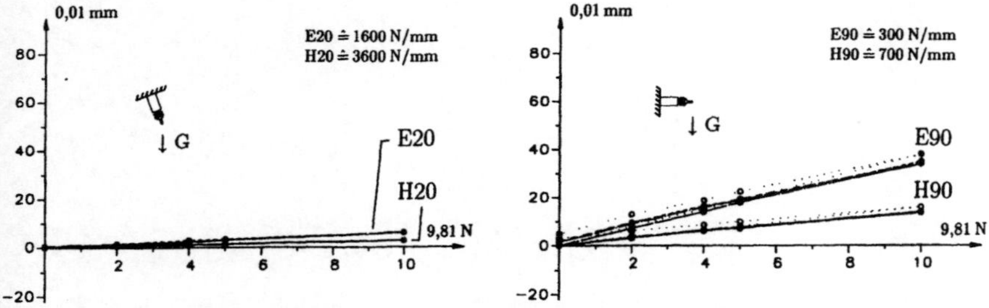

Bild 5.17: Nachgiebigkeiten des Systems „Sensor–Greifer" für verschiedene Fälle

5. Die Qualität der Drehzahlregelung. Bei Fehlen einer Lage-Hochauflösung ergibt sich eine massive Verschlechterung des Kraftregelverhaltens bei Übergang von analoger auf digitale Drehzahlregelung: Die Schriebe in **Bild 5.18** sind im Vergleich zu den 2-ms-Verläufen in **Bild 5.13** und **Bild 5.14** zu betrachten.

6. Die Summe der Massen von freiem Teil des Sensors, Greifer und Nutzlast, genannt Effektormasse. Je größer diese Masse ist, desto stärker werden durch die zunehmenden Beschleunigungsaufnehmer-Eigenschaften des Systems „Sensor–Effektormasse" innere Trägheitskräfte registriert, die das Kraftregelungssystem ohne Vorhandensein eines Umgebungskontakts zu instabilen Dauerschwingungen bringen können. Versuche haben gezeigt, daß dies für Anwendungen ein nicht zu unterschätzendes Problem ist. Der für die

Meßschriebe verwendete Tastspitzen-Anbau hatte dagegen nur eine Masse von knapp 0,25 kg und war daher in dieser Hinsicht problemlos.

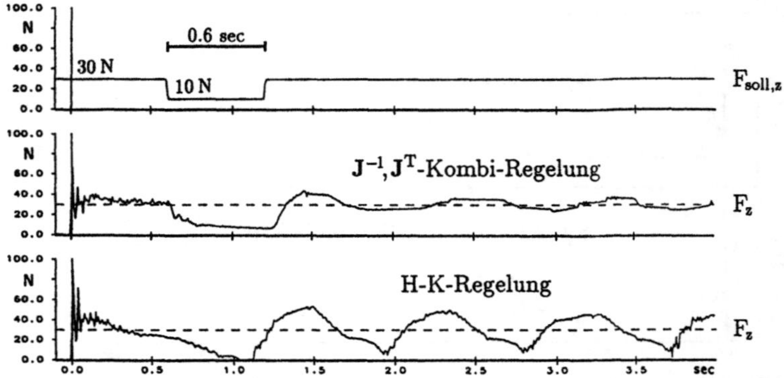

Bild 5.18: Kraftregelung (2 ms) bei digitaler statt analoger Drehzahlregelung ohne Lage-Hochauflösung (vgl. **Bild 5.13** und **Bild 5.14**)

6 Kartesische Experimente

6.1 Freies Führen des Robotergreifers im Raum

Beim freien Führen wird der Greifer mit $\vec{\vec{F}}_{soll} = \vec{\vec{0}}$ kartesisch von Hand geführt. Anforderungen wie Umgebungskontakt, Heranfahren und Sollkraft-Unabhängigkeit werden an das Kraftregelgesetz hier nicht gestellt, daher wird mit der $\mathbf{J}^{-1}$-Regelung ohne Nichtlinearitäten gearbeitet.

6.1.1 Kartesisch 6-achsiges Führen

Bei dieser Betriebsart läßt sich der in Abschnitt 2.9 dokumentierte Effekt des Eigengewichtsausgleichs eindrucksvoll demonstrieren. **Bild 6.1** zeigt eine 4-Kanal-Aufzeichnung einer solchen Führbewegung (Dauer $\approx 32\,$s); die Orientierungsänderungen lassen sich über den komplementären zweiten Eulerschen Winkel ausreichend darstellen. Bei dieser Messung blieb die Hand des Bedieners kontinuierlich am Greifer, so daß nicht sichtbar ist, ob die Eigengewichtskompensation funktioniert. Dagegen wurde bei **Bild 6.2** der Führvorgang durch häufiges Loslassen nur intervallweise ausgeführt, so daß erkennbar wird, daß der Greifer in jeder Orientierung anschließend translatorisch und rotatorisch seine Lage konstant einhält.

In der Betriebsart des freien Führens ist es wünschenswert, mit einer sehr hohen Kraftreglerverstärkung zu arbeiten, damit die Bedienung leichtgängig ist. Da die Bewegungs-Vorgaben hierbei im Gegensatz zu einer Führmethode per Joystick über den Istwert- und nicht den Sollwert-Zweig eingespeist werden, stößt eine solche Verstärkungserhöhung alsbald an die Stabilitätsgrenze der kartesischen Regelung. Durch Einführung eines Tiefpaßfilters lassen sich die störenden Schwingungen jedoch unterdrücken; man erreicht damit ein sehr leichtgängiges und weiches Verhalten, dessen Dynamik-Begrenzung dem **Bild 6.1** anzusehen ist.

Die Raumkurven dazu sind in **Bild 6.3** zusammengestellt. Der Roboter wird hier im positiven Oktanten des Fußkoordinatensystems innerhalb eines Würfels von etwa 1 m Kantenlänge von Hand bewegt. Die Projektionen in die Koordinaten-Ebenen geben einen Eindruck davon, wie sich der Roboter intuitiv frei bewegen läßt [50]. In dieser Betriebsart ist jedoch eine Berührung der Umgebung unbedingt zu vermeiden, weil der Roboter durch die hohe Reglerverstärkung und das Filter im ersten Moment träge und dafür anschließend nervös reagiert. Dies wird verständlich, wenn man einen Blick auf die durch Versuche optimierte Filterzeitkonstante wirft, nämlich 0,25 s. Dieser hohe Wert führt zu einem sichtbaren

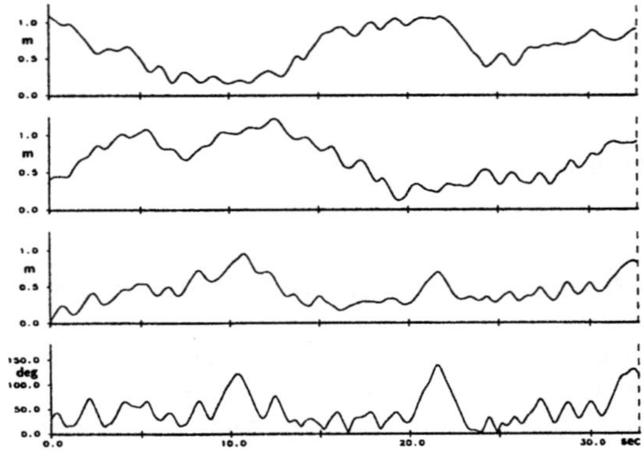

Bild 6.1: Kontinuierliches kartesisch 6-achsiges freies Führen: Zeitverläufe

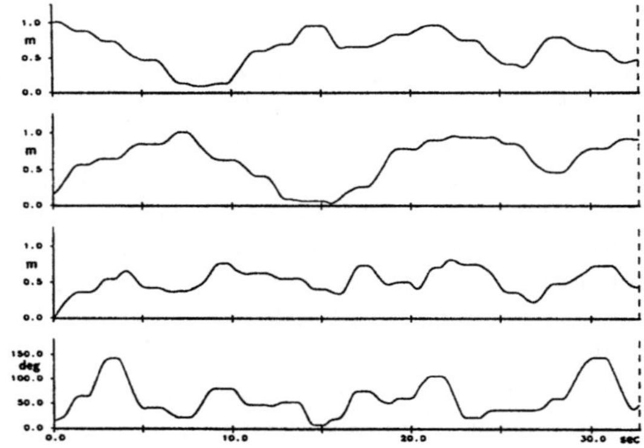

Bild 6.2: Intervallweises kartesisch 6-achsiges freies Führen: Zeitverläufe

Ausklingen einer Bewegung nach dem plötzlichen Loslassen, so daß der sich selbst tragende Roboter dem Bediener das Gefühl einer im schwerelosen Raum zu bewegenden Masse vermittelt.

6.1.2 Führen in kartesischen Unterräumen

Die Führmöglichkeit des Greifers läßt sich beispielsweise auf eine wählbare Ebene im Raum bei konstanter Orientierung beschränken, und das System kann, wie in **Bild 6.4** zu sehen, als „mechanisch-elektronischer Pantograph" eingesetzt werden.

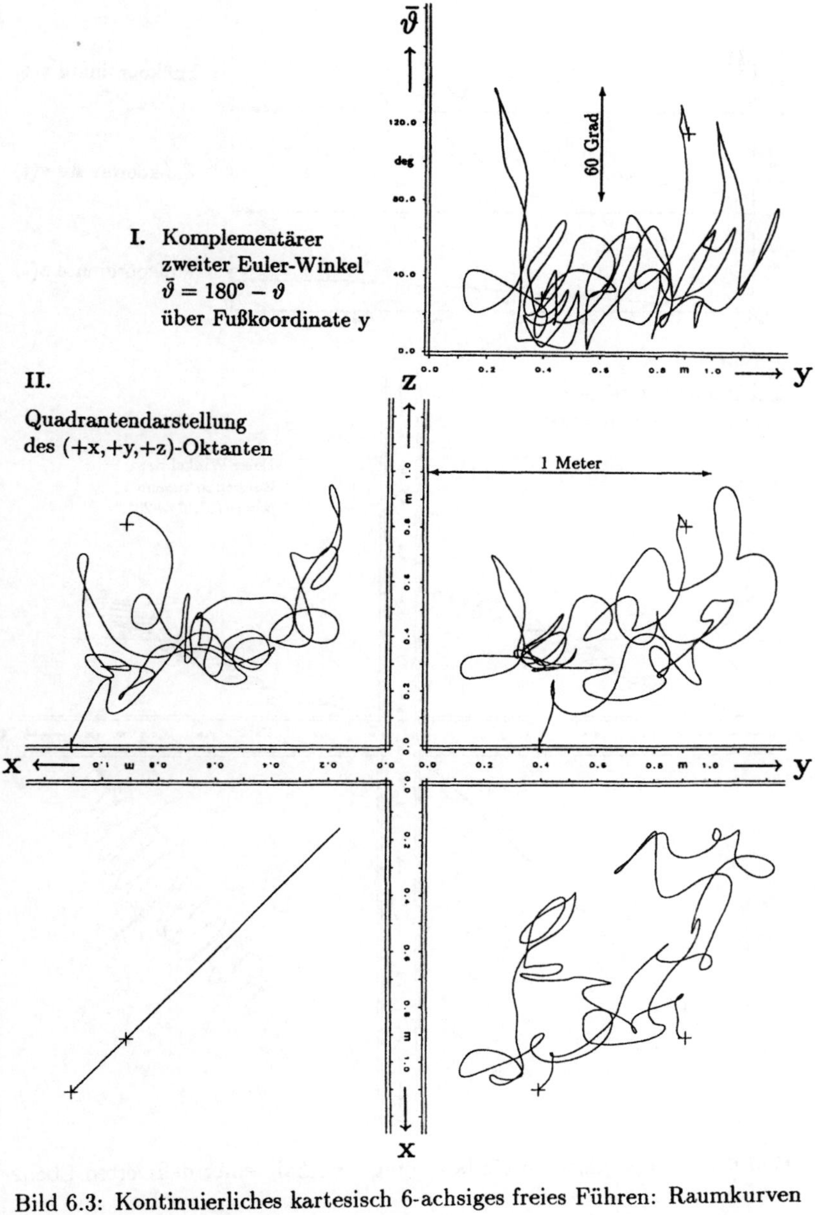

Bild 6.3: Kontinuierliches kartesisch 6-achsiges freies Führen: Raumkurven

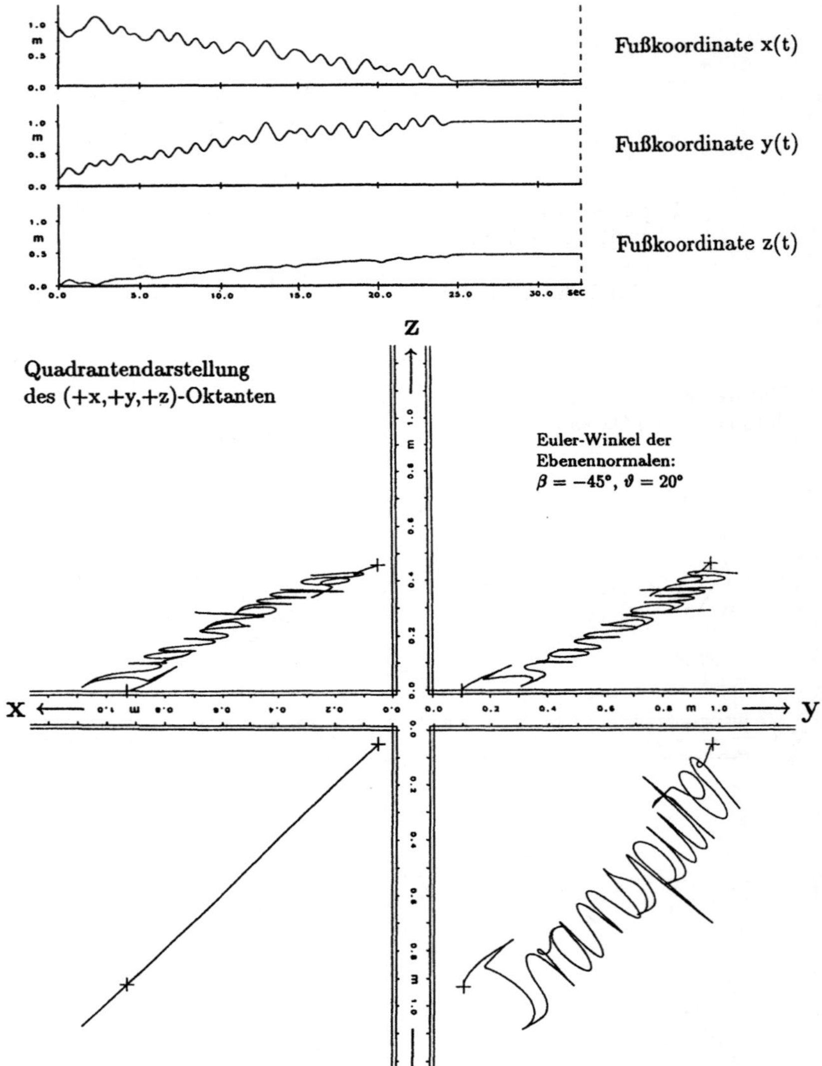

Bild 6.4: Frei geführte Greiferbewegung innerhalb einer definierten Ebene

6.2 Kraftregelung unter eingeprägter Vorschubbewegung

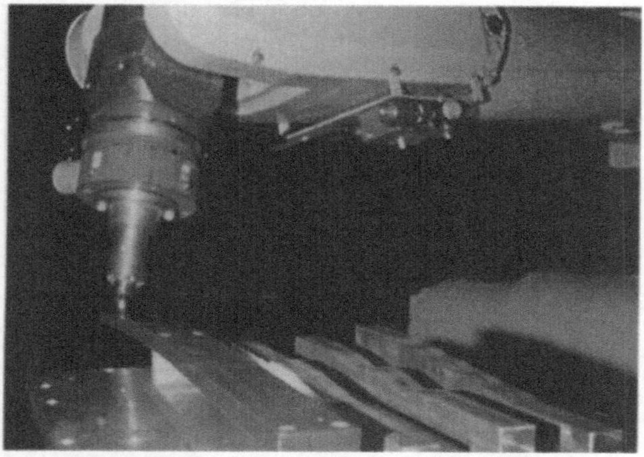

Bild 6.5: Versuchsaufbau für Kraftregelung unter Vorschubbewegung

6.2.1 Fahren auf Konturprofilen

Für die Versuche wurden Testprofile hergestellt [24]; **Bild 6.6** ist unter Einsatz dieser Profile als „Lineale" gezeichnet worden.

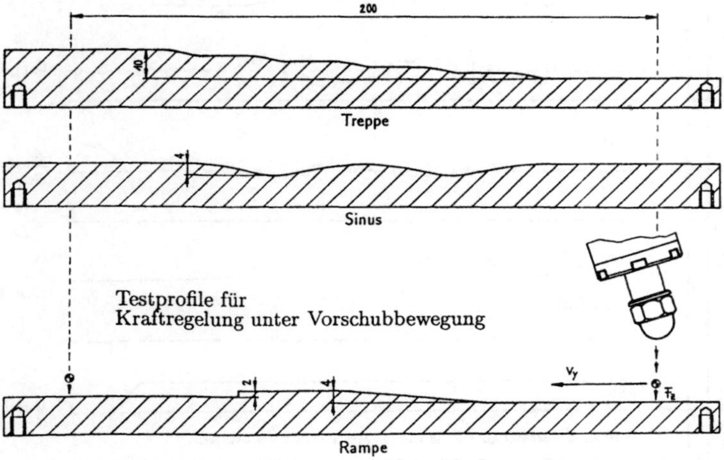

Bild 6.6: Testprofile für Kraftregelung unter Vorschubbewegung

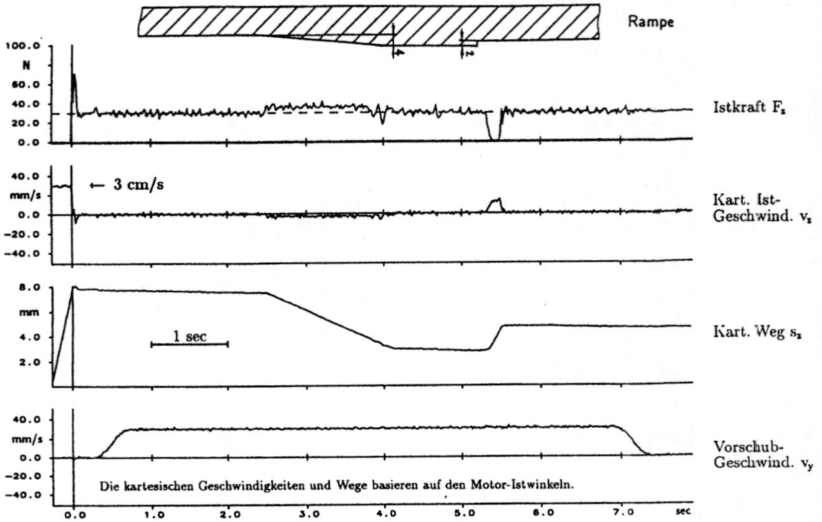

Bild 6.7: $\mathbf{J}^{-1}$,$\mathbf{J}^{T}$-Kombi-Regelung, orthogonale Vorschubbewegung: „Rampe“

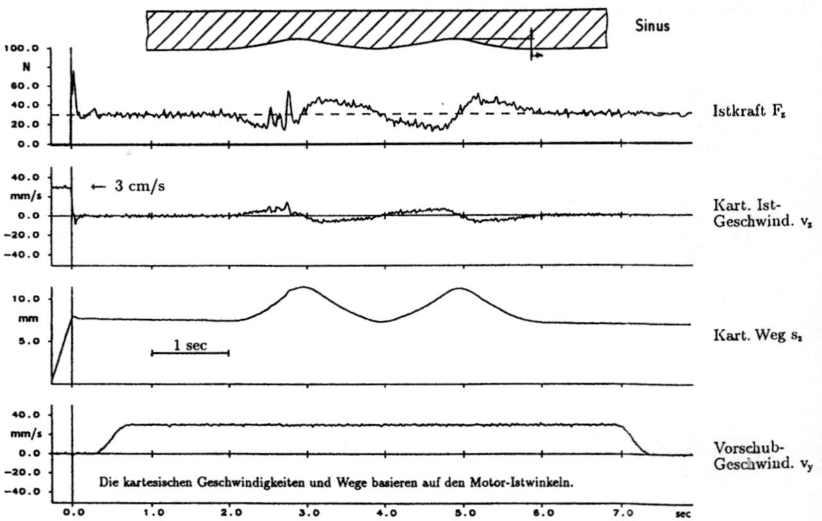

Bild 6.8: $\mathbf{J}^{-1}$,$\mathbf{J}^{T}$-Kombi-Regelung, orthogonale Vorschubbewegung: „Sinus“

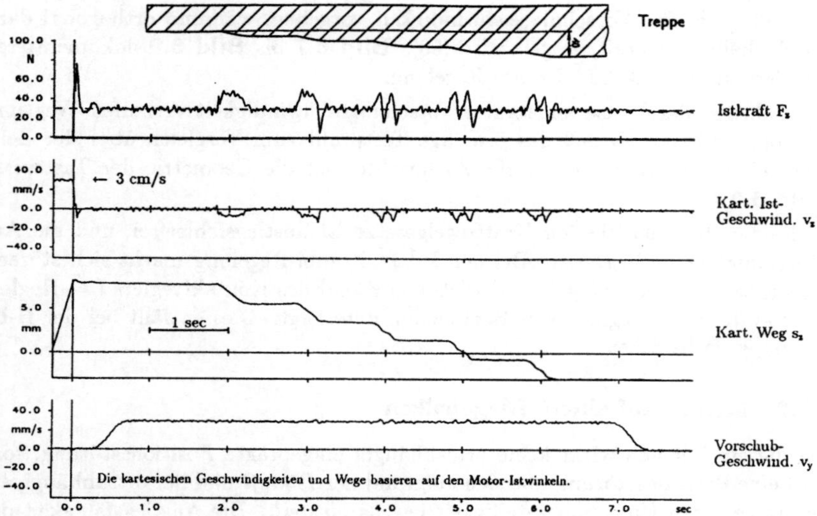

Bild 6.9: $\mathbf{J}^{-1}$,$\mathbf{J}^{T}$-Kombi-Regelung, orthogonale Vorschubbewegung: „Treppe"

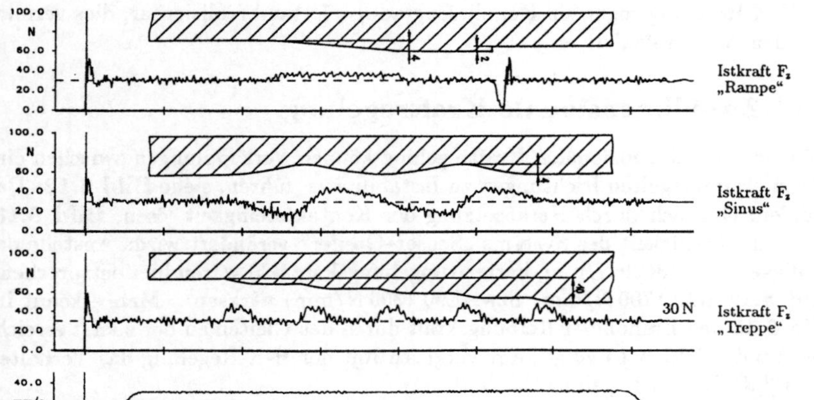

Bild 6.10: H-K-Regelung, orthogonale Vorschubbewegung: 3 Testprofile

Längs der festen Testkonturen, die als eingeprägtes Positionsstörungsprofil wirken, läßt sich eine Vorschubgeschwindigkeit vorgeben, während orthogonal dazu ein Freiheitsgrad kraftgeregelt wird [50]. **Bild 6.7** bis **Bild 6.9** dokumentieren das Verhalten der $\mathbf{J}^{-1},\mathbf{J}^{\mathrm{T}}$-Kombi-Regelung.

Während der Phase konstanter Vorschubgeschwindigkeit verlaufen Weg und Zeit proportional, so daß das jeweilige Testprofil zum Vergleich über der Zeitachse eingeblendet werden darf. Zu beachten ist die Geometrie der Tastspitze (**Bild 6.6**).

Keines der entwickelten Kraftregelgesetze ist anstiegsfehlerfrei, und die Anstiegsfähigkeit ist begrenzt. Bei der $\mathbf{J}^{-1},\mathbf{J}^{\mathrm{T}}$-Kombi-Regelung macht sich störend bemerkbar, daß der integrierend wirkende Kanal des Kontaktreglers ($\mathbf{J}^{\mathrm{T}}$-Regler) einer kraft- bzw. wegmäßigen Begrenzung unterliegt. Dies entfällt bei der H-K-Regelung, **Bild 6.10**.

6.2.2 Fahren auf einem Biegebalken

Bei diesem Versuch wirkt keine ortsabhängig eingeprägte Positionsstörung, sondern eine Positionsstörung, die sich aufgrund der *Istkraft* und der ortsabhängigen, relativ geringen Umgebungssteifigkeit jeweils *einstellt*. Die Anstiegsfähigkeit der Kraftregelung wird extrem gefordert. Die $\mathbf{J}^{-1},\mathbf{J}^{\mathrm{T}}$-Kombi-Regelung läßt hier im Gegensatz zur H-K-Regelung den Anstiegsfehler durch gelegentliche Korrekturschübe ihres nichtstetigen Heranfahrreglers (siehe **Bild 5.8**) nicht zu weit ansteigen, **Bild 6.11**. Wegen des relativ nachgiebigen Umgebungskontakts ist hier bei der H-K-Regelung sogar ein Kennliniengrad $\eta = 1$ stabil realisierbar; dies vermindert den Anstiegsfehler.

6.3 Zweidimensionale Kraftregelung

Bei einer mehrdimensionalen Kraftregelung können Verkopplungen zwischen einzelnen kraftgeregelten Richtungen zu Instabilitäten führen, siehe **Bild 6.12**. Das Problem läßt sich durch Herabsetzung der Kontaktsteifigkeit lösen, **Bild 6.13**, indem die Steifigkeit des Systems „Sensor–Greifer" verändert wird: Anstelle der Steifigkeit H20 (3600 N/mm, harter Umgebungskontakt) waren hier entsprechend **Bild 5.17** H90 (700 N/mm) bzw. E90 (300 N/mm) wirksam. Man erkennt im **Bild 6.13** den Einfluß der Reibungskraft durch das Gleiten an der zuerst erreichten Wand. **Bild 6.14** zeigt zum Vergleich mit der H-K-Regelung das Verhalten der $\mathbf{J}^{-1},\mathbf{J}^{\mathrm{T}}$-Kombi-Regelung.

6.4 Andruckregelung mit Momentenausgleich

Diese Versuche [50] waren nur mit der $\mathbf{J}^{-1},\mathbf{J}^{\mathrm{T}}$-Kombi-Regelung realisierbar. Bei den anderen Kraftregelgesetzen ließ sich beim besten Willen keine Parametereinstellung für ein annäherndes Funktionieren finden.

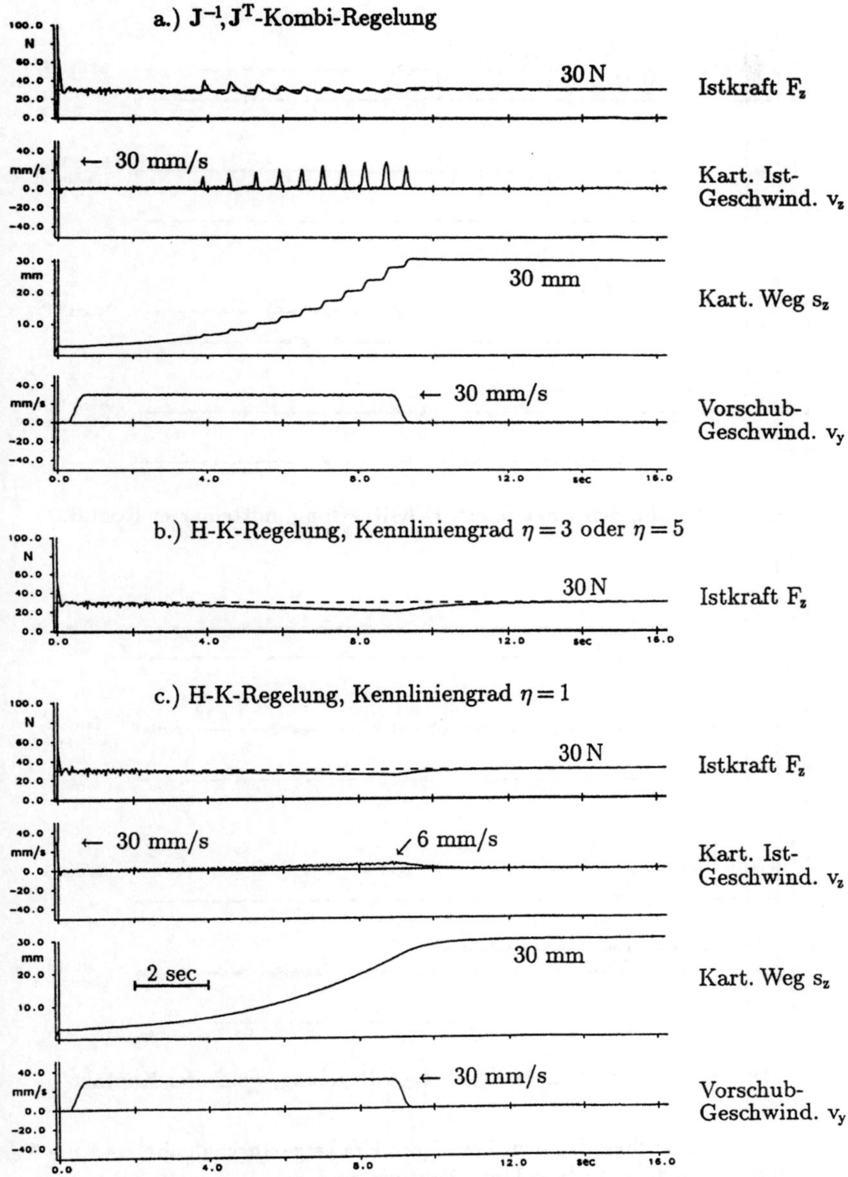

Bild 6.11: $\mathbf{J}^{-1}$,$\mathbf{J}^{T}$-Kombi-Regelung und H-K-Regelung: Abfahren eines Biegebalkens

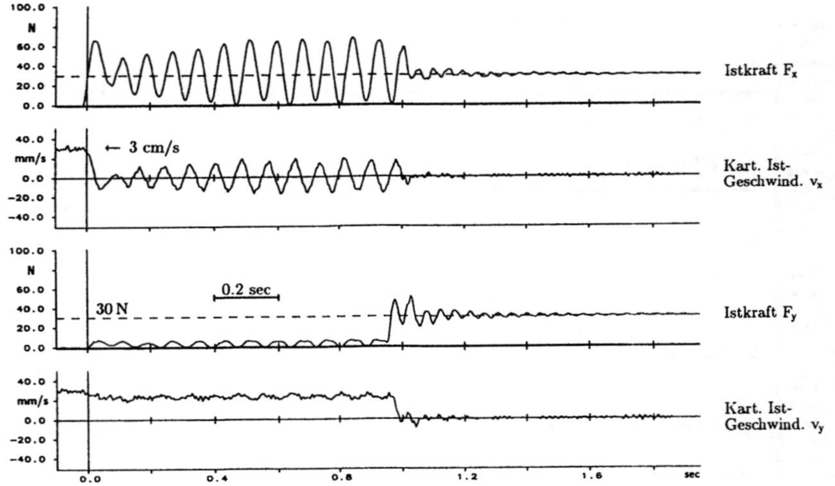

Bild 6.12: „Finden einer Ecke", H-K-Regelung, mittelharter Kontakt

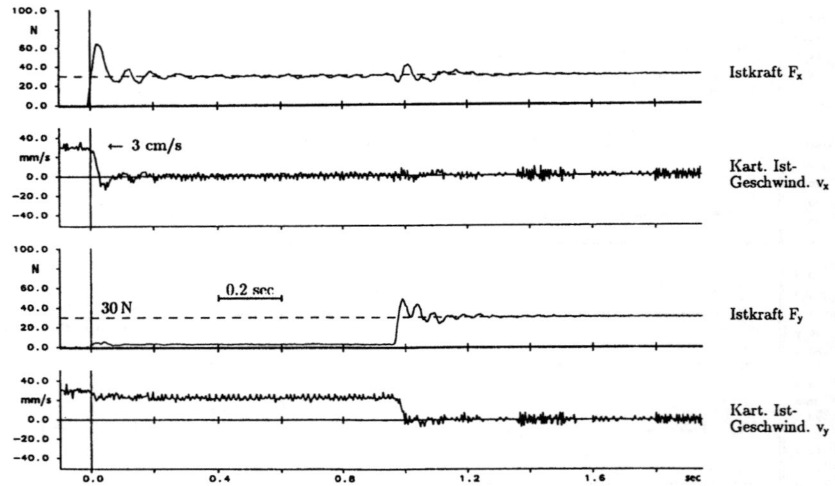

Bild 6.13: „Finden einer Ecke", H-K-Regelung, weicherer Kontakt

Ein grundsätzliches Problem bei dieser Kraftregelungsaufgabe sind die Verkopplungen zwischen Andruckkraft-Richtung und den Richtungen der Momentenregelung: Erfolgen die Orientierungsänderungen der Tastscheibe, die zum Abbau der durch die Andrückkraft hervorgerufenen Drehmomente führen sollen, zu

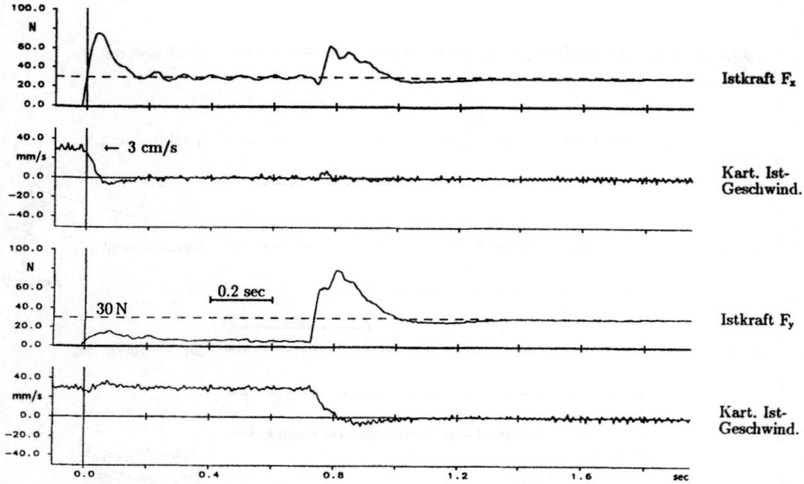

Bild 6.14: „Finden einer Ecke“, $\mathbf{J}^{-1}$,$\mathbf{J}^{\mathrm{T}}$-Kombi-Regelung, weicherer Kontakt

Bild 6.15: Versuchsaufbau zur Andruckregelung mit Momentenausgleich
Rechts: Stellung nach Anpassung an die schräge Oberfläche

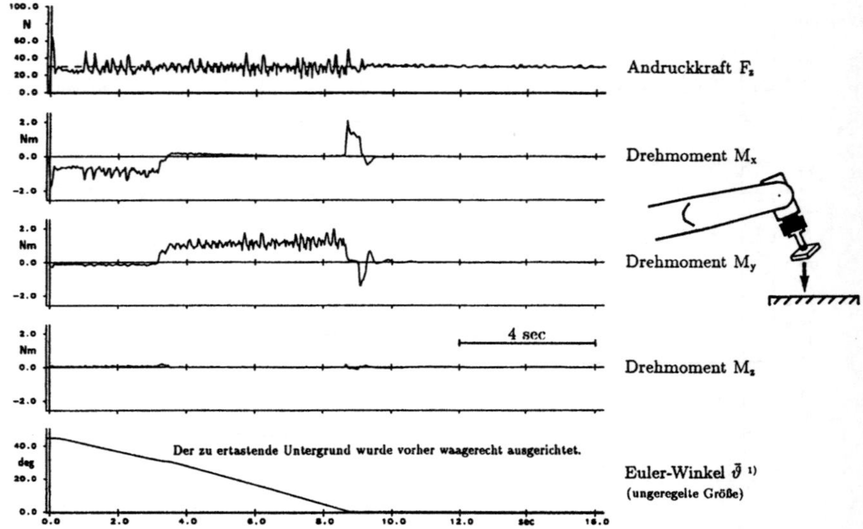

Bild 6.16: $\mathbf{J}^{-1}$,$\mathbf{J}^{\mathrm{T}}$-Kombi-Regelung, Andruckregelung mit Momentenausgleich: Zwangskoordinatensystem „Umgebung"

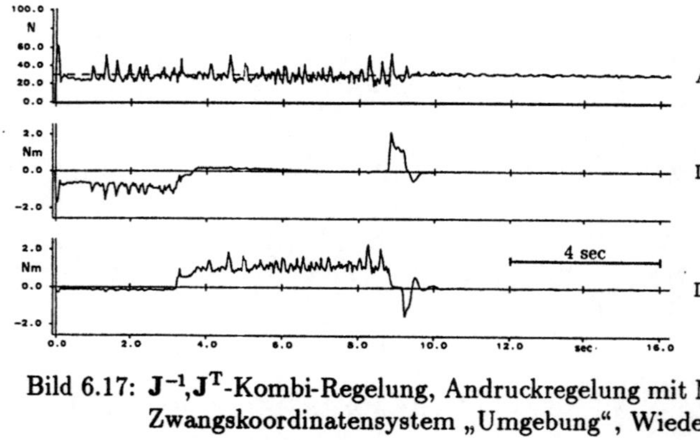

Bild 6.17: $\mathbf{J}^{-1}$,$\mathbf{J}^{\mathrm{T}}$-Kombi-Regelung, Andruckregelung mit Momentenausgleich: Zwangskoordinatensystem „Umgebung", Wiederholungsmessung

schnell, verliert die aufliegende Ecke oder Kante der Tastscheibe den Umgebungskontakt, und die bereits aufgebaute Andruckkraft geht wieder verloren. Damit verschwinden die Drehmomente, und die gewünschten Orientierungsänderungen kommen zum Erliegen. Statt einer gleichmäßigen Kippbewegung kommt es so zu einem „Tanzen" der Tastscheibe. Daher muß die Kraftregelung in den rotatorischen Richtungen langsam und gleichmäßig arbeiten.

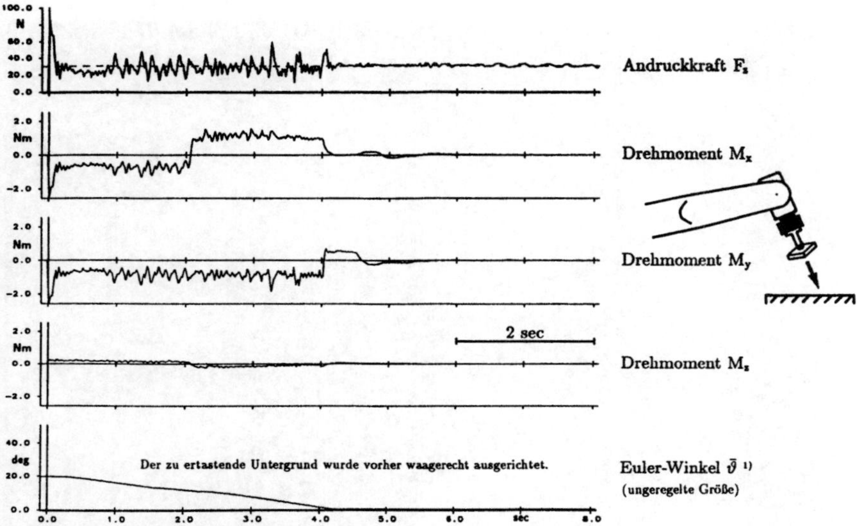

Bild 6.18: **J^{-1},J^T-Kombi-Regelung**, Andruckregelung mit Momentenausgleich: Zwangskoordinatensystem „Greifer“

Bild 6.16 und **Bild 6.18** zeigen zwei Beispiele für den Versuch. Aufgrund der hier vertikalen Greiferausrichtung in der Zielstellung läßt sich der räumliche Ausrichtungsprozeß hinreichend anhand eines einzigen Parameters verfolgen, und zwar wird hier der komplementäre zweite Euler-Winkel $\bar{\vartheta} = 180° - \vartheta$ zu Null.

Für die Messungen stand ein Aufzeichnungsgerät mit mehr als 4 Kanälen nicht zur Verfügung. Daher wurde der jeweils fünfte Meßschrieb bei einer Wiederholungsmessung gewonnen und dann hinzugefügt. **Bild 6.17** enthält für **Bild 6.16** die dabei angefallenen redundanten Meßschriebe, die sich erst bei genauem Hinsehen von der ersten Messung unterscheiden. Diese bemerkenswerte Reproduzierbarkeit rechtfertigt das hier notwendige zweischrittige Vorgehen.

6.5 Drehen einer on-line-veränderlichen Kurbel

Beim Kurbelexperiment [37, 64] ist die Orientierung des Zwangskoordinatensystems von der aktuellen Kurbelstellung abhängig, die aber nicht meßbar ist. Diese Orientierung muß von einem parallel zum Kraftregelgesetz arbeitenden „Kurbel-Beobachter“ oder „Kurbel-Dreibein-Regler“ nachgeführt und der Kraftregelung zur Verfügung gestellt werden. Der Kurbel-Dreibein-Regler (**Bild 6.20**) wertet in erster Linie die Kraft im Kurbelarm aus: Auftretende Zug- oder Druckkräfte zeigen hier an, daß die vermeintliche Tangentialrichtung für die unbekannte,

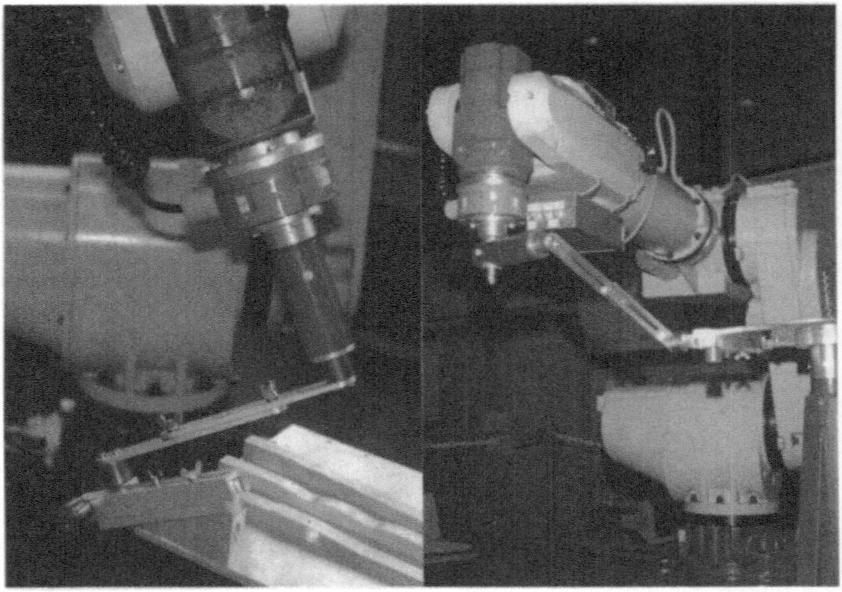

Bild 6.19: Versuchsaufbau zum Kurbeldrehen (Drehpunkt und Radius variabel): links: Kurbelachse längs zum Greifer, 30° schräg im Raum, rechts: Kurbelachse quer zum Greifer

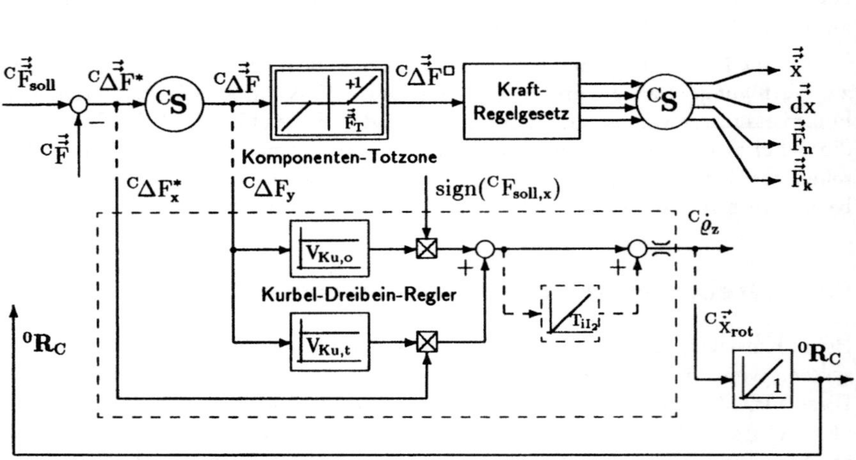

Bild 6.20: Zusammenwirken von Kurbel-Regler und Kraftregelgesetz (C = U)

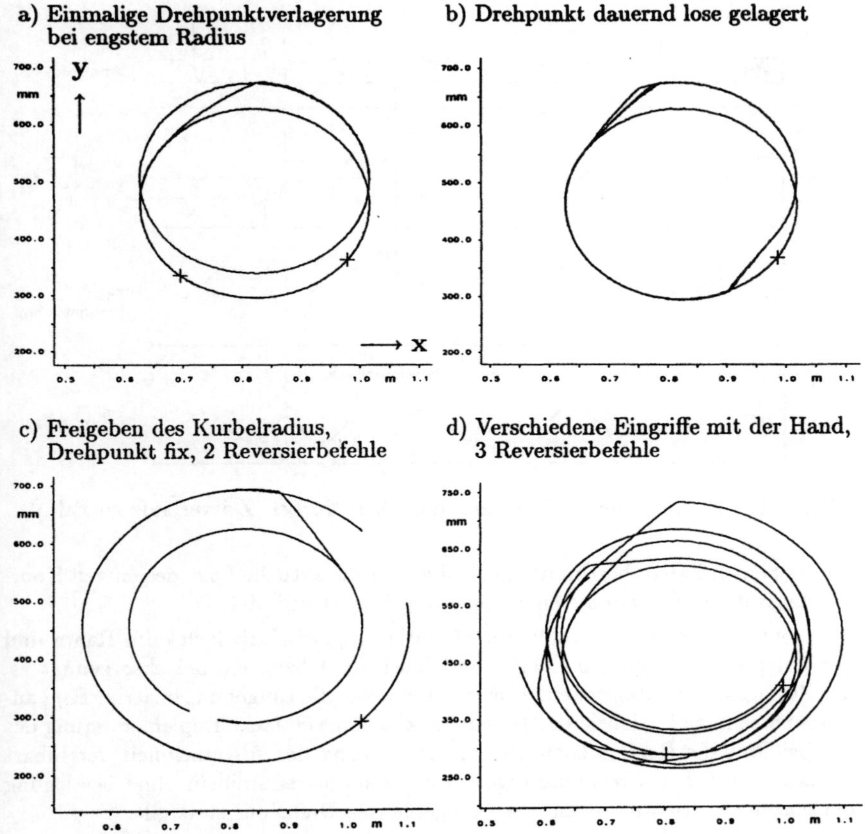

a), b), c): 30 sec, 3 Runden; d): 60 sec, 6 Runden

Euler-Winkel der Kurbelachse: $\beta = 90°$, $\vartheta = 30°$

Bild 6.21: Drehen einer on-line-veränderlichen Kurbel: Raumkurven, Projektion der Kurbelbahn in die x,y-Fußkoordinaten-Ebene.

- Richtung der Drehachse im Raum nach Wahl konstant
- Drehpunkt verschiebbar um 5 cm
- Kurbelradius variabel 19 cm ... 27 cm
- Reversieren jederzeit möglich

ggf. veränderliche Kurbelgeometrie nicht mehr gültig ist, und das Zwangskoordinatensystem wird weitergedreht.

Es besteht somit eine Analogie zur feldorientierten Regelung der Asynchronmaschine [32]: Die Zwangskoordinaten entsprechen den dortigen Feldkoordinaten,

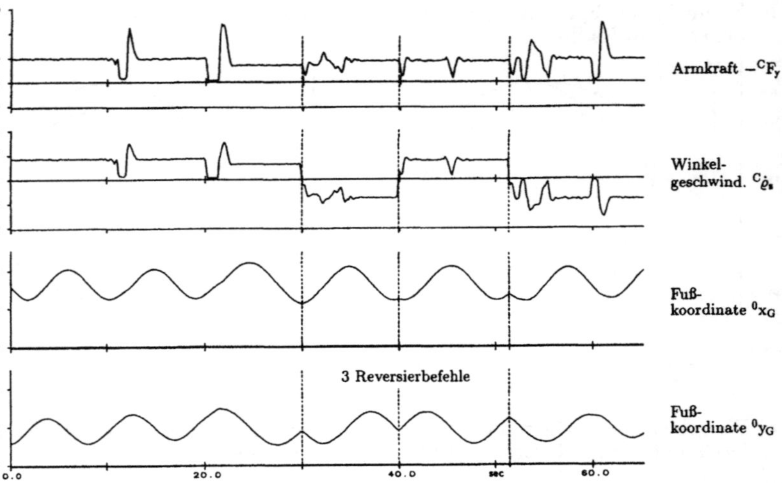

Bild 6.22: Drehen einer on-line-veränderlichen Kurbel: Zeitverläufe zu Fall d)

und in beiden Fällen bestimmt ein Beobachter die aktuelle Lage desjenigen Koordinatensystems, in dem die eigentliche Regelung stattfindet.

Trotz unterschiedlich wählbarer Orientierung der Kurbelachse im Raum und der Orientierung zwischen Greifer und Kurbelgriff bzw. Kurbelachse genügt es, das Zwangskoordinatensystem, d.h. in diesem Fall die Umgebungsmatrix $^{0}\mathbf{R}_U$, anfangs passend zu initialisieren. Im Hinblick auf eine einfache Implementierung des Kurbel-Dreibein-Reglers kann ohne Beschränkung der Allgemeinheit vereinbart werden, daß für das rechtshändige Zwangskoordinatendreibein ohne Festlegung der einzelnen Orientierungen bzw. des geplanten Drehsinns stets gilt:

- z-Achse liegt parallel zur Kurbelachse
- x-Achse liegt tangential (Fahrtrichtung)
- y-Achse liegt radial (Kurbelarm)

Der Kurbel-Dreibein-Regler findet dann trotz unbekannter Fußpunktlage beim Losfahren aus der Anfangsstellung den richtigen Drehsinn zur Beibehaltung der Verhältnisse.

Bei der Ankopplung des Kurbel-Beobachters besteht ein zu lösender Widerspruch: Die Richtung des Kurbelarms muß als kraftgeregelt selektiert sein. Wenn nun das Kraftregelgesetz dafür sorgt, daß sich im Kurbelarm keine Kräfte aufbauen, geht das Arbeitskriterium für den Kurbel-Beobachter (Zug- oder Druckkräfte im Arm) verloren. Daher muß der Kurbel-Beobachter Priorität bekommen; dies geschieht durch Einführung einer Komponenten-Totzone gemäß **Bild 6.20** in der y-Richtung. Das Kraftregelgesetz wird hier dann nur noch bei größeren Abweichungen aktiv.

Bei der vorliegenden Implementierung [50] wird in Tangentialrichtung kraftgeregelt gefahren, anstatt eine Geschwindigkeit einzuprägen. Dadurch läßt sich die Kurbel z.B. mit der Hand anhalten. Eine istkraft-abhängige Modulation der Verstärkung des Kurbel-Beobachters verbessert das dynamische Verhalten.

Bild 6.21 zeigt das Störverhalten im Kurbelexperiment bei Veränderung der Kurbelgeometrie während der Bewegung. Die P-Charakteristik des Kurbel-Beobachters führt zu einer in **Bild 6.22** sichtbaren Vorspannung des Kurbelarms nach außen, unabhängig vom Drehsinn. Dadurch ergeben sich bei einem Freigeben der Mechanik an den Endanschlägen der Verstellbereiche von der Kraftregelung abzufangende Aufprall-Ereignisse, die zu kleinen Auslenkungen bei den elastisch geregelten Drehmomentenfreiheitsgraden führen, welche in **Bild 6.21** erkennbar sind.

Die mittleren Beträge von Armkraft und virtueller Winkelgeschwindigkeit sind abschnittsweise etwas unterschiedlich. Dies ergibt sich aufgrund des wechselnden Kurbelradius bei einheitlichem Betrag für die Bahngeschwindigkeit der Kurbel.

Bei Ergänzung eines Integralverhaltens im Kurbel-Dreibein-Regler (**Bild 6.20**) wird der Mittelwert der Kurbelarmkraft Null und der Momenten-Meßbereich des Kraftsensors besser ausnutzbar, so daß höhere Kurbeldrehzahlen möglich sind. Jedoch schwingt die Armkraft dann ständig; dies führt zu einem transversal langsam wackelnden, etwas unschönen Kurbeldrehen. Interessanterweise kann der Roboter bei dieser Regelungsstruktur dann — einmal in Schwung gesetzt — auch auf Dauer eine Kurbel drehen, die gar nicht vorhanden ist.

6.6 Erste Eindrücke bei Entgratversuchen

Wie erste Versuche zum kraftgeregelten Entgraten gezeigt haben, treten bei einer solchen Anwendung den Einsatz einer Kraftregelung erschwerende Umstände hinzu. Folgende Aufzählung gibt ein paar Beispiele:

1. Eine große Fräsermasse (**Bild 6.23**) führt bei den sonst verwendeten Standardeinstellungen schon vor dem Umgebungskontakt aufgrund von inneren Trägheitskräften zu Instabilitäten im Kraftregelkreis.
2. Es werden nur sehr kleine Sollkräfte im Bereich der Schnittkraft benötigt. Hier liegt man bei der H-K-Regelung bereits auf der Grenzkennlinie des Heranfahrreglers.
3. Der Schlauch des Druckluftfräsers erzeugt stellungsabhängig kleine „innere“ Störkräfte und -momente auf den Sensor.
4. Fräser-Vibrationen auf der Istkraft beeinträchtigen die Funktion des Kennlinienfelds bei der H-K-Regelung. Die Heranfahrgeschwindigkeit entsteht dann unerwünschterweise aufgrund einer nichtlinearen Mittelung.

Bild 6.23: Roboterhand mit Kraftsensor, Druckluftfräser und Kunststoffspänen

7 Kraftregelung mit Vorsteuerung

7.1 Erwartungen, Vorarbeiten und Versuche

Bei einer der Gelenk-Lageregelungs-Kaskade überlagerten kartesischen Kraftregelung erwartet man, daß sich das Kraftregelverhalten verbessert, wenn die Regelkreise der unterlagerten Kaskade zusätzlich mit Vorsteuerung betrieben werden, weil die unterlagerte Lageregelung dann schneller arbeitet. Bei der Lageregelungs-Kaskade sind Drehzahl-Vorsteuerung und Drehzahl-Drehmoment-Vorsteuerung zu unterscheiden.

Beide Vorsteuerungsarten lagen als Implementierung vor [82], wobei die Vorgabe des mit dem inversen Modell bestimmten Drehmoments wegen des nicht vorhandenen Drehmomentenregelkreises in Form eines entsprechenden Stroms erfolgt.

Die Aktivierung der Vorsteuerungsmodi bei der Kraftregelung führte jedoch stets zu einem vollständigen Versagen der ohne Vorsteuerung beachtlich gut arbeitenden Kraftregelung. Diese Beobachtungen machten genauere Untersuchungen über die Kraftregelstrecke erforderlich, die in den folgenden Abschnitten dokumentiert sind. Dort finden sich daher auch Meßergebnisse über Systemlaufzeiten, Ersatzzeitkonstanten und Einfluß der Gelenkelastizitäten auf das nur gesteuerte kartesische Lageverhalten des Roboters, die auch zur Beurteilung der Kraftregelung ohne Vorsteuerung von Interesse sind.

7.2 Regelungsstrukturen bei der Vorsteuerung

In **Bild 7.1** ist ein Regelkreis mit Vorsteuerung dargestellt [33, 82]. Diese Struktur wird im weiteren zum einen für einen Drehzahlregelkreis und zum zweiten für einen Lageregelkreis betrachtet. Die Regelstrecke ist als Reihenschaltung zweier Teilstrecken G_S und G_1 angenommen, wobei G_S einen nichtinvertierbaren Teil (Stellglied oder unterlagerter Regelkreis) und G_1 einen invertierbaren Teil darstellen. G_m ist ein Meßglied, das im Drehzahlregelkreis die Verzögerung des Differenzierfilters repräsentiert, welches das Drehzahlsignal aus den inkrementellen Lagewerten erzeugt. Im Lageregelkreis ist in diesem Fall $G_m = 1$ (**Bild 7.2**, **Bild 7.3**).

Durch die Wahl ① und ② gemäß **Bild 7.1** für das Vorsteuerglied F_1 und das Führungsgrößenfilter B_1 läßt sich die Übertragungsfunktion des geschlossenen

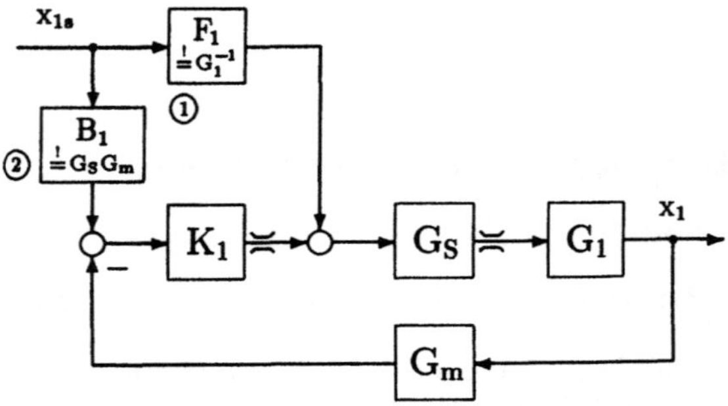

Bild 7.1: Vorsteuerung einer einschleifigen Regelung

Kreises stark vereinfachen; die gesamte Dynamik reduziert sich auf G_S:

$$\frac{x_1}{x_{1s}} = \frac{(F_1 + B_1 K_1)\, G_S G_1}{1 + K_1\, G_S\, G_1\, G_m} \tag{7.1}$$

$$\overset{①}{\Rightarrow} \frac{(1 + B_1 K_1 G_1)\, G_S}{1 + K_1\, G_S\, G_1\, G_m} = f(K_1) \tag{7.2}$$

$$\overset{①,②}{\Rightarrow} \frac{(1 + G_S\, G_m\, K_1\, G_1)\, G_S}{1 + K_1\, G_S\, G_1\, G_m} = G_S \tag{7.3}$$

Stellt G_S einen unterlagerten Regelkreis dar, wird der überlagerte Kreis somit anders als im Fall ohne Vorsteuerung nicht langsamer, sondern gleich schnell.

Natürlich kann auch der unterlagerte Kreis G_S selbst noch vorgesteuert sein, so daß das **Bild 7.1** quasi im Bild ein zweites Mal auftaucht. Stattdessen kann dann auch die geringfügig andere Struktur nach **Bild 7.2** verwendet werden, die im

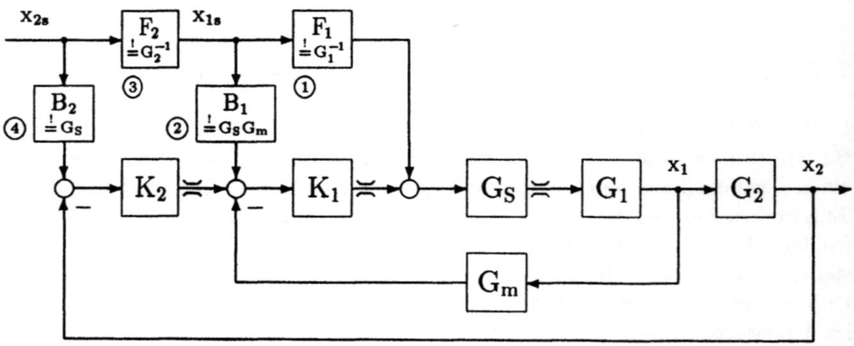

Bild 7.2: Vorsteuerung einer zweischleifigen Kaskadenregelung

Falle der Anpassung das gleiche Führungsverhalten wie die Bild-im-Bild-Variante aufweist. Der Vorteil dieser Variante ist, daß das Störverhalten des äußeren Kreises unabhängig von der Dynamik der Vorsteuer-Übertragungsglieder F_1 und B_1 bleibt, auch wenn es dadurch nicht so schnell wie theoretisch möglich wird. Mit der Abkürzung G_{x_1} für die Übertragungsfunktion des unterlagerten Kreises ohne seine Vorsteuerung erhält man für das gesamte Führungsverhalten mit der Wahl ① bis ④ wiederum G_S.

$$G_{x_1} = \frac{K_1\, G_S\, G_1}{1 + K_1\, G_S\, G_1\, G_m} \tag{7.4}$$

$$\frac{x_2}{x_{2s}} = \frac{(F_2 \cdot \frac{x_1}{x_{1s}} + B_2\, K_2\, G_{x_1})\, G_2}{1 + K_2\, G_{x_1}\, G_2} \tag{7.5}$$

$$\overset{③}{\Rightarrow} \frac{\frac{x_1}{x_{1s}} + B_2\, K_2\, G_{x_1} G_2}{1 + K_2\, G_{x_1} G_2} \tag{7.6}$$

$$\overset{①...④}{\Rightarrow} \frac{(1 + K_2\, G_{x_1} G_2)\, G_S}{1 + K_2\, G_{x_1} G_2} = G_S \tag{7.7}$$

Bei der vorliegenden Lageregelung des Roboters gemäß **Bild 7.2** repräsentiert G_S die Verzögerung des Stromregelkreises von 1 ms und G_m die Verzögerungszeit des Differenzierfilters von 3 ms. Beim Regelungstakt von 2 ms ist daher das Glied B_2 vernachlässigbar. Dagegen führt ein „Kurzschließen" des mit 4 ms anzusetzenden Verzögerungsglieds B_1 zu deutlich vergrößerten Abweichungen der Achswinkelverläufe, wie die Messungen von Seeger demonstrieren [82], so daß dieses Filter bereits nicht mehr vernachlässigbar ist: Der Regler greift sonst zu früh und dadurch „zu stark" ein, so daß man mit der Stellgrößensumme über die Erfordernisse hinausschießt.

Da bei den vorstehenden Vereinfachungen der Übertragungsfunktionen nicht erkennbar ist, wie sich eine Fehlanpassung im Führungsgrößenfilter oder ein Verzicht auf diese Filterung auf die Dynamik auswirkt, wird im folgenden Abschnitt der einfachste Fall der Vorsteuerung genauer betrachtet.

7.3 Lageregelung mit Drehzahlvorsteuerung

Für eine Lageregelung mit Drehzahlvorsteuerung entsteht aus **Bild 7.1** unter Hinzufügung eines wählbaren Aufschaltfaktors k das **Bild 7.3**. Darin[1)] stellt F_D die Übertragungsfunktion des geschlossenen Drehzahlregelkreises dar. Im folgenden wird F_D in Zähler- und Nennerpolynom zerlegt eingesetzt, und es wird jeweils der Fall ⓔ einer Ersatzzeitkonstanten T_{eD} gesondert angegeben.

1)Nichtnormiertes Blockschaltbild: Die Lageregler-Verstärkung V_L hat hier die Dimension einer Frequenz, ihr Kehrwert ist eine Zeitkonstante.

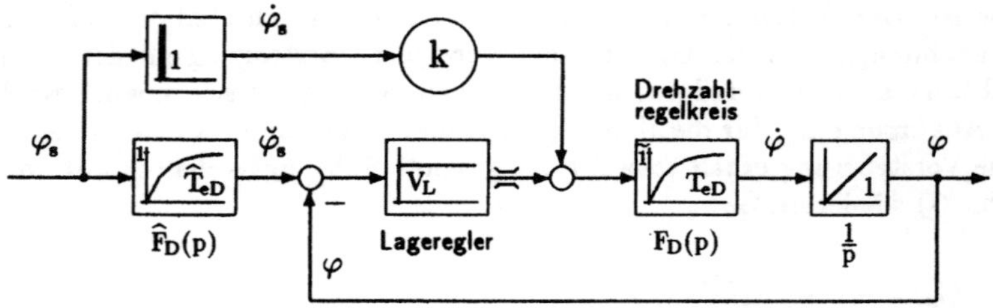

Bild 7.3: Lageregelung mit Drehzahlvorsteuerung und Führungsgrößenfilter

Die stationäre Verstärkung von F_D beträgt theoretisch Eins und könnte als solche gleich fest berücksichtigt werden. Sie weicht jedoch in der Praxis im Falle eines analogen Drehzahlregelkreises aufgrund von Abgleichfehlern am Tacho oder der Tacho-Nachbildung deutlich von Eins ab, wobei Faktoren zwischen 0.95 und 1.05 auftreten [82], so daß man die Verstärkung extra berücksichtigen muß. In Anlehnung an den theoretischen Fall wird diese Verstärkung hier mit $\tilde{1}$ bezeichnet.

$$F_D(p) = \frac{Z_D}{N_D} \tag{7.8}$$

$$Z_D = \tilde{1} + b_1 p + \ldots + b_m p^m \quad , \qquad \text{d.h. } b_0 \equiv \tilde{1} \approx 1 \tag{7.9}$$

$$= \tilde{1} \cdot (1 + b_1' p + \ldots + b_m' p^m) \qquad \text{hier } b_0 \text{ ausgeklammert} \tag{7.10}$$

$$\overset{\text{(e)}}{\Rightarrow} \tilde{1} \quad , \qquad m = 0 \tag{7.11}$$

$$N_D = 1 + a_1 p + \ldots + a_n p^n \quad , \qquad a_0 = 1 \ \text{(frei festlegbar)} \tag{7.12}$$

$$= 1 + a_1' p + \ldots + a_n' p^n \qquad \text{hier } a_0 \text{ ausgeklammert} \tag{7.13}$$

$$\overset{\text{(e)}}{\Rightarrow} T_{eD}\, p + 1 \quad , \qquad n = 1 \tag{7.14}$$

Hiermit werden nun vier Fälle **I.** bis **IV.** betrachtet:

Fall I: Einfacher Lageregelkreis (ohne Vorsteuerung und Führungsgrößenfilter)

$$\frac{\varphi}{\check{\varphi}_s} = \frac{\frac{V_L}{p}\frac{Z_D}{N_D}}{1 + \frac{V_L}{p}\frac{Z_D}{N_D}} = \frac{Z_D}{\frac{1}{V_L} p\, N_D + Z_D} \tag{7.15}$$

$$= \frac{b_m p^m + \ldots + b_1 p + \tilde{1}}{\frac{1}{V_L} a_n p^{n+1} + \ldots + \left(\frac{1}{V_L} + b_1\right) p + \tilde{1}} \tag{7.16}$$

$$\overset{\text{(e)}}{\Rightarrow} \frac{\tilde{1}}{\frac{1}{V_L} T_{eD}\, p^2 + \frac{1}{V_L} p + \tilde{1}} \tag{7.17}$$

Die sich ergebende Ersatzzeitkonstante $\check{T}_{eL}$ ist

$$\check{T}_{eL} = \frac{1}{V_L \cdot \tilde{1}} = 4\, D_L^2\, T_{eD} \tag{7.18}$$

Für die Übertragungsfunktion einer Lageregelung mit Drehzahlvorsteuerung, aber ohne Führungsgrößenfilter, ergibt sich nun:

Fall II: Gesamtbild für $\widehat{\mathrm{F}}_\mathrm{D}(\mathrm{p}) \equiv 1$

$$\left.\frac{\varphi}{\varphi_s}\right|_1 = \left(\frac{\mathrm{k}}{\mathrm{V_L}}\mathrm{p}+1\right)\frac{\varphi}{\check{\varphi}_s} = \frac{\frac{\mathrm{k}}{\mathrm{V_L}}\mathrm{p}\,\mathrm{Z_D}+\mathrm{Z_D}}{\frac{1}{\mathrm{V_L}}\mathrm{p}\,\mathrm{N_D}+\mathrm{Z_D}} \tag{7.19}$$

$$= \frac{\frac{\mathrm{k}}{\mathrm{V_L}}\mathrm{b_m}\mathrm{p}^{\mathrm{m}+1}+\ldots+\left(\frac{\mathrm{k}\cdot\tilde{1}}{\mathrm{V_L}}+\mathrm{b_1}\right)\mathrm{p}+\tilde{1}}{\frac{1}{\mathrm{V_L}}\mathrm{a_n}\mathrm{p}^{\mathrm{n}+1}+\ldots+\left(\frac{1}{\mathrm{V_L}}+\mathrm{b_1}\right)\mathrm{p}+\tilde{1}} \tag{7.20}$$

$$\overset{\copyright}{\Rightarrow} \frac{\frac{\mathrm{k}\cdot\tilde{1}}{\mathrm{V_L}}\mathrm{p}+\tilde{1}}{\frac{1}{\mathrm{V_L}}\mathrm{T_{eD}}\,\mathrm{p}^2+\frac{1}{\mathrm{V_L}}\mathrm{p}+\tilde{1}} \tag{7.21}$$

Hier gilt für die Ersatzzeitkonstante des Kreises

$$\mathrm{T_{eL}}|_1 = \left(1-\mathrm{k}\cdot\tilde{1}\right)\frac{1}{\mathrm{V_L}\cdot\tilde{1}} = \left(1-\mathrm{k}\cdot\tilde{1}\right)\cdot\check{\mathrm{T}}_\mathrm{eL} =: \alpha_\mathrm{V}\cdot\check{\mathrm{T}}_\mathrm{eL} \tag{7.22}$$

Volle Gewichtung des Vorsteuersignals bei gleichzeitiger Kompensation des Verstärkungsfehlers bedeutet gerade die Wahl

$$\mathrm{k}\cdot\tilde{1} \overset{!}{\doteq} 1 \quad\Longleftrightarrow\quad \alpha_\mathrm{V} \overset{!}{\doteq} 0 \tag{7.23}$$

und damit

$$\mathrm{T_{eL}}|_{1,\mathrm{min}} = 0 \tag{7.24}$$

Hiermit sind gleichzeitig ein Vorteil und ein Nachteil verknüpft:

- Anstiegsfehler Null → Isoliert gesehen vorteilhaft,
- Regelfläche Null → Ungünstiges Einschwingen bei Sollwertsprüngen.

Bei freien Trajektorien im Raum und ruckbegrenzter Sollbahnvorgabe kommt der Nachteil nicht zum Tragen, so daß man ganz auf Anstiegsfehler Null optimieren kann (kein Schleppfehler bei konstanten Geschwindigkeiten). Im Falle einer überlagerten Kraftregelung, die aufgrund sich sprungförmig ändernder Kraftregelabweichungen (Aufprall, Erschütterungen) eine hohe Stellgrößendynamik erfordert, entstehen aber gerade (kleine) Lage-Sollwertsprünge, so daß eine auf (7.24) führende Parametrierung vollkommen ungeeignet ist.

Als nächstes wird das Führungsgrößenfilter hinzugenommen:

$$\widehat{\mathrm{F}}_\mathrm{D}(\mathrm{p}) = \frac{\widehat{\mathrm{Z}}_\mathrm{D}}{\widehat{\mathrm{N}}_\mathrm{D}} \tag{7.25}$$

$$\widehat{Z}_D = \widehat{V}\cdot\left(1 + \hat{b}'_1 p + \ldots + \hat{b}'_{\hat{m}} p^{\hat{m}}\right) \tag{7.26}$$

$$\overset{\textcircled{e}}{\Rightarrow} \widehat{V}\cdot\left(\widehat{T}_v p + 1\right) \quad , \quad \hat{m} = 1 \tag{7.27}$$

$$\widehat{N}_D = 1 + \hat{a}'_1 p + \ldots + \hat{a}'_{\hat{n}} p^{\hat{n}} \tag{7.28}$$

$$\overset{\textcircled{e}}{\Rightarrow} \widehat{T}_{eD}\, p + 1 \quad , \quad \hat{n} = 1 \tag{7.29}$$

Fall III: Gesamtbild allgemein

$$\frac{\varphi}{\varphi_s} = \left(\frac{k}{V_L}p + \frac{\widehat{Z}_D}{\widehat{N}_D}\right)\frac{\varphi}{\breve{\varphi}_s} = \frac{\frac{k}{V_L}p\, Z_D + \frac{\widehat{Z}_D}{\widehat{N}_D} Z_D}{\frac{1}{V_L}p\, N_D + Z_D} = \frac{k\cdot Z_D}{\widehat{N}_D}\cdot\frac{\frac{1}{V_L}p\,\widehat{N}_D + \frac{1}{k}\widehat{Z}_D}{\frac{1}{V_L}p\, N_D + Z_D} \tag{7.30}$$

$$= \frac{\frac{k}{V_L} b_m \hat{a}'_{\hat{n}} p^{m+\hat{n}+1} + \ldots + \left(\widehat{V}\cdot b_1 + \frac{k\cdot\widetilde{I}}{V_L} + \widehat{V}\cdot\hat{b}'_1\cdot\widetilde{I}\right)p + \widehat{V}\cdot\widetilde{I}}{\frac{1}{V_L}\hat{a}'_{\hat{n}} a_n p^{\hat{n}+n+1} + \ldots + \left(\hat{a}'_1\cdot\widetilde{I} + \frac{1}{V_L} + b_1\right)p + \widetilde{I}} \tag{7.31}$$

$$\overset{\textcircled{e}}{\Rightarrow} \frac{k\cdot\widetilde{I}}{\widehat{T}_{eD}\, p + 1}\cdot\frac{\frac{1}{V_L}\widehat{T}_{eD}\, p^2 + \left(\frac{1}{V_L} + \frac{\widehat{V}}{k}\widehat{T}_v\right)p + \frac{\widehat{V}}{k}}{\frac{1}{V_L}T_{eD}\, p^2 + \frac{1}{V_L}p + \widetilde{I}} \tag{7.32}$$

Nach (7.31) hat diese Übertragungsfunktion die Verstärkung $\widehat{V}$. Die Ersatzzeitkonstante ist direkt vom Führungsgrößenfilter abhängig. Somit kann über die Wahl des Filters die Regelfläche angepaßt werden.

$$T_{eL} = \left(1 - \frac{k\cdot\widetilde{I}}{\widehat{V}}\right)\frac{1}{V_L\cdot\widetilde{I}} + \hat{a}'_1 - \hat{b}'_1 = \left(1 - \frac{k\cdot\widetilde{I}}{\widehat{V}}\right)\cdot\check{T}_{eL} + \widehat{T}_{eD} \tag{7.33}$$

Bei Anpassung des Filters durch Wahl von $\widehat{Z}_D \equiv k\cdot Z_D$ und $\widehat{N}_D \equiv N_D$ ergeben sich starke Vereinfachungen. Aufgrund (7.8) ff und (7.25) ff gilt dann auch

$$\widehat{F}_D = k\cdot F_D \tag{7.34}$$

$$k\cdot\widetilde{I} = \widehat{V} \tag{7.35}$$

Fall IV: Gesamtbild bei Wahl von $\widehat{F}_D(p) \equiv k\cdot F_D(p)$

$$\left.\frac{\varphi}{\varphi_s}\right|_{k\cdot F_D} = \frac{k\cdot Z_D}{N_D} = k\cdot F_D(p) \tag{7.36}$$

$$\overset{\textcircled{e}}{\Rightarrow} \frac{k\cdot\widetilde{I}}{T_{eD}\, p + 1} = \frac{\widehat{V}}{T_{eD}\, p + 1} \overset{(7.23)}{\Rightarrow} \frac{1}{T_{eD}\, p + 1} \tag{7.37}$$

Bis auf die Verstärkung ergibt sich also genau die gleiche Dynamik wie im Drehzahlregelkreis. Der Lageregler wird theoretisch gar nicht mehr aktiv, weil sich die Regelabweichung schon von vornherein dauerhaft zu Null ergibt. Im praktischen

Fall wird die Differenz aus „erwarteter Istlage" $\check{\varphi}_s$ und „wirklicher Istlage" φ zu Null ausgeregelt [91]. Sinnvoll ist dieser Fall jedoch nur unter der Bedingung (7.23) voller Gewichtung des Vorsteuersignals, da die Verstärkung $\hat{V}$ des Kreises sonst nicht Eins beträgt.

Die Ersatzzeitkonstante und damit der Anstiegsfehler sind gegenüber dem einfachen Lageregelkreis (siehe (7.18)) wie folgt reduziert:

$$T_{eL}\Big|_{k \cdot F_D} = T_{eD} = \frac{1}{4\,D_L^2} \cdot \check{T}_{eL} \tag{7.38}$$

Diese Zeitkonstante läßt sich gemäß (7.22) auch im Fall II einstellen,

$$\alpha_V \overset{!}{=} \frac{1}{4\,D_L^2} \iff k \cdot \tilde{1} \overset{!}{=} 1 - \frac{1}{4\,D_L^2} \tag{7.39}$$

also beispielsweise $k \approx 0.75$. Das System hat dort jedoch nicht bloß die Ordnung von $F_D(p)$.

Für Aufschaltfaktoren k mit $k \cdot \tilde{1} < 1$ ist anstelle des dann unsinnigen Falls **IV** auch ein Kompromiß zwischen Fall **I** und Fall **IV** möglich, so daß die stationäre Verstärkung stets Eins beträgt:

Fall V: Wie **III** bei Auslegung als gewichtetes Mittel von **I** und **IV** mit $\hat{V} = 1$

$$\hat{F}_D = k \cdot F_D + \left(1 - k \cdot \tilde{1}\right) \tag{7.40}$$

$$\hat{Z}_D = k \cdot Z_D + \left(1 - k \cdot \tilde{1}\right) \cdot N_D \tag{7.41}$$

$$\overset{\text{ⓔ}}{\Rightarrow} k \cdot \tilde{1} + \left(1 - k \cdot \tilde{1}\right)\left(T_{eD}\,p + 1\right) = \left(1 - k \cdot \tilde{1}\right) \cdot T_{eD}\,p \; + \; 1 \tag{7.42}$$

$$\hat{N}_D = N_D \tag{7.43}$$

$$\overset{\text{ⓔ}}{\Rightarrow} T_{eD}\,p + 1 \tag{7.44}$$

Im Beispiel ⓔ ergibt sich für das Filter also ein PT_1D_1-Glied; seine Ersatzzeitkonstante beträgt

$$T_{eL}\Big|_{k \cdot F_D + (1 - k \cdot \tilde{1})} = T_{eD} + \left(1 - k \cdot \tilde{1}\right)\left(\check{T}_{eL} - T_{eD}\right) \tag{7.45}$$

$$= \left[1 + \left(1 - k \cdot \tilde{1}\right)\left(4\,D_L^2 - 1\right)\right] \cdot T_{eD} \tag{7.46}$$

Diese Möglichkeit wurde jedoch nicht implementiert.

7.4 Implementierung des Führungsgrößenfilters

Das Führungsgrößenfilter $\hat{F}_D$ wird als diskretes Filter implementiert, das die feste Verstärkung Eins und variable Zeitkonstanten besitzt. Damit die Zeitkonstanten-Anpassung durch Versuche abgestützt werden kann, müssen die entsprechenden Parameter on-line änderbar sein, was bei einem diskreten Filter zu Problemen führen kann.

7.4.1 On-line-Parameteränderungen bei diskreten Filtern

Werden bei einem diskreten Filter im Betrieb Koeffizienten verändert, so hat dies in der Regel, ähnlich wie eine äußere Anregung, innere Einschwingvorgänge zur Folge und damit Auswirkungen auf die Ausgangsgröße. Dies gilt überwiegend auch dann, wenn ausgehend von einem eingeschwungenen Zustand der Koeffizientensatz so verstellt wird, daß sich nur die dem kontinuierlichen Fall entsprechenden Filterzeitkonstanten ändern, was kontinuierlich betrachtet auf die Ausgangsgröße nicht durchschlagen dürfte.

Dieses Verhalten ist bei Simulations- und Echtzeitsystemen normalerweise irrelevant, weil die Filterparameter nur in einem Anfangs- oder Ruhezustand des Systems verändert werden, von dem aus der Filteralgorithmus dann erst gestartet wird. Für die höheren Ebenen einer Robotersteuerung (Bahnfahren, kartesische Regelung) mit ihren Algorithmen ist dieser Ruhezustand die Konstantregelung der Achslagen. Das Führungsgrößenfilter bei der Drehzahlvorsteuerung (**Bild 7.3**) gehört jedoch zu dieser Lageregelung, die beim Systembetrieb den „Grundzustand" darstellt. Daher ist hier die Handhabung komplizierter.

Für das oben unter **IV** im Fall ⓔ resultierende PT_1-Glied gibt es eine im folgenden beschriebene sehr einfache Lösung. Ein PT_1D_1-Filter entsprechend der Variante **V**, Fall ⓔ wird hier der Übersichtlichkeit halber nicht betrachtet.

7.4.2 On-line-Parameteränderungen bei diskreten PT_1-Gliedern

Die zu der kontinuierlichen Übertragungsfunktion

$$F(p) = V\frac{1}{T_1 p + 1} \tag{7.47}$$

gehörige diskrete Übertragungsfunktion eines PT_1-Glieds lautet für den Fall gleichen Zähler- und Nennergrads $(m = n)$, d.h. ohne unnötige Laufzeit

$$F(z) = \frac{r_1 z}{z + c_0} \tag{7.48}$$

Dabei gelten die folgenden Umrechnungen:

$$c_0 = -e^{-\frac{T}{T_1}} \quad , \qquad 0 \le \frac{T_1}{T} \le \infty \quad , \qquad -1 \le c_0 \le 0 \tag{7.49}$$

$$r_1 = V\,(1+c_0) \quad , \qquad\qquad 0 \le r_1 \le V \tag{7.50}$$

Die Übertragungsfunktion F(z) nach (7.48) ist äquivalent zu der Differenzengleichung (7.51), die links in **Bild 7.4** als Blockschaltbild dargestellt ist und die sich auch in die Form (7.52) umschreiben läßt (**Bild 7.5**).

$$x(\nu) = r_1\, y(\nu) - c_0\, x(\nu-1) \qquad \text{Natürliche Form} \tag{7.51}$$

$$= x(\nu-1) + (1+c_0)\big[V\, y(\nu) - x(\nu-1)\big] \tag{7.52}$$

In (7.52) ist ($1+c_0$) als ein „Änderungsfaktor" zu interpretieren. In dieser Form erkennt man unmittelbar, daß das Filter im stationären Zustand, wo der eckige Klammerausdruck Null ist, auf Änderungen der Zeitkonstanten stetig reagiert.

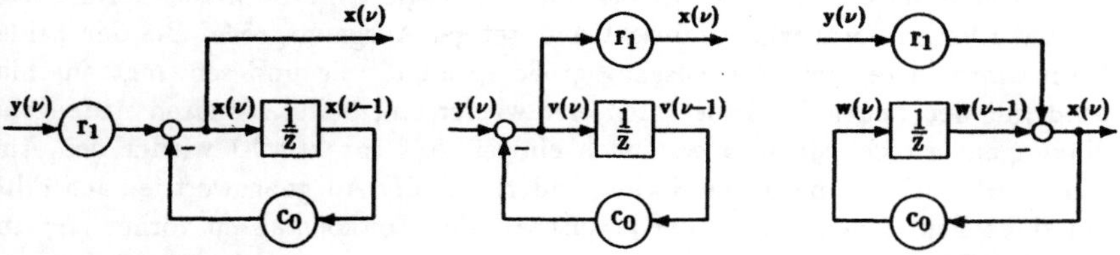

Natürliche Form Gleichung (7.51) | **1. Normalform** Gleichungen (7.53), (7.54) | **2. Normalform** Gleichungen (7.55), (7.56)

Bild 7.4: Implementierungsmöglichkeiten für diskrete PT_1-Glieder mit $m = n$

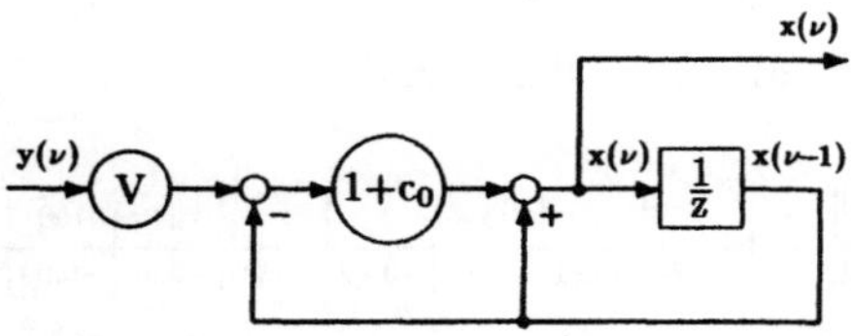

Bild 7.5: Diskretes PT_1-Glied in natürlicher Form mit Änderungsfaktor gemäß Gleichung (7.52)

Häufig werden Filter nach der sogenannten 1. oder 2. Normalform implementiert [34]. Für das PT_1-Glied sind diese Möglichkeiten ebenfalls in **Bild 7.4** zu finden. Die beiden Formen entsprechen jeweils einem Paar von Differenzengleichungen, sie lauten:

$$\left.\begin{aligned} v(\nu) &= y(\nu) - c_0\, v(\nu-1) \quad &(7.53)\\ x(\nu) &= r_1\, v(\nu) \quad &(7.54)\end{aligned}\right\}\ \text{1. Normalform}$$

und

$$\left.\begin{aligned} x(\nu) &= r_1\, y(\nu) - w(\nu-1) \quad &(7.55)\\ w(\nu) &= c_0\, x(\nu) \quad &(7.56)\end{aligned}\right\}\ \text{2. Normalform}$$

Diese Gleichungspaare lassen sich in (7.51) überführen, wenn stets neben (7.54) und (7.56) die zugehörige der folgenden Gleichungen gilt:

$$x(\nu-1) = r_1\, v(\nu-1) \tag{7.57}$$

$$w(\nu-1) = c_0\, x(\nu-1) \tag{7.58}$$

Dies ist jedoch nur bei konstanten Koeffizienten der Fall. Hinsichtlich des Führungsverhaltens sind die drei Filter daher äquivalent, bei einem Koeffizientenaustausch reagieren sie dagegen unterschiedlich.

Auf eine Veränderung der Zeitkonstanten reagiert die Implementierung nach der natürlichen Form wie gewünscht mit stetiger Ausgangsgröße. Bei den beiden Normalformen reagiert die Ausgangsgröße sprungförmig und schwingt anschließend mit den neuen Zeitkonstanten erst wieder ein; bei stationären Anfangsbedingungen erreicht sie also erst nach einiger Zeit (praktisch) wieder den Ausgangswert. Bei einem solchen Sprung ändert sich der Ausgangswert je nach Filter um einen Faktor s_1 bzw. s_2, der jeweils von den Zeitkonstanten vorher (A) und nachher (B) abhängt:

$$s_1 = (1 + c_{0,A} - c_{0,B}) \cdot \frac{1 + c_{0,B}}{1 + c_{0,A}} \tag{7.59}$$

$$= (1 + c_{0,B}) - c_{0,B} \frac{1 + c_{0,B}}{1 + c_{0,A}} \quad , \qquad 0 \leq s_1 \leq \infty \tag{7.60}$$

$$s_2 = 1 - c_{0,A} + c_{0,B} \quad , \qquad 0 \leq s_2 \leq 2 \tag{7.61}$$

$\frac{T_1}{T}$	0	1	2	3	5	10	20	100	∞
c_0	0	−0.37	−0.61	−0.72	−0.82	−0.90	−0.95	−0.99	−1

Tabelle 7.1: Filterkoeffizient c_0 für verschiedene Zeitkonstanten T_1

$\frac{T_1}{T}\big\|_A$	0	0	0	0	0	0	0	0	0	5	5	5	5	5	5	5	5	5	∞
$\frac{T_1}{T}\big\|_B$	0	1	2	3	5	10	20	100	∞	0	1	2	3	5	10	20	100	∞	∞
s_1	1	0.86	0.63	0.49	0.33	0.18	0.10	0.02	0	1	1.91	1.71	1.40	1	0.57	0.30	0.06	0	1

$\frac{T_1}{T}\big\|_A$	20	20	20	20	20	20	20	20	20	100	100	100	100	100	100	100	100	100	∞
$\frac{T_1}{T}\big\|_B$	0	1	2	3	5	10	20	100	∞	0	1	2	3	5	10	20	100	∞	$<\infty$
s_1	1	5.40	5.29	4.45	3.22	1.86	1	0.21	0	1	24.00	24.38	20.70	15.10	8.75	4.71	1	0	∞

Tabelle 7.2: Sprungfaktor s_1 für diverse Zeitkonstanten-Änderungen A→B

Die **Tabelle 7.2** gibt einen Überblick über Werte für den Faktor s_1. Da es sich um einen Sprung*faktor* handelt, wirkt er sich bei einem Anfangswert von Null gar nicht aus, während sich trotz sehr kleinem s_1 bei großem Anfangswert (z.B. Sollwinkel nahe 360°) schon ein erheblicher Sprung ergeben kann. Bis zu diesen Erkenntnissen bedurfte es erst einiger harter Schläge in den Achsgetrieben des Roboters.

Für den Fall, daß nicht die Zeitkonstante, sondern die Verstärkung des Filters im Betrieb verändert werden soll, ist übrigens nicht die natürliche Form, sondern die 1. Normalform die einzige in **Bild 7.4**, die ohne inneren Einschwingvorgang reagiert.

Bei On-Line-Parameteränderungen ist somit die Wahl der günstigsten Filtergrundstruktur für das diskrete Filter die einfachste Möglichkeit, das dem zugehörigen kontinuierlichen Filter entsprechende Verhalten der diskreten Ausgangsgröße sicherzustellen. Anderenfalls müssen zusätzlich Eingriffe bei den Filterzustandsgrößen erfolgen, um die zur Vermeidung eines inneren Einschwingvorgangs notwendigen Stetigkeitsbedingungen zu erfüllen. Im Falle von Zeitkonstanten-Änderungen sind dann für eine stetige Ausgangsgröße gleichzeitig zugehörige neue Filterzustände zu bestimmen und zuzuweisen.

7.5 Messung der kartesischen Lage über den Kraftsensor

Wird ein Roboterarm als Starrachsen-Starrkörper-System betrachtet, ergibt sich die interessierende Lage $\vec{\underline{x}}_G$ des Greifersystems G durch Hintransformation der Achslagen $\underline{q}$ als $\vec{\underline{\Lambda}}_G(\underline{q})$. Bei einem Starrkörpermodell mit elastischen Achsen ist dagegen zwischen den gelenkseitigen und den motorseitigen Lagen $\underline{q}$ bzw. $\underline{\varphi}$ zu unterscheiden. Da bei Robotern aus Kostengründen meistens nur die Motorwinkel gemessen werden, muß man sich mit $\vec{\underline{\Lambda}}_G(\underline{\varphi})$ als Näherung für $\vec{\underline{x}}_G$ begnügen. Hinzu kommt noch, daß die Armteile nur näherungsweise starre Körper sind.

Die Istkraft $\overset{\rightrightarrows}{F}_G$ am Greifer (später nur noch mit $\overset{\rightrightarrows}{F}$ bezeichnet) ist bei gegebenen Umgebungseigenschaften nur noch eine Funktion der unbekannten wirklichen kartesischen Lage $\vec{\underline{x}}_G$. Daher kann ausgehend von einer festen Referenzlage und einer sich darauf abstützenden bekannten Elastizität aus dem mit dem Kraftsensor am Greifer gemessenen Kraftsignal die relative Greiferlage direkt kartesisch gemessen werden. Ist die verwendete Elastizität linear, ist der Kraftverlauf analog zur gesuchten Relativlage.

Für entsprechende eindimensionale Messungen mußte zunächst ein geeignetes elastisches Abbildungsmedium getestet werden. **Bild 7.6** zeigt schematisch den Versuchsaufbau. Dabei werden die für ein theoretisches Stellwegprofil $d\overset{\rightrightarrows}{x}(t)$ ge-

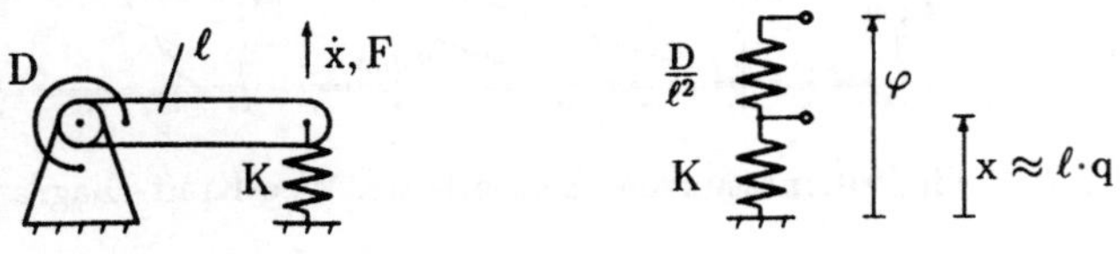

Bild 7.6: Anordnung der Elastizitäten bei Messung $F = f(\varphi)$

nerierten Motorwinkel $\underline{\varphi}(t)$ eingeprägt, die Kraft am Greifer aufgezeichnet und dann über dem Weg aufgetragen. Wirksam ist bei diesem Vorgehen eine Reihenschaltung aus der effektiven Achssteifigkeit des Roboters und der Steifigkeit des Testmediums.

Die Meßergebnisse sind in **Bild 7.7** zusammengefaßt. Man erkennt verschiedene Nichtlinearitäten: Der Gummistapel ergibt eine gekrümmte Kennlinie und zeigt zusammen mit dem Schaumstoffklotz eine starke Hysterese aufgrund der verschobenen Schichten bzw. der aus den Poren entwichenen Luft. Die relativ kleine

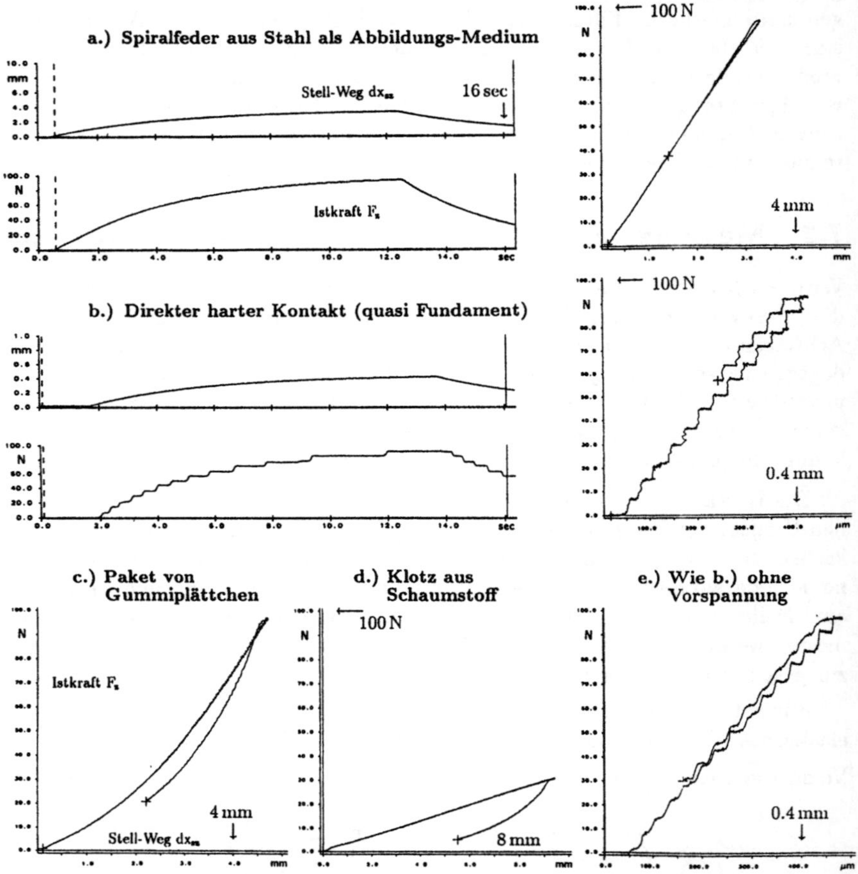

Bild 7.7: Steifigkeitsmessungen: Zeitverläufe, Weg-Kraft-Diagramme

Hysterese bei Einsatz der stählernen Spiralfeder geht dagegen auf den Steifigkeitsanteil des Roboters zurück, welcher bei völligem Verzicht auf ein zusätzliches elastisches Medium für sich sichtbar wird. Die Schriebe hierzu zeigen einen Fall mit und einen Fall ohne Vorspannung des Arms gegenüber dem Fundament. Man erkennt hier durch den anderen Maßstab deutlich die auch in den anderen Diagrammen enthaltene Diskretisierung des Weges durch die Achs-Inkremente. Diese

Stufen haben also nichts mit der Auflösung des Kraftsensorsignals zu tun; jene liegt hier deutlich unterhalb der Linienstärke.

Bei den Messungen ist der Kraftregelkreis aufgeschnitten, es wird nur an der Regelstrecke gemessen. Für den Fall des harten Kontakts, wo die Diskretisierung des Stellweges sichtbar wird, ist eine Wiederholung des Versuchs bei geschlossenem Kraftregelkreis interessant, indem statt des Stellwegprofils ein Sollkraftprofil mit der gleichen Dynamik (siehe **Bild 7.7**) verwendet wird. Dabei ist ein von der Dynamik des Sollkraftverlaufs und von der Kraftregelungsdynamik abhängiger Grad an Linearisierung zu erwarten. **Bild 7.8** zeigt dies für die Kombi-Regelung und die H-K-Regelung. Die H-K-$\mathbf{J}^T$-Regelung existierte zum Zeitpunkt

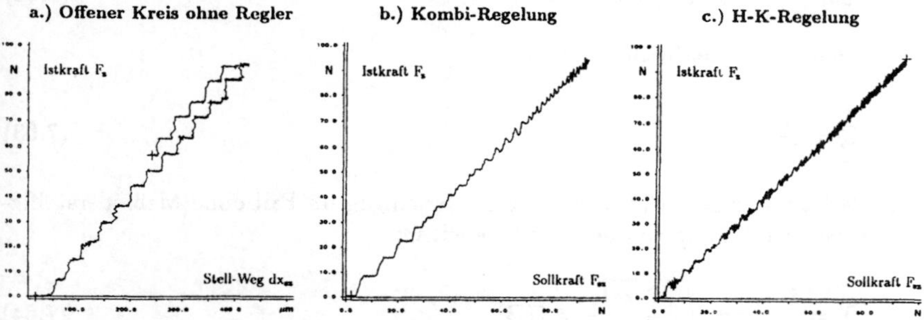

Bild 7.8: Harter Umgebungskontakt: Linearisierungseffekt der Kraftregelung

dieser Versuche noch nicht; leider wurde die entsprechende Messung später nicht nachgeholt. Die H-K-$\mathbf{J}^T$-Regelung müßte nach allen Erfahrungen hier noch einen deutlich besseren Linearisierungseffekt zeigen. Aufgrund der Massenträgheit des Arms sind trotz der Stellweg-Diskretisierung durch Modulation der Stell-Lage im Prinzip beliebige Kraftwerte stationär einstellbar. Die H-K-$\mathbf{J}^T$-Regelung zeigte dabei zusammen mit der Wechsel-Regelung immer das genaueste Verhalten (siehe **Bild 5.15** bzw. **Bild 5.12**).

Im Hinblick auf den nächsten Abschnitt, wo mit der Stahlfeder aus **Bild 7.7** durchgeführte kartesische Wegmessungen dokumentiert sind, ist hier noch zu diskutieren, inwieweit die eingesetzte Feder das Systemverhalten verändert. Beeinflußt werden z.B. der Betrag der Auslenkung und die Eigenfrequenz der beobachteten kartesischen Schwingung. Um das Verhalten bei freiem Greifer zu erfassen, müßte die Feder eine gegenüber den Steifigkeiten des Roboterarms vernachlässigbare Steifigkeit besitzen.

Bei der Kraftregelung interessiert der Fall des freien Greifers jedoch praktisch nicht, so daß von daher eine Begrenzung der Meßfedersteifigkeit nicht zwingend ist. Interessant ist jedoch ihr Einfluß auf die Eigenfrequenz des Systems; hier ist im Gegensatz zu **Bild 7.6** eine Parallelschaltung der Steifigkeiten wirksam, **Bild 7.9**. Der Motorwinkel φ stellt eine Anregungsgröße dar und taucht daher in

Bild 7.9: Anordnung der für q bzw. x dynamisch wirksamen Elastizitäten

der homogenen Differentialgleichung für q (oder x) nicht auf. Sie lautet für den reibungsfreien Fall:

$$\Theta\,\ddot{q} + (D + \ell^2 K)\,q = 0 \tag{7.62}$$

Die zugehörige Eigenfrequenz ist

$$f_o = \frac{1}{2\pi}\sqrt{\frac{D + \ell^2 K}{\Theta}} \tag{7.63}$$

Das Verhältnis dieser Eigenfrequenz zu derjenigen im Fall ohne Meßfedersteifigkeit K ist unabhängig von der Armträgheit Θ:

$$\Upsilon = \frac{f_{o,DK}}{f_{o,D}} = \sqrt{1 + \frac{\ell^2 K}{D}} \neq f(\Theta) \tag{7.64}$$

Hierzu erfolgt abschließend eine zahlenmäßige Betrachtung. Aus **Bild 7.7** und aus den mit Gewichten, Federwaage und Meßuhr durchgeführten kartesischen Steifigkeitsmessungen (**Bild 4.6** und **Bild 4.7**) für die Teststellungen K1 und K23 lassen sich unter Berücksichtigung der wirksamen Armlänge $\ell = 1{,}03\,\text{m}$ folgende Parameter ermitteln:

$$K_{ges} = 28000\,\frac{N}{m} \quad , \qquad D_1 = 189000\,\text{Nm} \quad , \qquad D_{23} = 336000\,\text{Nm}$$

Damit ergeben sich die folgenden Werte:

$$\frac{1}{K} = \frac{1}{K_{ges}} - \frac{\ell^2}{D_{23}} \quad ; \qquad K = 31000\,\frac{N}{m}$$

$$\Upsilon_i = \sqrt{1 + \frac{\ell^2 K}{D_i}} \quad ; \qquad \Upsilon_1 = 1{,}08 \quad , \qquad \Upsilon_{23} = 1{,}05$$

Somit ist die Eigenfrequenz bei den folgenden Messungen noch kaum durch die Feder verändert. Gleichung (7.64) zeigt aber auch, daß im Falle sehr steifen Umgebungskontakts ($K \to \infty$) sehr hohe Frequenzen auftreten können, wie man sie in einer ganzen Reihe von Kraftregelungs-Meßschrieben beobachtet.

7.6 Systemverhalten bei kartesischen Soll-Lage-Sprüngen

Bei den in diesem Abschnitt dokumentierten Meßschrieben geht es in erster Linie um den Vergleich der achswinkel-basierten kartesischen Lage und der tatsächlich gemessenen kartesischen Lage. Die erstere ist die Greiferlage, die bei einem starren Roboter eingenommen würde; sie ist hier ein Maß für die motorseitigen Achslagen. Die kartesische Messung erfolgt wie beschrieben mit Feder und Kraftsensor und ergibt ein dem Weg analoges Kraftsignal.

Für den Vergleich interessieren nur Relativlagen. Daher wird das Kraftsignal zu Versuchsbeginn genullt, so daß die Vorspannung der Meßfeder nicht eingeht. Zur Aufzeichnung des achswinkel-basierten Relativweges wurde die durch Differentiation im 2-ms-Takt aus den Hintransformationsdaten stammende interessierende Geschwindigkeitskomponente ausgegeben und vom Transientenrekorder numerisch integriert dargestellt. Die Differentiation verursacht eine zusätzliche Laufzeit von 2 ms. Die Laufzeit durch die Integration ist vernachlässigbar, da die Aufzeichnung mit 10-facher Abtastrate erfolgt ist, um die Stufenfunktionen im Plot-Modus sauber darzustellen.

Die Achsdrehzahlen sind wegen der analogen Drehzahlregelung direkt als Analogsignale verfügbar. **Bild 7.10** zeigt die Laufzeit zwischen diesen Geschwindig-

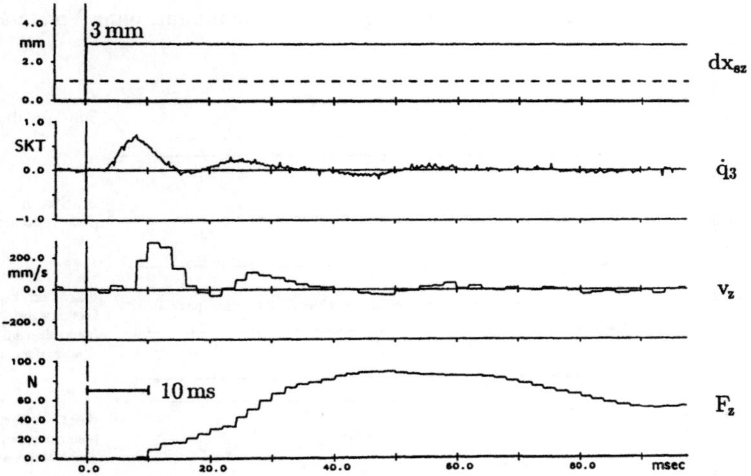

Bild 7.10: Laufzeiten bei Geschwindigkeiten und kartesischer Lage

keiten, die durch den Abarbeitungsverzug etwas mehr als 2 ms beträgt und im Maßstab der folgenden Bilder vernachlässigbar ist.

In **Bild 7.11** bis **Bild 7.14** sind kartesische Lage-Sprung-Versuche mit und ohne Drehzahlvorsteuerung (DV) zu sehen, und zwar jeweils für einen horizon-

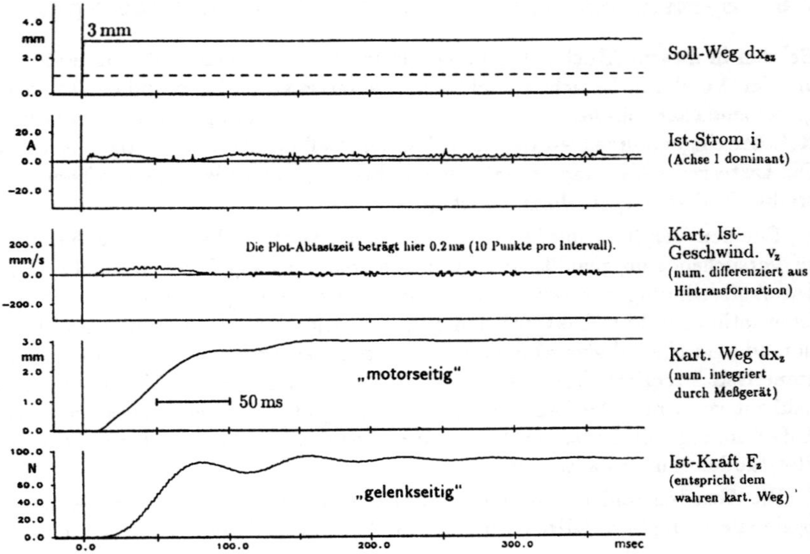

Bild 7.11: Kartesischer Soll-Lagesprung, Achse 1 dominant, ohne Vorsteuerung

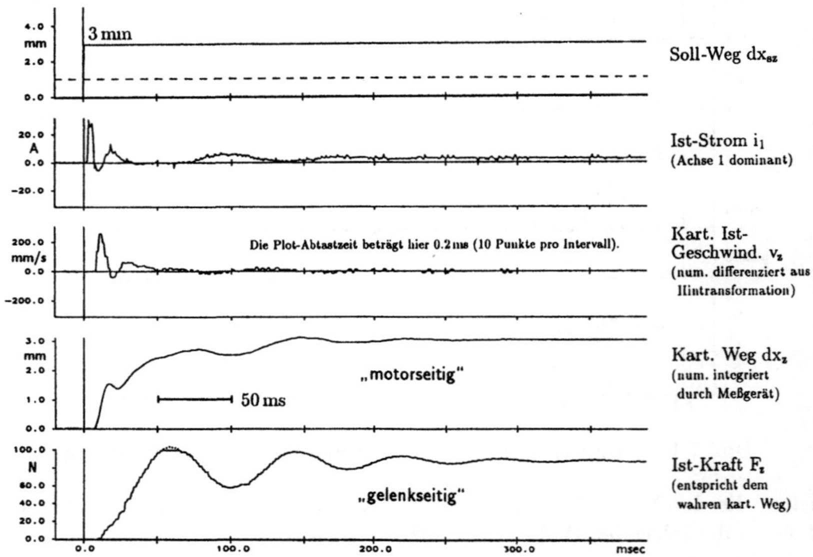

Bild 7.12: Kart. Soll-Lagesprung, Achse 1 dominant, mit Drehzahlvorsteuerung

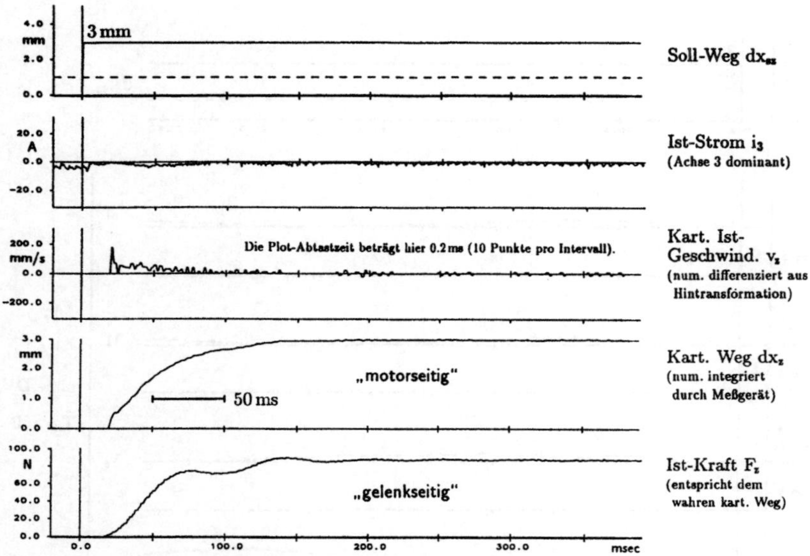

Bild 7.13: Kartesischer Soll-Lagesprung, Achse 3 dominant, ohne Vorsteuerung

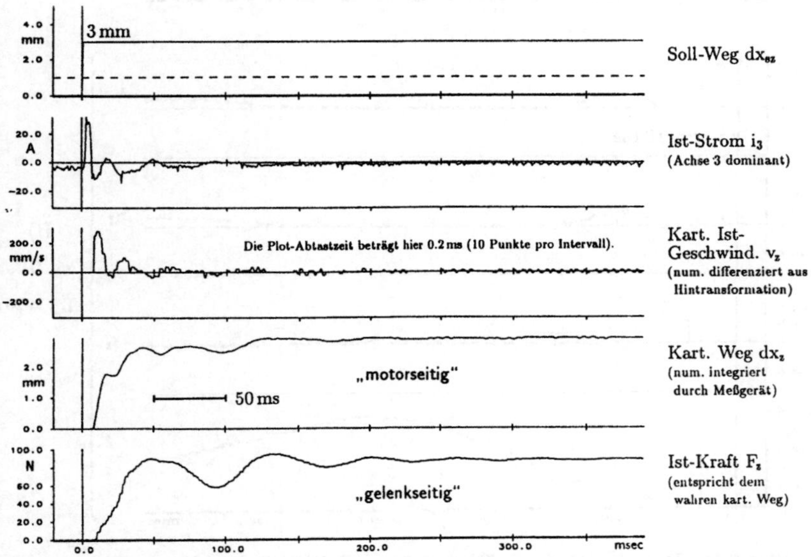

Bild 7.14: Kart. Soll-Lagesprung, Achse 3 dominant, mit Drehzahlvorsteuerung

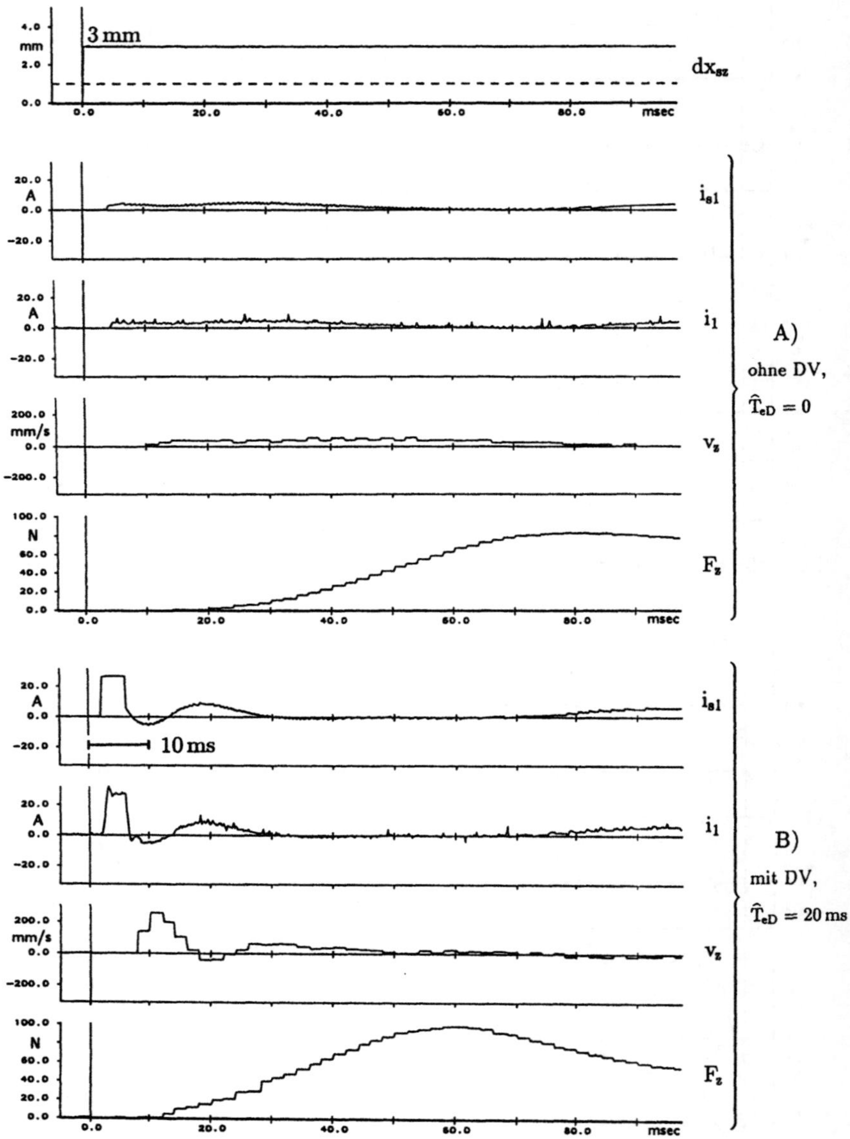

Bild 7.15: Detailverläufe zu **Bild 7.11** und **Bild 7.12** (Achse 1 dominant)

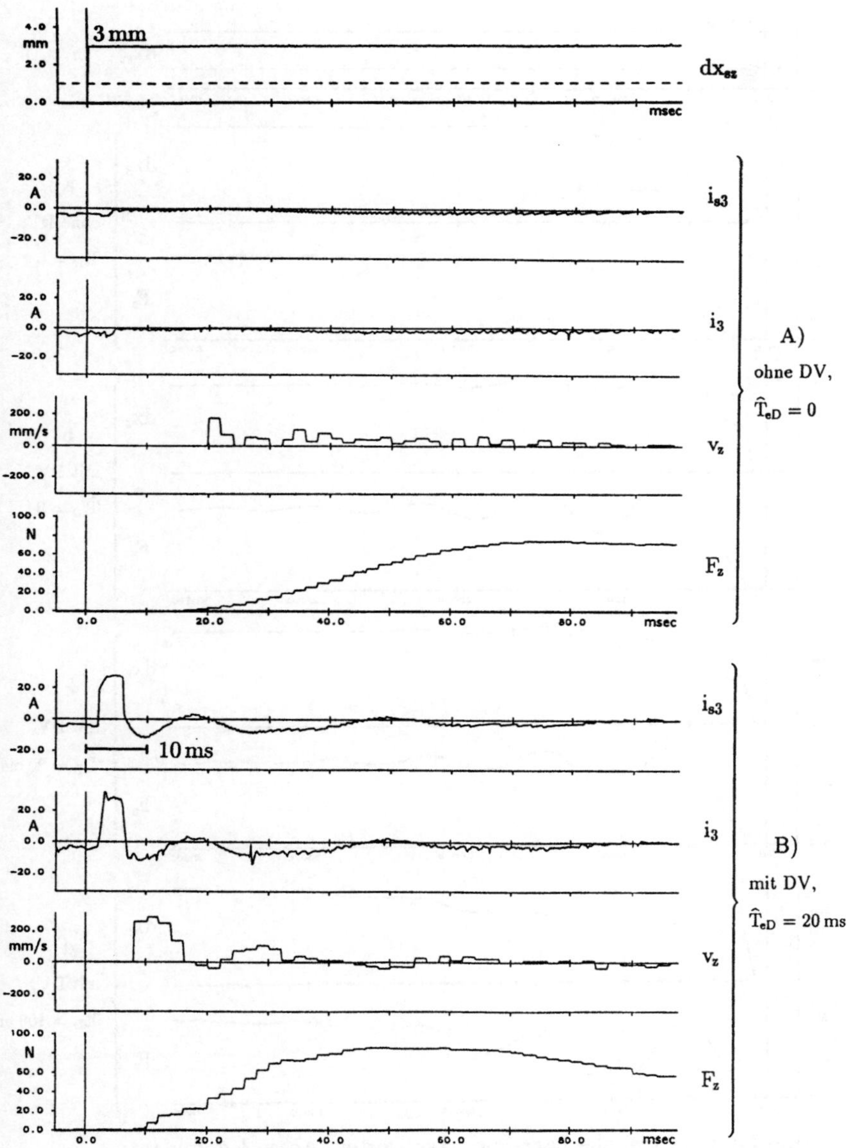

Bild 7.16: Detailverläufe zu **Bild 7.13** und **Bild 7.14** (Achse 3 dominant)

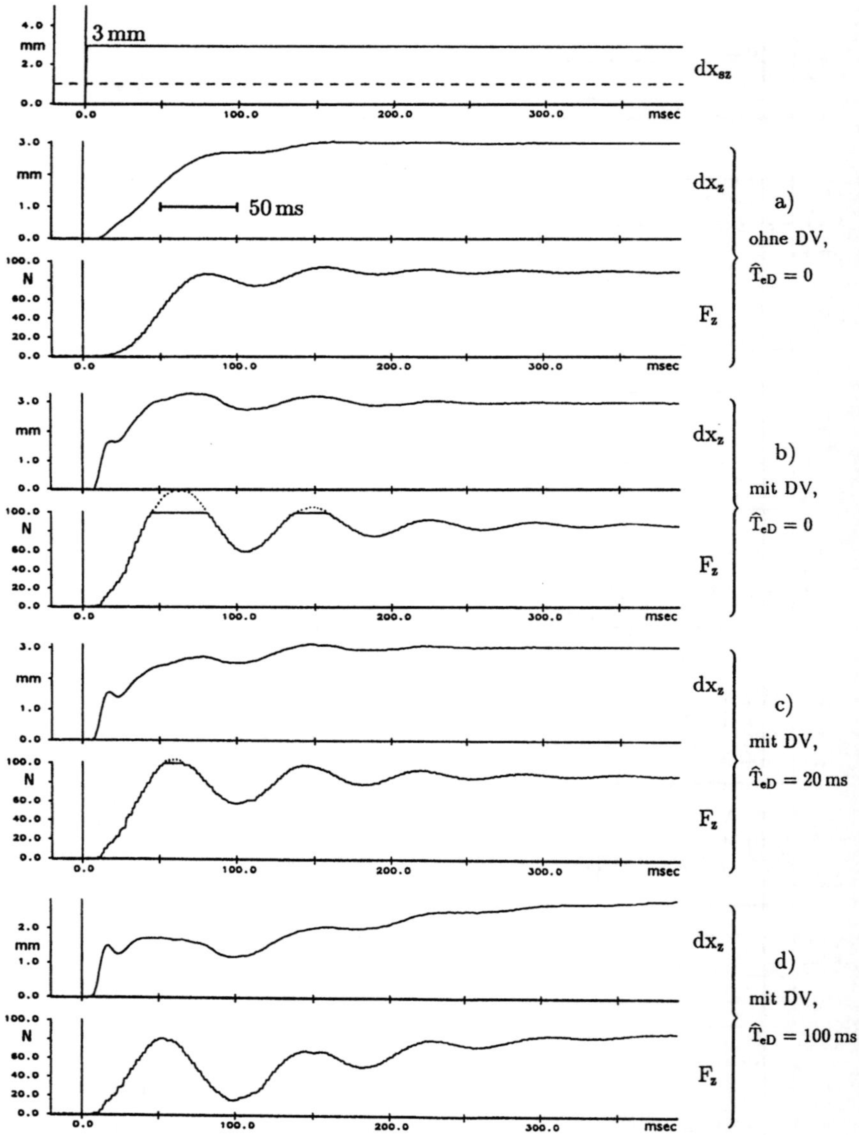

Bild 7.17: Kartesische Lage-Sprungantworten, Achse 1 dominant:
- Achswinkel-basierte und tatsächliche Verläufe
- Einflüsse von Drehzahlvorsteuerung und Führungsgrößenfilter

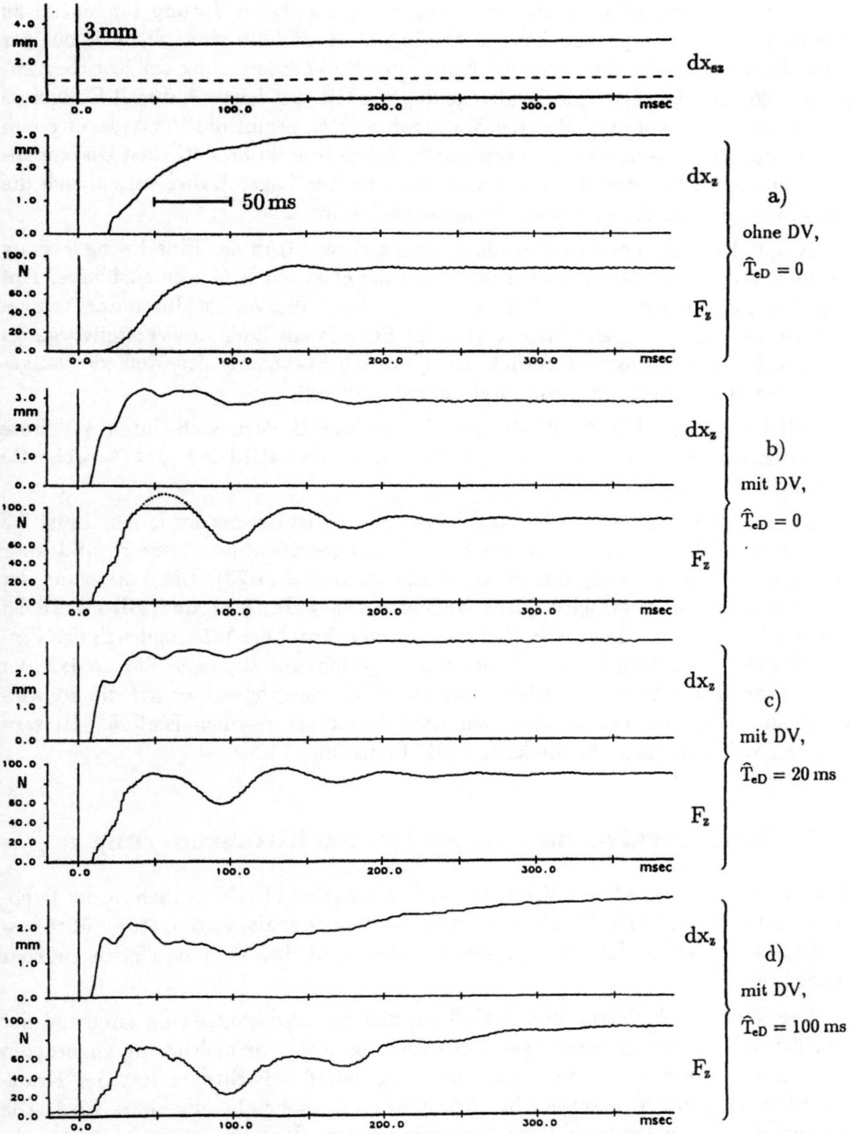

Bild 7.18: Kartesische Lage-Sprungantworten, Achse 3 dominant:

- Achswinkel-basierte und tatsächliche Verläufe
- Einflüsse von Drehzahlvorsteuerung und Führungsgrößenfilter

talen Sprung tangential zu Achse 1 und einen vertikalen Sprung tangential zu Achse 3. Die Vorgabe von kleinen Sprüngen ist deshalb sinnvoll, weil bei der Lage-Sollwertvorgabe durch die Kraftregelung die Voraussetzung der Ruckbegrenzung nicht gegeben ist: Die Kraftregelung muß ja auf harte Aufprall-Ereignisse schnell reagieren können. Bei den Sprungantworten ergibt die Vorsteuerung nun einen deutlichen Geschwindigkeitszuwachs, führt aber zu beachtlichen Diskrepanzen zwischen achswinkel-basierter und tatsächlicher Lage. Dabei wirken sich die Schwingungen auf die geregelten Motorwinkel kaum aus.

Anhand der Stromverläufe erkennt man gut, wie früh der Einschwingvorgang beendet wäre, wenn eine Rückwirkung über die elastischen Achsen ausbliebe. Auf dem Strom zu Achse 3 ist im Gegensatz zu Achse 1 die Vorlast durch das Armgewicht erkennbar. In allen Fällen kehren die Ströme am Ende des Verstellvorgangs nicht auf den Ausgangwert zurück, da die durch Stauchung der Meßfeder aufgebaute Kraft ein bleibendes Achsdrehmoment erzeugt.

Bild 7.15 und **Bild 7.16** zeigen zu den vorigen Bildern noch einmal gedehnte Verläufe, in denen der 2-ms-Takt deutlich wird. Das **Bild 2.1** gibt Ausschnitte aus **Bild 7.15** wieder.

In den Meßschrieben mit Drehzahlvorsteuerung ist bereits der in Abschnitt 7.3 behandelte Fall der Anpassung des PT_1-Führungsgrößenfilters gezeigt, und zwar stets für volle Gewichtung des Vorsteuersignals gemäß (7.23). Die Anpassung der Filterzeitkonstanten erfolgte durch Versuche. In **Bild 7.17** und **Bild 7.18** ist der Einfluß bei Variation dieser Zeitkonstanten erkennbar. Während sich das Einschwingverhalten der achswinkel-basierten Lage sehr gut anpassen läßt, so daß hier das starke Überschwingen entfällt, hat das Führungsgrößenfilter auf die Schwingungsamplitude bei der kartesischen Lage leider kaum einen Einfluß. Hieraus ergeben sich Probleme für die kartesische Regelung.

7.7 Kraftregelverhalten bei Drehzahlvorsteuerung

Bild 7.19 demonstriert das Versagen der Kraftregelung bei Hinzunahme der Drehzahlvorsteuerung (volle Gewichtung des Vorsteuersignals, angepaßtes Führungsgrößenfilter). Ohne das Führungsgrößenfilter wird das Verhalten noch spürbar schlechter.

Die Meßschriebe lassen den Schluß zu, daß der Dynamikgewinn aufgrund der deutlich schnelleren motorseitigen Achsregelung durch die gleichzeitig angeregten starken kartesischen Schwingungen, die aufgrund der Nichtlinearität der Kraftregelstrecke (**Bild 5.3**) schwer beherrschbar sind, mehr als aufgezehrt wird. Die Schwingungsanregung beruht auf den vom Kraftregelgesetz erzeugten *nicht* ruckbegrenzten Stell-Lage-Verläufen, die im Falle ohne Vorsteuerung noch tolerierbar sind.

Versuche mit einer Teil-Gewichtung des Vorsteuer-Signals wurden nicht durch-

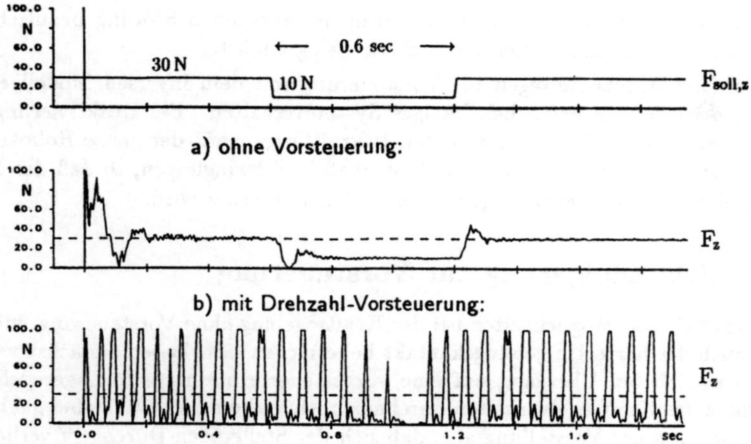

Bild 7.19: H-K-$\mathbf{J}^T$-Kraftregelung ohne und mit Drehzahlvorsteuerung

geführt. Ein gutartiges Systemverhalten wird vermutlich erst bei so kleinem Gewichtungsfaktor liegen, daß sich kaum ein Dynamikgewinn ergibt.

Man kann nun annehmen, die angeregten Schwingungen beruhen auf der bei der Knickarm-Roboterkinematik ausgeprägten dynamischen Verkopplung der parallelen Achsen 2 und 3, so daß die Probleme bei Drehzahl-Drehmoment-Vorsteuerung mit dem inversen Modell, das diese Verkopplungen berücksichtigt, verschwinden. Bei Gültigkeit dieser Annahme müßten die Kraftregelungsversuche bei der horizontalen Variante (Achse 1 dominant) wesentlich besser ablaufen, da hier im Gegensatz zu der vertikalen Versuchsstellung (Achse 3 dominant, Achse 2 schwingt mit) nur Verkopplungen vorliegen, die sich in der betrachteten bzw. kraftgeregelten Tangentialrichtung (hier stets z-Richtung des Greifers) nicht auswirken.

Tatsächlich läßt das Experiment jedoch praktisch keinen Unterschied erkennen, ebenso wie sich bei allen Messungen in Abschnitt 7.6 keine wesentlichen qualitativen Unterschiede zwischen beiden Fällen zeigen.

Bei Aktivierung der Vorsteuerung mit dem inversen Modell wird das Systemverhalten im Kraftregelungsmodus noch „bissiger". Das System schwingt bei noch höheren Frequenzen, so daß die sensorisch erfaßten dynamischen Kräfte aufgrund der Beschleunigungsaufnehmer-Eigenschaften der Einheit „Kraftsensor–Effektormasse" zusätzlich mit eingehen. Die Verhältnisse werden dadurch noch schwerer durchschaubar.

Bei freiem sensorgeführten Bewegen des Robotergreifers, also ohne harten Umgebungskontakt, ist der Modus mit Drehzahlvorsteuerung gerade noch anwendbar. Falls man dabei jedoch die Drehmomentenbegrenzung des Sensors erreicht, so daß Knicke im Sensorsignalverlauf auftreten, wird der Roboterarm in seiner sonst ge-

schmeidigen Bewegung mit einer unangenehm zuckenden Störung beaufschlagt, die oft auch zum Ansprechen der Sicherheitslogik führt.

Sensorgeführtes Bewegen bei Vorsteuerung mit dem inversen Modell ergibt dagegen wieder ein gefährlich bissiges Systemverhalten. Bei Deaktivierung des nur beim Sensor-Führen verwendeten Istkraftfilters gerät der ganze Roboterarm dann sogar frei im Raum wie ein Contrabaß in Schwingungen, so daß der kurze Eingriffszyklus der Regelung (2 ms) unmittelbar spürbar wird.

7.8 Schlußfolgerung zur Vorsteuerung

Die beachtlichen Möglichkeiten bei der Kraftregelung ohne Vorsteuerung, mit der sich auch der harte Umgebungskontakt beherrschen läßt, lassen zunächst vermuten, daß sich bei Übergang auf eine vorgesteuerte unterlagerte Lageregelungs-Kaskade das Kraftregelverhalten durchaus noch verbessern läßt. Dabei geht man u.a. auch von der Vorstellung aus, daß sich der Stellgrößen-Durchgriff verbessert und man dann im Falle der Drehmoment-Vorsteuerung schließlich „Kraft über Kraft“ regeln kann.

Dies bestätigt sich jedoch nicht. Die umfangreichen zusätzlichen Versuche zu einer Kraftregelung mit Vorsteuerung lassen erkennen, daß hier eine Lösung nicht in greifbarer Nähe liegt.

Erstens ist im Unterschied zu einer reinen kartesischen Trajektorien-Vorgabe bei einer Kraftregelung die Voraussetzung der Ruckbegrenzung für die Lagesollwertverläufe nicht gegeben, da die Istkräfte sprungförmig verlaufen. Die Anregung von — bei Robotern schlecht gedämpften — Achsschwingungen wird daher sehr begünstigt.

Da zweitens die Istkraft am Greifer nicht von einer *Stellkraft*, sondern bei gegebener Umgebung (Störgröße) allein von der *(kartesischen)* Greifer-*Lage* abhängt, kommt es einzig auf eine gute *Lage*-Regelung an. Dabei befinden sich aber die Ersatzzeitkonstanten des trägen Arms stets im Regelkreis. Da die kartesische Lage mangels Sensorik nicht geregelt werden kann, muß sie zumindest sauber steuerbar sein.

Daher besitzt die Vermeidung der Anregung von Achsschwingungen einen höheren Stellenwert als die Erhöhung der mittleren Regel- bzw. Steuergeschwindigkeit. Unter diesem Aspekt führt der Einfluß von Vorsteuerung aber offensichtlich zu einer Verschlechterung der Verhältnisse.

Zur aktiven Dämpfung der Achsschwingungen wäre eine separate Messung der abtriebsseitigen Gelenk-Lagen mit entsprechenden Gebern notwendig [58], da sich der Mangel an dieser entscheidenden Lage-Information wegen der undefinierten Umgebungssteifigkeit nicht durch eine Auswertung der Greifer-Istkräfte ausgleichen läßt.

8 "Hybrid Control" — Ein Irrweg?

Es gibt praktisch keine Veröffentlichung zur Roboter-Kraftregelung, in der nicht die Literaturstellen Mason [37] und Raibert/Craig [66] zitiert werden. Die beiden 1981 gleichzeitig erschienenen Aufsätze haben sich daher unbestritten zu „Klassikern" auf ihrem Gebiet entwickelt. Während Mason eine klare Theorie zur Definition von Kraftregelungsaufgaben liefert, liegen in dem diese Theorie unmittelbar widerzuspiegeln scheinenden Ansatz „Hybrid Position/Force Control of Manipulators" [66] Stabilitätsprobleme verborgen. Ch.H. An entdeckte sie, hinterließ dabei aber neue Ungereimtheiten [1]. Zum Abschluß dieser Arbeit soll darauf noch hingewiesen werden, um somit einmal „etwas Staub aus der Perücke zu klopfen". Negativ-Ergebnisse lassen sich ja ansonsten für sich schlecht veröffentlichen. Die in einem internen Bericht [42] genauer beschriebenen Ergebnisse werden hier jedoch nur knapp dargestellt.

Die Struktur der hybriden Positions- und Kraftregelung ist in **Bild 8.1** dargestellt. Sie gehört wie der Ansatz von Salisbury [73] (Abschnitt 4.7.1) und der

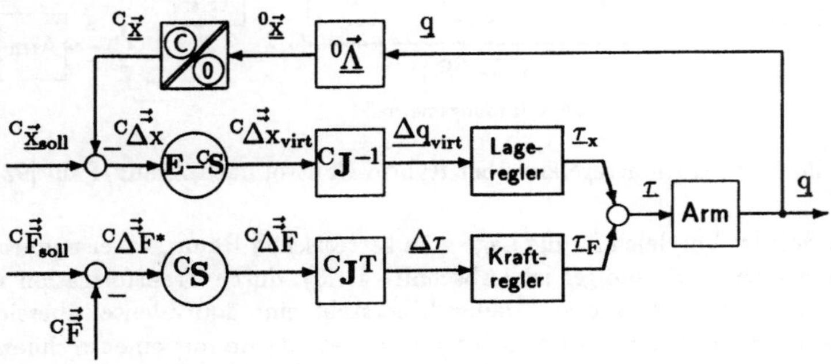

Bild 8.1: Hybrid Position/Force Control nach Raibert/Craig [66]

Ansatz von Khatib [26] (Kapitel 9) zu den Kraftregelungsstrukturen mit Gelenk-Drehmoment-Schnittstelle anstatt Gelenk-Lage-Schnittstelle, so daß eine experimentelle Realisierung relativ schwierig ist. Der Ansatz ist durch die Summation der Gelenk-Stellmomente von einem kartesischen Kraftregelkreis und einem kartesischen Positionsregelkreis gekennzeichnet, die durch einander komplementäre Selektionsmatrizen entkoppelt zu sein scheinen.

Entsprechend allen Kraftregelungs-Blockschaltbildern in dieser Arbeit sind die physikalische Entstehung der Istkraft aus der Greifer-Istlage und die Kraftrückwirkung des Umgebungskontakts auf den Roboterarm hier nicht gezeichnet, sondern separat in **Bild 5.3** zu finden. Die Kraftregelung findet in [66] im Gelenkraum statt, kann aber auch in den kartesischen Raum verlegt werden, **Bild 8.2**. Das gleiche gilt hier für die Lageregelung, so daß sich einige Varianten des Grundansatzes ergeben, die im Prinzip alle äquivalent sind.

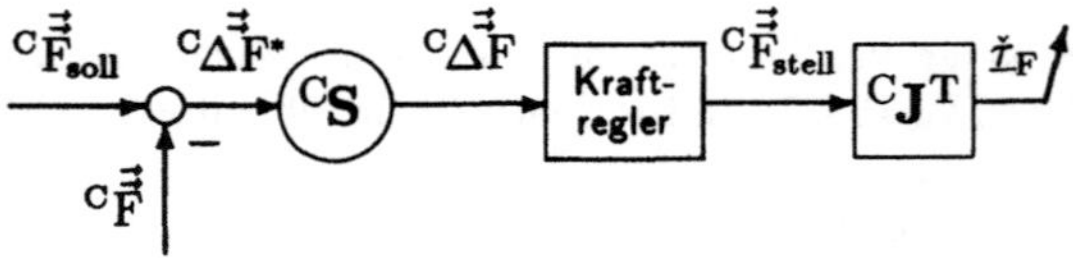

Bild 8.2: Kraftregler im kartesischen Raum statt im Gelenkraum

Für die Stabilitätsprobleme bei "Hybrid Control"-Ansätzen ist die obere Hälfte in **Bild 8.1** verantwortlich. Daher wird im folgenden der Positionsregelkreis getrennt betrachtet. **Bild 8.3** zeigt hierfür die Abwandlung von Zhang/Paul, bei

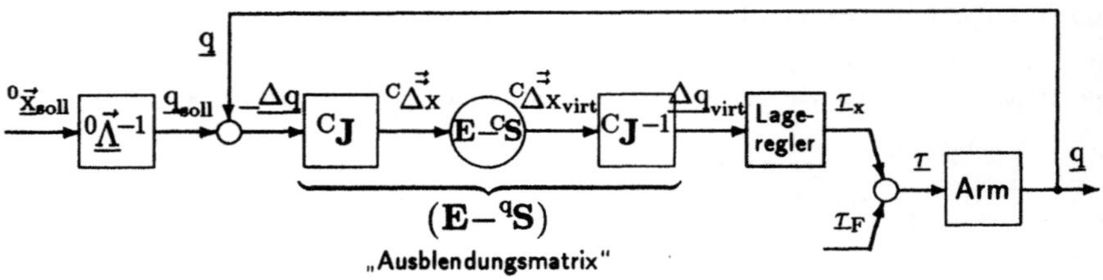

Bild 8.3: Positionsregelkreis bei Hybrid Control nach Zhang/Paul [92]

der der Soll-Ist-Vergleich für die Lage vom kartesischen Raum, wo er undurchsichtiger und rechenaufwendiger ist (Abschnitt 4.4.3), durch Transformation in den Gelenkraum verlagert wurde. Dadurch entsteht eine äquivalente, übersichtlich aussehende Struktur, die insofern interessant ist, als sie nur einen rechnerischen Eingriff auf Gelenk-Lage-Ebene aufweist und daher sehr universell zu sein scheint. Daher wurde sie vom Autor zu Beginn der dieser Arbeit zugrundeliegenden Forschung als Ausgangspunkt genommen und simulationstechnisch untersucht.

In **Bild 8.3** wird der Satz der N Gelenk-Lageregelabweichungen durch eine N×N-Matrix zu einem virtuellen Satz entsprechender Regelabweichungen abgewandelt. Die quadratische Matrix stellt die von Zwangskoordinaten nach Gelenkkoordinaten transformierte komplementäre Selektionsmatrix dar und wurde vom Autor als „Ausblendungsmatrix" bezeichnet [42], da sie die Gelenk-Lageregler gemeinsam „blind" gegenüber Lageabweichungen in den als kraftgeregelt ausgewählten kartesischen Raumrichtungen macht. Die Ausblendungsmatrix ist

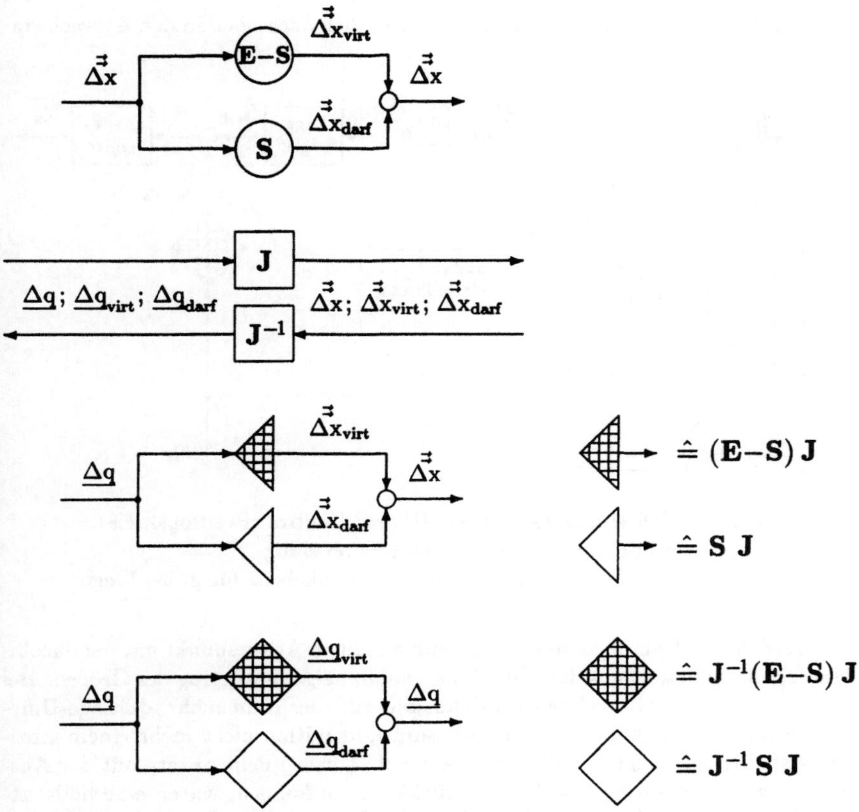

Bild 8.4: Zusammenhang zwischen Selektionsmatrix **S**, Jacobi-Matrix **J** und „Ausblendungsmatrix" $\mathbf{J}^{-1}(\mathbf{E}-\mathbf{S})\,\mathbf{J}$

aufgrund der enthaltenen Jacobi-Matrix stellungsabhängig und wird hier gemäß **Bild 8.4** als dunkle Raute dargestellt.

Die amerikanischen Kraftregelungsansätze weisen praktisch alle in bezug auf die Antriebsmomente *einschleifige* Regelungen auf. Solche einschleifigen Lageregelkreise haben jedoch gegenüber einer zweischleifigen Kaskadenregelung eine sehr schlechte Regeldynamik [33] und sind daher insbesondere für Roboterachsen, bei denen die Störgrößen mit der Bewegung korreliert sind, vollkommen ungeeignet.

Daher wurde untersucht, ob sich die Ausblendungseigenschaft auch in eine Lageregelungs-Kaskade integrieren läßt. Dies geht unter der Voraussetzung gleicher und nicht zu kleiner Lageregler-Verstärkungen. **Bild 8.5** zeigt das Ergebnis [42]; die Ausblendungsmatrix ist dabei lediglich auch noch in den Istgeschwindigkeits-Zweig einzufügen.

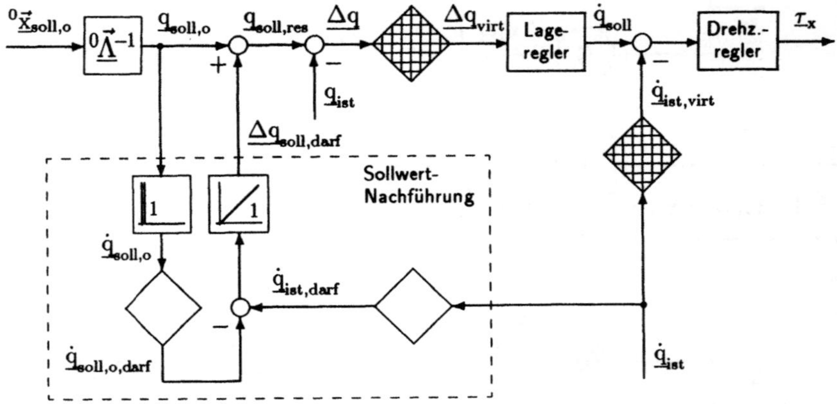

Bild 8.5: Weiterentwicklung von Hybrid Control (Positionskreis):
- Integration in eine Kaskadenregelung
- Sollwert-Nachführung auf Gelenkebene für große Wege

Werden Geschwindigkeiten oder Kräfte an einem Arbeitspunkt mit der Jacobi-Matrix abgebildet, so gilt die Abbildung unabhängig vom Betrag der Größen. Bei der Abbildung von Lage-Regelabweichungen gilt dies nicht mehr, da Lage-Differenzen an zwei Punkten festzumachen sind und mithin nicht mehr einem einzigen Arbeitspunkt zugeordnet werden können. Um bei dem Ansatz mit der Ausblendungsmatrix auch große Wege zurücklegen zu können, wurde eine Sollwert-Nachführung entwickelt [42], die ebenfalls in **Bild 8.5** enthalten ist.

Die so entstandene Lageregelungsstruktur wurde in einer dynamischen Robotersimulation [40] (Starrachsen-Starrkörper-Modell, Newton-Euler-Algorithmus) am Beispiel des Roboters Manutec r3 getestet. **Bild 8.6** zeigt kartesische Lagen, Geschwindigkeiten und Beschleunigungen zu einem simulierten Versuch. Dabei ist ein translatorischer Freiheitsgrad (y-Richtung) als kraftgeregelt selektiert, also positionsmäßig freigegeben, und eine Störkraft im Handwurzelpunkt aufgebracht, die knapp eine Sekunde beschleunigt, knapp eine Sekunde umgekehrt wirkt und danach verschwindet. Die Gravitation ist „abgeschaltet" (nicht jedoch die Massenträgheit oder die Gelenkreibung).

Die Simulationsergebnisse zeigen, daß der Roboterarm, ohne daß ein Kraftsensor oder eine Kraftregelung im Spiel sind, sich innerhalb des positionsmäßig freigegebenen Unterraums durch beliebige am Arm aufgebrachte äußere Kräfte bewegen läßt. Gleichzeitig werden die Positions-Randbedingungen hervorragend eingehalten, d.h. der Arm hält statischen und dynamischen Störkräften in Positions-

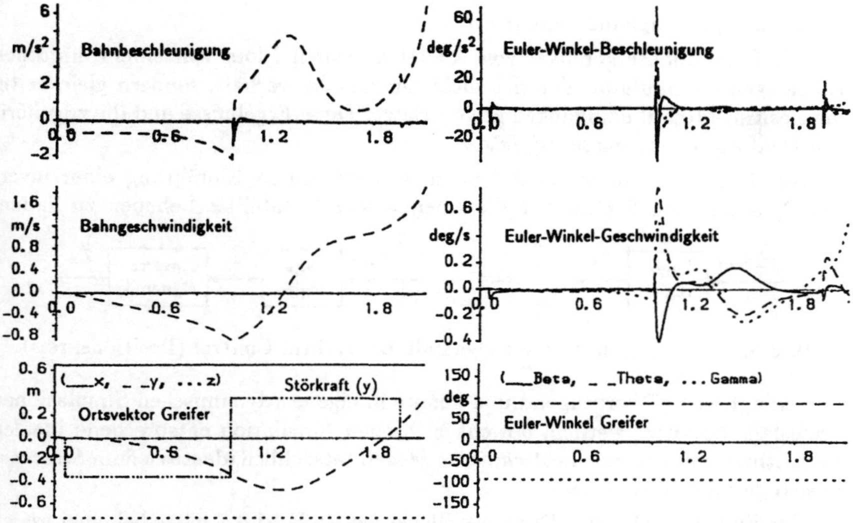

Bild 8.6: Dynamische Simulation zur Positions-Ausblendung nach **Bild 8.5**:
- Positionsfreigabe in y-Richtung
- Anregung mit y-Störkraft (Rechteckprofil Beschleunigen–Bremsen)

Richtungen stand. Somit wird z.B. bei **Bild 8.6** eine unsichtbare Führungsschiene im Raum realisiert; die Positions-Ausblendung scheint also zu funktionieren.

Problem Nummer 1 ist jedoch, daß der Roboterarm hier in den freien Raumrichtungen auch gegenüber seinem Eigengewicht nachgiebig ist; daher die „Abschaltung“ der Schwerkraft in der Simulation.

Problem Nummer 2 ist, daß der Robotergreifer sich dynamisch leider nicht wie eine träge Masse verhält, sondern sich *unter Einhaltung der Positions-Randbedingungen* in unvorhersehbarer Weise selbständig macht, indem die Regelung dem Arm in unkontrollierter Weise Energie zuführt. In dem Versuch gemäß **Bild 8.6** würde eine reibungsbehaftete Masse nur teilweise zum Ausgangspunkt zurückkehren, der Robotergreifer aber schafft hier sozusagen mit der „zweiten Hälfte Raketentreibstoff“ den Bremsweg, den gesamten Rückweg und noch ein weiteres Stück, und das Triebwerk fängt, wie die Plots zeigen, bei „leeren Tanks“ erst richtig an zu beschleunigen...

An [1] hat diese Instabilität experimentell entdeckt und als *kinematische Instabilität* bezeichnet, weil er feststellte, daß das Auftreten der Instabilität von der Armkinematik abhängt. Bei einem Ellenbogen-Manipulator (2 Gelenke) tritt sie auf, bei einem Polar-Manipulator (2 Gelenke) dagegen nicht. Dies konnte bestätigt werden, und bemerkenswerterweise haben Raibert/Craig für ihre Experimente [66] gerade einen Polar-Manipulator verwendet. Sie haben zudem nur ein ebenes Beispiel implementiert (s.u.).

Die Simulationsergebnisse von An [1] umfassen Plots von einem einfachen Ellenbogen-Manipulator, der sich nicht nur instabil verhält, sondern gleichzeitig die Positions-Randbedingungen grob verletzt. Diese Ergebnisse und die zugehörigen Deutungen sind eindeutig *falsch*.

An [1] versucht in seiner Arbeit zu belegen, durch Einführung einer inversen Dynamik gemäß **Bild 8.7** die kinematische Instabilität behoben zu haben.

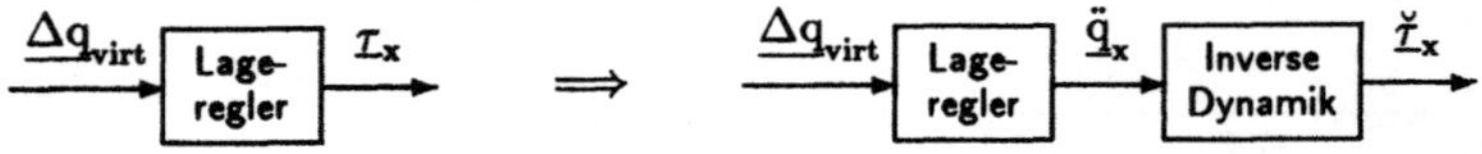

Bild 8.7: Integration inverser Dynamik bei Hybrid Control (Positionskreis)

Dies klingt wenig überzeugend und konnte in eigenen dynamischen Simulationen keinesfalls bestätigt werden, obwohl ja in einer Simulation entsprechend idealen Verhältnissen das *steuerungstechnische Modell* tatsächlich identisch zum *Streckenmodell* gewählt werden kann.

Der Einbau des Inverse-Dynamik-Blocks gemäß **Bild 8.7** hätte bei einer realen Implementierung sogar den Nachteil, daß er im Vorwärtszweig liegt, da er mangels gültiger Lagesollwerte zur Speisung hier nicht lediglich als stützende Aufschaltung eingebracht werden kann. Daher sind eher zusätzliche Nachteile zu erwarten.

Die Instabilität des Positionsregelkreises von "Hybrid Control" braucht im Prinzip nicht zu verwundern, wenn man bedenkt, daß die Anzahl der geregelten Freiheitsgrade des Systems ja absichtlich verringert wurde. Die Vorstellung, daß bei Hinzunahme des Kraftregelkreises die Kraftfreiheitsgrade von den entsprechenden Teilreglern dann gerade beherrscht werden, ist jedoch leider *falsch*. Dies liegt daran, daß der *Umgebungskontakt* nicht zwangsläufig vorhanden ist und bei noch fehlendem oder verlorengegangenem Umgebungskontakt der Kraftregelkreis *aufgeschnitten* ist, also in diesen Phasen gar nicht stabilisierend wirken könnte! Aus diesem Grund ist es auch gerechtfertigt, hier den Positionsregelteil separat zu betrachten.

Außerdem kann festgestellt werden, daß Kraftregelung dynamisch gesehen grundsätzlich viel zu schwierig ist, als daß ein Kraftregelkreis gleichzeitig auch noch einen Positionsregelkreis stabilisieren könnte.

Eine genauere Untersuchung [42] zu der kinematischen Instabilität hat folgendes ergeben:

Die Elemente der Ausblendungsmatrix stellen stellungsabhängige Bewertungsfaktoren für die Achsregelabweichungen dar, die ihrer anschaulichen geometrischen Bedeutung entsprechend auch *negativ* sein können, da bei geometrischen Verkopplungen Mitkopplung und Gegenkopplung gleichberechtigt sind. Selbst die Hauptdiagonalelemente können negativ sein. Durch die Matrix werden die einzelnen Achsregelkreise auf rein geometrischer Basis verkoppelt, und es kann durch die dynamisch „zufällige" Konfiguration der Vorzeichen und Beträge aller Achs-Lageregelabweichungen durchaus auch zu Mitkopplung in einigen Achsregelkreisen kommen.

Anschaulich bedeutet dies, daß solche Achsen z.B. beschleunigen müssen, um gegenüber anderen, zufällig „in Führung" gegangenen Achsen nachzuziehen, damit die kartesischen Randbedingungen auf der Basis der zugehörigen kinematischen Achs-Koordination erhalten bleiben. Da hierbei dem Roboterarm durch die Antriebe mechanische Energie zugeführt wird, kann sich der Effekt dynamisch aufschaukeln.

Bei dem akademischen Beispiel eines 2-achsigen Polar-Manipulators sind die Elemente der Ausblendungsmatrix nun zwar stets positiv, so daß eine kinematische Instabilität nicht auftreten kann, aber bei Hinzunahme weiterer Freiheitsgrade genügt es, daß z.B. durch eine Handachse das kinematische Element eines 2-achsigen Ellenbogen-Manipulators in die Gesamt-Kinematik hereinkommt, um Instabilität zu erzeugen. Das Experiment von Raibert/Craig war dagegen nur in der Ebene angelegt, so daß der Ansatz dort „zufällig" funktionierte!

Insofern wird die Instabilität bei jedem mehrachsigen Roboter auftreten. Der Begiff „kinematische" Instabilität hat daher nichts mit Kinematik-Abhängigkeit zu tun, sondern sollte so verstanden werden, daß er auf der Ausblendungsmatrix als einem *rein geometrischen Konstrukt* beruht.

Bei den simulationstechnischen Voruntersuchungen wurde noch geprüft, ob diese Instabilität durch eine aktive kartesische Dämpfung gemäß **Bild 8.8** beherrscht werden könnte. Der Dämpfungseffekt ist ohne weiteres erzielbar, aber

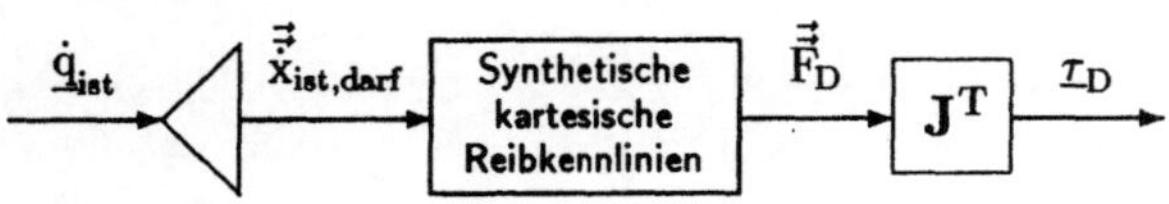

Bild 8.8: Aktive kartesische Dämpfung bei Gelenk-Drehmoment-Schnittstelle

die dadurch verlangsamten Bewegungen bleiben trotzdem instabil. Da der Dämpfungseffekt natürlich auch zu einer Beeinträchtigung der gewünschten Nachgiebigkeit (Compliance) des Arms in den kraftgeregelten Richtungen führt, ist auf diesem Weg auch keine Lösung des Problems zu erwarten.

Insgesamt hat sich also allein durch Simulation herausgestellt, daß der zunächst bestechend erscheinende Ansatz "Hybrid Control" praktisch nicht zu gebrauchen ist. Eine experimentelle Realisierung ist daher von vornherein uninteressant.

Vor diesem Hintergrund wurden die bei der Roboter-Kraftregelung an sich naheliegenden Begriffe „Hybride Positions- und Kraftregelung" oder „Hybridregelung" als vorbelastet angesehen und grundsätzlich vermieden. Stattdessen wurde der Begriff „Gemischte Positions- und Kraftregelung" eingeführt [44] und erfolgreich der Weg über eine unterlagerte Gelenk-Lageregelung beschritten.

Der Einwand, daß dabei nun bei Vorliegen eines steif konstruierten Systems die erzielbare Kraftauflösung durch die Auflösung der Lagegeber sehr begrenzt ist (siehe **Bild 7.8**, offener Kraftregelkreis), erwies sich als voreilig, da er nicht berücksichtigt, daß aufgrund der trägen Massen des Roboterarms im geschlossenen Kraftregelkreis dynamisch eine wesentlich höhere Auflösung erreicht wird. Dabei kam bei dem Robotersystem noch nicht einmal eine Lage-Hochauflösung zum Einsatz.

Im Hinblick auf die sehr aufwendige Entwicklung eines Roboters mit ***abtriebsseitiger Gelenk-Drehmomenten-Sensorik*** [86] an der Stanford University bleibt auch anzumerken, daß dagegen die Nutzung der Vorteile ***abtriebsseitig messender Gelenk-Lagegeber*** [58] für die Kraftregelung relativ naheliegend ist und zudem quasi mit „Hausmitteln" realisiert werden kann.

9 "Unified Motion and Force Control" — die beste Lösung?

Der Vollständigkeit halber muß hier noch der Kraftregelungsansatz von Khatib diskutiert werden, dessen Struktur in **Bild 9.1** dargestellt ist. Dieser auf der Gleichung (3.22) basierende Ansatz ist dadurch gekennzeichnet, daß er völlig *ohne inverse Transformationen*[1)] zwischen kartesischem Raum und Gelenkraum oder umgekehrt auskommt und daher auch für *redundante Roboter*[2)] geeignet ist.

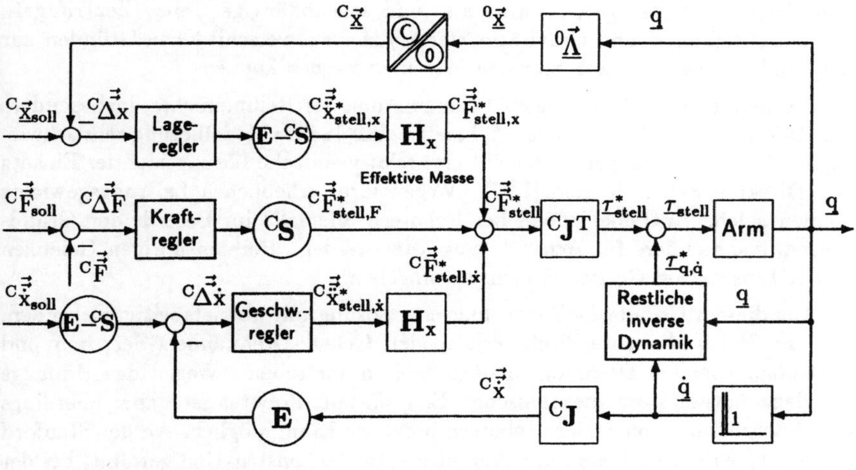

Bild 9.1: Unified Motion and Force Control nach Khatib [26]

Dies ist möglich, indem die Stellgrößentransformation vom kartesischen Raum in den Gelenkraum hier nicht *kinematisch*, sondern *kinetisch* erfolgt. Die kartesischen Stellgrößen für Bewegungen sind hier nicht Geschwindigkeiten oder Wegänderungen, sondern Beschleunigungen, die über die stellungsabhängige „effektive Masse" des Robotergreifers in Stellkräfte umgerechnet werden. Die Stellgrößen für Positions- und Kraftrichtungen können so auf der Ebene von kartesischen Kräften zusammengeführt werden.

---

1) weder Rücktransformation $\underline{\vec{\Lambda}}^{-1}$ noch inverse Jacobi-Matrix $\mathbf{J}^{-1}$

2) Roboter mit $N > 6$ Freiheitsgraden

Bei der effektiven Masse $\mathbf{H_x}$ handelt es sich um den Roboter-Trägheitstensor in kartesischen Koordinaten, eine 6×6-Matrix, die sich gemäß Gleichung (3.23) aus dem Roboter-Trägheitstensor in Gelenkkoordinaten (Gelenk-Trägheitstensor $\mathbf{H_q}$) berechnet. Da sich die Gleichung durch Umschreiben auch ohne Invertierung von $\mathbf{J}$ auswerten läßt [26],

$$\mathbf{H_x} = \mathbf{J}^{-T}\,\mathbf{H_q}\,\mathbf{J}^{-1} = \left(\mathbf{J}\,\mathbf{H_q}^{-1}\,\mathbf{J}^{T}\right)^{-1} \tag{9.1}$$

gelingt die Berechnung von $\mathbf{H_x}$ auch bei Vorliegen einer Jacobi-Matrix mit mehr Spalten als Zeilen ($N > 6$), denn die N×N-Matrix $\mathbf{H_q}$ ist aus physikalischen Gründen immer invertierbar.

Nachteil dieses Kraftregelungsansatzes ist die große Abhängigkeit von der inversen Dynamik, deren beschleunigungsabhängiger Teil $\mathbf{H_x}$ direkt im Kreis liegt und deren restliche, geschwindigkeits- und lageabhängige Teile (Zentrifugal-, Coriolis-, Reibungs- und Gravitationsterme) hier aus verschiedenen Gründen nur aufgrund von verrauschten Signalen berechnet werden können.

Ein besonderes Problem ist die Eliminierung der Reibmomente, insbesondere der Haftreibungseinflüsse, in den Achsgetrieben, da ihre Modellierung sehr schwierig ist. Um dies zu umgehen, scheint eine relativ einfache Lösung hier der Einsatz von Direktantrieben zu sein [1, 7]. Wegen ihres erheblichen Leistungsgewichts können solche Antriebe jedoch bei Robotern allenfalls im Bereich der Grundachsen, insbesondere für Achse 1, eingesetzt werden. Bei den übrigen Gelenken ist der Einsatz von Getrieben nicht zu umgehen.

Aus diesem Grunde muß man hier eine Lösung mit abtriebsseitig wirkenden, also die Netto-Momente direkt erfassenden Gelenk-Drehmoment-Sensoren und dementsprechenden Drehmoment-Regelkreisen anstreben. Wegen des Umfangs der dazu notwendigen mechanischen Eingriffe am Roboter ist dabei allerdings eine Nachrüstung von Serien-Robotern praktisch kaum möglich. An der Stanford University wird stattdessen der Weg über eine Neukonstruktion gewählt, bei der gleichzeitig auch eine redundante Roboterkinematik verwirklicht wird (Projekt ARTISAN, 10 Freiheitsgrade) [86].

Die Momente aus dem Block „Restliche inverse Dynamik“ können bei entsprechender Transformation auch schon vor der transponierten Jacobi-Matrix aufgeschaltet werden („kartesische inverse Dynamik“); dies geschieht beim Ansatz von Fässler [12].

Der kartesische Geschwindigkeitsregelkreis in **Bild 9.1** arbeitet sowohl in den positionsgeregelten als auch in den kraftgeregelten Richtungen. Im ersteren Fall dient er zur Stabilisierung des in bezug auf das Drehmoment einschleifigen Lageregelkreises, während er in den kraftgeregelten Richtungen die Steuerung des Heranfahrvorgangs übernimmt, bei dem der Kraftregelkreis wegen des i.a. noch fehlenden Umgebungskontakts quasi aufgeschnitten ist.

Aussagen zum Vergleich zwischen den in dieser Arbeit entwickelten Kraftregelgesetzen und dem Regelprinzip nach Khatib können hier nicht gemacht werden; dies geht schon wegen der fehlenden experimentellen Voraussetzungen (Drehmomenten-Sensorik) nicht. Des weiteren muß beachtet werden, daß **Bild 9.1** nur einen Grundansatz darstellt, der auf der Stufe von **Bild 5.2** und **Bild 4.15** einzuordnen ist. Spezielle, bei der Implementierung interessierende Lösungen, die z.B. die nichtlinearen Eigenschaften der Kraftregelstrecke im Regelgesetz berücksichtigen oder z.B. eine sollkraftunabhängige Heranfahrphase ermöglichen, sind auf solch einer Stufe gar nicht erkennbar.

Der Autor ist gegenüber der teilweise verbreiteten Einschätzung, Ansätze gemäß **Bild 9.1** als grundsätzlich fortschrittlicher einzustufen, sehr skeptisch, wenn man die dynamisch sicherlich Vorteile eröffnende, aber teure Sonderkonstruktionen erfordernde Option redundanter Roboter einmal ausklammert. Bei Vergleichen von experimentell dokumentierter "Performance" ist besonders auch den Regelgesetz-unabhängigen Randbedingungen Beachtung zu schenken. Neben den Abtastzeiten kommt es sehr auf die vorliegende Roboter-Mechanik an, bei der es sich beispielsweise um ein träges wackeliges Ungetüm, ein größeres schlankes Gerät mit präziser Mechanik oder auch um ein kleines leichtes hochdynamisches Gerät handeln kann. Der hier verwendete Manutec r3 ist in die mittlere Gruppe einzuordnen.

Außerdem ist festzustellen, daß ein "Unified Motion and Force Control"-System mit abtriebsbasierter Gelenk-Drehmomenten-Regelung natürlich genaugenommen nur mit einem System der „Kraft-Lage-Regelung" verglichen werden dürfte, bei der eine abtriebsseitig messende Gelenk-Lage-Erfassung für die Regelung genutzt wird.

Unter der letzteren Voraussetzung wird dann auch Kraft-Lage-Regelung mit Vorsteuerung möglich. Nach Ansicht des Autors wird die Zukunft der Roboter-Kraftregelung auf diesem rein „evolutionären" Weg der Robotik liegen.

10 Zusammenfassung

In der vorliegenden Dissertation ist ein System für eine 6-achsige gemischte Positions- und Kraftregelung eines Roboters beschrieben, das am Institut für Regelungstechnik der TU Braunschweig entwickelt und aufgebaut wurde.

- Die experimentelle Realisierung umfaßt einen Gelenkroboter Manutec r3, eine modifizierte zugehörige Robotersteuerung RCM 3, ein angekoppeltes Prozessor-Netzwerk aus 4 Transputern T 800, das über einen einfachen PC bedient wird und in der Hochsprache Occam 2 programmiert ist, sowie einen am Markt erhältlichen, steif konstruierten Kraft-/Momenten-Sensor (Stahl, DMS-Technik), für den eine neue Auswerteelektronik entwickelt wurde. Gelenkebene und kartesische Ebene des Systems arbeiten einheitlich im 2-ms-Takt.

- Mit dem beschriebenen System wird die Roboter-Kraftregelung auch bei „hartem“ Umgebungskontakt experimentell beherrscht. Die mechanische Kette „Roboter–Sensor-Greifer–Umgebung“ darf so steif sein wie erzielbar, so daß der Roboter mechanisch das weichste Glied in der Kette ist und im Betrieb keine sichtbaren Nachgiebigkeiten auftreten. Dies ist die entscheidende Voraussetzung für Positions- und Orientierungstreue in den nicht als kraftgeregelt selektierten kartesischen Freiheitsgraden.

- Die Bedeutung der Jacobi-Matrix in der Robotik, insbesondere bei der Roboter-Kraftregelung, wird grundlegend und anschaulich dargestellt. Als fundamentale Begriffe werden hierbei das „Bahnprinzip“ oder „$\mathbf{J}^{-1}$-Prinzip“, das „Kraftprinzip“ oder „$\mathbf{J}^{\mathrm{T}}$-Prinzip“ und der „$\mathbf{J}^{-1}$,$\mathbf{J}^{\mathrm{T}}$-Konflikt“ eingeführt.

- Mit vier neu entwickelten Kraftregelgesetzen werden die stets auftretenden Bewegungsphasen Heranfahren, Aufprall und Kontakthalten vereint beherrscht. Die Kraftregelgesetze tragen die Bezeichnungen $\mathbf{J}^{-1}$,$\mathbf{J}^{\mathrm{T}}$-Wechsel-Regelung, $\mathbf{J}^{-1}$,$\mathbf{J}^{\mathrm{T}}$-Kombi-Regelung, H-K-Regelung und H-K-$\mathbf{J}^{\mathrm{T}}$-Regelung. Hinzu kommt für freie Führvorgänge die $\mathbf{J}^{-1}$-Regelung.

- Eine große Zahl von Meßschrieben stellt nicht nur das Regelverhalten in einzelnen Achsen, sondern auch mehrdimensionale kartesische Kraftregelungsexperimente mit ihren Verkopplungen dar. Die Meßschriebe zu allen Bereichen der Implementierung dokumentieren zusammen mit den zugrundeliegenden Systemstrukturen einen neuen Stand bei der Systemdynamik auf dem Gebiet Roboter-Kraftregelung.

- Das Thema „Schnelle Kraft-/Momenten-Signalverarbeitung" erweist sich als recht komplex. Dies beginnt mit der 8-kanaligen Analogsignalverarbeitung, für die die eigens für den verwendeten Sensor entwickelte Lösung angegeben ist. Eine im Prinzip der verwendeten Sensormechanik begründete Fehlerquelle wurde aufgedeckt und unter dem Begriff „Springscheibeneffekt" beschrieben. Zusammen mit der digitalen Weiterverarbeitung der Sensordaten werden auch die Probleme der Identifikation der Sensor-Matrix und der Identifikation der Effektorgewichts-Parameter behandelt. Für letztere, im laufenden Betrieb einzusetzende Identifikation wurde eine verbesserte Lösung entwickelt, bei der man stets mit einer einachsigen Testdrehung auskommt.
- Die Berechnung der Jacobi-Matrix wird für die Robotik allgemein hergeleitet, und es wird ein hier entwickelter kinematik- und koordinaten-unabhängiger Universal-Algorithmus angegeben, der nach Ansicht des Autors immer den kürzesten Rechenweg ergibt und der daher auch stets als Ausgangspunkt für die eventuelle Ableitung kinematik- und koordinaten-spezifischer Algorithmen dienen kann.
- Es wurde eine neue Möglichkeit gefunden, kartesisch gesteuert durch Singularitäten hindurchzufahren, und zwar mit dem $\mathbf{J}^T$-Prinzip.
- Die Diskussion einfacher Anwendungen des $\mathbf{J}^T$-Prinzips bei der Kraftregelung mit unterlagerter Gelenk-Lageregelung („Kraft-Lage-Regelung") umfaßt die Möglichkeiten von Istkraft-Störgrößenaufschaltung, $\mathbf{J}^T$-Regelung, Aufprall-Dämpfung über Handachsen und Durchfahren von Singularitäten. Hierbei ist teils mit „natürlichen" und teils mit „künstlichen" Achssteifigkeits-Parametern zu arbeiten.
- Bei der Transformation der Stellgrößen vom kartesischem Raum in den Gelenkraum ergeben sich bei der Kraft-Lage-Regelung 4 Kanäle. Diese lassen sich zu dem Block „Kartesische Stellgrößen-Schnittstellen" zusammenfassen, wobei zwei äquivalente Varianten möglich sind. Eine genaue Betrachtung einschließlich des Vergleichs von Rechenzeiten zeigt, daß die Variante mit der Rücktransformation günstiger ist als jene mit der inversen Jacobi-Matrix. Letztere ist jedoch etwas übersichtlicher.
- Die Systemstruktur der Labor-Implementierung, die auf einem 4-Transputer-Netzwerk beruht, beeinhaltet verschiedene Möglichkeiten der Parallelisierung von Teilaufgaben, welche aufgezeigt sind.
- Die Versuche zur Realisierung einer „Kraft-Lage-Regelung mit Vorsteuerung" sind zusammen mit einigen relevanten Streckeneigenschaften des Roboters ausführlich dokumentiert. Hier zeigt sich, daß trotz Anpassung der einzuführenden Führungsgrößenfilter eine Regelung mit Drehzahlvorsteuerung statt zu einer Verbesserung des Kraftregelverhaltens unerwartet zu einem Versagen führt. Gleiches gilt bei Einsatz des inversen Modells. Bereits der Übergang von analoger auf digitale Drehzahlregelung führt wegen

fehlender Hochauflösung zu einer nicht mehr tolerierbaren Verschlechterung des Kraftregelverhaltens.

- Wie die Dokumentation dieser experimentellen Arbeit zeigt, ist eine Roboter-Kraftregelung unter der Voraussetzung kurzer kartesischer Regelungszyklen und schneller Stellgrößenübergabe („Ankopplung") über eine unterlagerte Lageregelung und somit mit marktverfügbaren Robotern zweifellos und sogar überraschend gut möglich. Angesichts der Tatsache, daß die Vorteile von Hochauflösung oder abtriebsseitigen Lagegebern hierbei noch nicht genutzt wurden, läßt die im Hinblick auf Roboter-Kraftregelung in der Literatur häufig implizierte Forderung nach neuen Roboterkonstruktionen mit abtriebsseitig integrierten Gelenk-Drehmomentensensoren als verfrüht erscheinen.
- Interessant ist somit, daß die in der Arbeit realisierten Ansätze trotz der erreichten hohen Dynamik praktisch ohne dynamische Modelle arbeiten, so daß man im wesentlichen mit Kinematik auskommt. Dies könnte auf den ersten Blick im Sinne eines Mangels oder Rückstands erscheinen, ist aber gerade beachtlich und für Implementierung und Praxis natürlich von Vorteil.
- In zwei Kapiteln am Schluß sind spezielle Kraftregelungsansätze aus der Literatur erläutert, die bis dahin im Laufe der Arbeit nur kurz als problematisch erwähnt sind. Die insbesondere mit dem klassischen Ansatz "Hybrid Control" verbundenen, bisher kaum bekannten Probleme findet man hier dargestellt und diskutiert.

11 Literaturverzeichnis

[1] An, Ch.H.: Trajectory and Force Control of a Direct Drive Arm. Technical Report 912, MIT Artificial Intelligence Laboratory, Cambridge, Massachusetts, 1986.

[2] An, Ch.H., Hollerbach, J.M.: Kinematic Stability Issues in Force Control of Manipulators. Proc. IEEE Int. Conf. on Robotics and Automation, Raleigh, North-Carolina, March 1987, pp. 897–903.

[3] Bednarek, H.: Echtzeit-Führungsgrößenerzeugung für einen Roboterarm mittels Transputer. Studienarbeit, TU Braunschweig, August 1989.

[4] Bednarek, H.: Entwicklung und Aufbau einer Transputer-Baugruppe als SMP-Bus-Master. Diplomarbeit, TU Braunschweig, August 1990.

[5] Brackel, H.-U.: Entwicklung einer Analog-Digital-Schnittstellen-Baugruppe für eine Transputer-Link-Verbindung. Entwurfsarbeit, TU Braunschweig, März 1989.

[6] Brady, M., Hollerbach, J.M., Johnson, T.L., Lozano-Pérez, T., Mason, M.T. (editors): Robot Motion: Planning and Control. Cambridge, Massachusetts: MIT Press 1982.

[7] Bühler, Ch.: Regelung direkt angetriebener Roboterachsen am Beispiel eines sechsachsigen Industrieroboters. Dissertation, Universität Dortmund, 1989.

[8] Classe, D.: Selektive Kraft- und Positionsregelung bei sensorgestützter Roboterprogrammierung. Automatisierungstechnik, Bd. 39 (1991), S. 92–97.

[9] Cosfeld, R.: Entwurf, Aufbau und Test einer Schnittstellenkarte für die Reglerbaugruppen einer Robotersteuerung. Studienarbeit, TU Braunschweig, Januar 1989.

[10] Denavit, J., Hartenberg, R.S.: A Kinematic Notation for Lower-Pair Mechanisms Based on Matrices. Trans. ASME J. Applied Mechanics, June 1955, pp. 215–221.

[11] Dlabka, M., Held, J., Wendt, W.: Hybride Kraft/Weg-Regelung von Industrierobotern. In: Rogos, J. (Hrsg.): Intelligente Sensorsysteme in der Fertigungstechnik. Reihe „Fachberichte Messen, Steuern, Regeln", Berlin, Heidelberg, New York: Springer 1989, S. 241–264.

[12] Fässler, H.: Concurrent Motion and Force Control for Robot Manipulators. Dissertation, ETH Zurich No. 8717, 1988.

[13] Freund, E., Hoyer, H.: Das Prinzip nichtlinearer Systementkopplung mit der Anwendung auf Industrieroboter. Regelungstechnik 28 (1980), S. 80–87 u. 116–126.

[14] Garrelts, S.: Modellgestützte Regelung eines Roboterarms mit nichtlinearer Vorsteuerung und Berücksichtigung elastischer Getriebe. Diplomarbeit, TU Braunschweig, Juli 1990.

[15] Harms, H.: Acht-Kanal-Analog/Digital-Umsetzer-Karte mit Transputer-Link. Studienarbeit, TU Braunschweig, September 1992.

[16] Heindl, J.: Statische Eigengewichtskompensation von Werkzeugen an der sensorbestückten Roboterhand. Begleittexte zum Lehrgang R2.02 „Roboter mit Sensor-Rückführung“, Carl-Cranz-Gesellschaft, Oberpfaffenhofen, Juli 1988.

[17] Heindl, J.: Steuerung von 3-D-Objekten bei einem Computergrafiksystem (CIS) mit Hilfe der Sensorkugel. Begleittexte zum Lehrgang R2.02 „Roboter mit Sensor-Rückführung“, Carl-Cranz-Gesellschaft, Oberpfaffenhofen, Juli 1988.

[18] Hirzinger, G., Thiessen, C.: Roboter mit Kraft-/Momenten-Fühlern. Regelungstechnische Praxis, Bd. 24 (1982), S. 35–40.

[19] Hirzinger, G., Landzettel, K.: Sensory feedback structures for robots with supervised learning. Proc. IEEE Int. Conf. on Robotics and Automation, St. Louis, Missouri, March 1985, pp. 627–635.

[20] Hirzinger, G.: Adaptiv sensorgeführte Roboter mit besonderer Berücksichtigung der Kraft-Momenten-Rückkopplung. Robotersysteme, Bd. 1 (1985), S. 161–171.

[21] Hirzinger, G., Heindl, J., Schott, J., Dietrich, J., Plank, G., Landzettel, K.: Roboter mit Sensor-Rückführung. Lehrgang R2.02, Carl-Cranz-Gesellschaft, Oberpfaffenhofen, Juli 1988.

[22] Hirzinger, G., Dietrich, J., Heindl, J.: Zum Stand der Robotikarbeiten bei der DLR Oberpfaffenhofen. Robotersysteme, Bd. 7 (1991), S. 243–251.

[23] Hofmann, S., Schnell, M.: Automatisierte Roboterführung. Fachbeilage Mikroperipherik, HARD AND SOFT, April 1987, S. II–V.

[24] Jann, T.: Implementierung von Kraftregelungsexperimenten an einem Gelenkroboter. Diplomarbeit, TU Braunschweig, März 1992.

[25] Khatib, O.: Commande dynamique dans l'espace opérationnel des robots manipulateurs en présence d'obstacles. Thèse de Docteur-Ingénieur, École Nationale Supérieure de l'Aéronautique et de l'Espace (ENSAE), Toulouse, France, 1980.

[26] Khatib, O.: A Unified Approach for Motion and Force Control of Robot Manipulators: The Operational Space Formulation. IEEE J. Robotics and Automation, Vol. RA-3, No. 1, Feb. 1987, pp. 43–53.

[27] Khatib, O.: Manipulator Control. Begleittexte zum Lehrgang R2.03 “Robot Dynamics and Control”, Carl-Cranz-Gesellschaft, Oberpfaffenhofen, Oktober 1989.

[28] Kopka, H.: LaTeX — Eine Einführung. 3. überarbeitete und erweiterte Auflage. Bonn: Addison-Wesley Deutschland 1991.

[29] Kuntze, H.-B., Jacubasch, A., Franke, H., Moser, M., Salaba, M., Becker, P.-J.: Sensorgestützte Programmierung und Steuerung von Industrierobotern. Robotersysteme 4, 1988, S. 43–52.

[30] Lamport, L.: LaTeX — A Document Preparation System. Thirteenth Printing. Reading, Massachusetts: Addison-Wesley 1986.

[31] Leonhard, W.: Statistische Analyse linearer Regelsysteme. Stuttgart: B.G. Teubner 1973.

[32] Leonhard, W.: Regelung in der elektrischen Antriebstechnik. Stuttgart: B.G. Teubner 1974.

[33] Leonhard, W.: Einführung in die Regelungstechnik. Braunschweig, Wiesbaden: Vieweg 1981.

[34] Leonhard, W.: Digitale Signalverarbeitung in der Meß- und Regelungstechnik. Stuttgart: B.G. Teubner 1989.

[35] Luh, J.Y.S., Walker, M.W., Paul, R.P.: On-line Computational Scheme for Mechanical Manipulators. Trans. ASME J. Dynamic Systems, Measurement and Control 102 (1980), pp. 69–76. Reprinted in: Brady, M., Hollerbach, J.M., Johnson, T.L., Lozano-Pérez, T., Mason, M.T. (editors): Robot Motion: Planning and Control. Cambridge, Massachusetts: MIT Press 1982, pp. 89–106.

[36] Manutec GmbH: Bedienungsanleitung Gelenkroboter r3. November 1984.

[37] Mason, M.T.: Compliance and Force Control for Computer Controlled Manipulators. IEEE Trans. on Systems, Man and Cybernetics, Vol. SMC-11, No. 6, June 1981, pp. 418–432. Reprinted in: Brady, M., Hollerbach, J.M., Johnson, T.L., Lozano-Pérez, T., Mason, M.T. (editors): Robot Motion: Planning and Control. Cambridge, Massachusetts: MIT Press 1982, pp. 373–404.

[38] Meister, A.: Aufbau einer rauscharmen Analogsignalverarbeitung für einen Roboter-Kraft-/Momenten-Sensor. Diplomarbeit, TU Braunschweig, März 1991.

[39] Müller, A.M.K.: Das unbekannte Land. Konflikt-Fall Natur. Stuttgart: Radius 1987, S. 57.

[40] Müller, M.: Modellierung und Simulation von Roboterarmen als dynamisches Starrachsen-Starrkörper-System auf der Basis der Newton-Euler-Rekursion. Diplomarbeit, TU Braunschweig, 1987.

[41] Müller, M.: Erweiterung eines starren Roboterarm-Modells bezüglich der Dynamik der Antriebe und Simulation eines Roboters mit federnden Achsen und kartesischer Sollwertvorgabe. Studienarbeit, TU Braunschweig, Juni 1987.

[42] Müller, M.: Sensorgestützte Positions- und Kraftregelung von Roboterarmen. Interner Bericht 1, TU Braunschweig, Oktober 1988.

[43] Müller, M.: Sensorgestützte Positions- und Kraftregelung von Roboterarmen. Interner Bericht 2, TU Braunschweig, Februar 1989.

[44] Müller, M.: Sechsachsige gemischte Positions- und Kraftregelung unter Nutzung der Jacobi-Matrix. Vortrag auf der 12. Sitzung des FA 5.5 „Steuerung und Regelung von Robotern" der VDI/VDE GMA, Darmstadt, 25.04.1990.

[45] Müller, M.: Kommunikation und Synchronisation in einem Mehrrechnersystem. Praktikum für Automatisierungstechnik, TU Braunschweig, Institut für Regelungstechnik, Mai 1990.

[46] Müller, M.: Sensorgestützte Positions- und Kraftregelung von Roboterarmen. Interner Bericht 3, TU Braunschweig, Juni 1990.

[47] Müller, M.: Sechsachsige gemischte Positions- und Kraftregelung an einem Gelenkroboter. Vortrag beim 25. Regelungstechnischen Kolloquium Boppard, 22.02.1991, Tagungsunterlagen S. 51–53.

[48] Müller, M.: Kraft-Lage-Regelung eines Roboters. Vortrag beim Siemens-Kolloquium des Instituts für Regelungstechnik der TU Braunschweig, Erlangen, 26.04.1991.

[49] Müller, M.: Schnelles Signalverarbeitungssystem für einen Roboter-Kraft-/Momenten-Sensor. TU Braunschweig, Institut für Regelungstechnik, April 1992.

[50] Müller, M.: Six-axis force-controlled robot turning an on-line variable crank and achieving firm surface contact using a stiff sensor. Video Proc. IEEE Int. Conf. on Robotics and Automation, Nice, France, May 1992, net length 1 min 41 sec.

[51] Müller, M.: Kraft-Lage-Regelung eines Roboters. Vortrag beim Siemens-Kolloquium des Instituts für Regelungstechnik der TU Braunschweig, Erlangen, 18.05.1992.

[52] Müller, M.: Die Jacobi-Matrix in der Robotik. Teil I: Einführung und Algorithmen. TU Braunschweig, Institut für Regelungstechnik, Juni 1992.

[53] Müller, M.: Die Jacobi-Matrix in der Robotik. Teil II: Kartesische Schnittstellen und einfache Anwendungen. TU Braunschweig, Institut für Regelungstechnik, Juli 1992.

[54] Müller, M.: Kraftregelung mit Vorsteuerung: Vorarbeiten und Versuche. TU Braunschweig, Institut für Regelungstechnik, August 1992.

[55] Müller, M.: Sechsachsige Kraft-Lage-Regelung bei Robotern. Teil I: Kraftregelkreis und Kraftregelgesetze. TU Braunschweig, Institut für Regelungstechnik, September 1992.

[56] Müller, M.: Sechsachsige Kraft-Lage-Regelung bei Robotern. Teil II: Kartesische Experimente. TU Braunschweig, Institut für Regelungstechnik, September 1992.

[57] Olech, M.: Entwurf und Aufbau eines Einkarten-Mikrorechners mit V24-Schnittstelle und SMP-Bus. Diplomarbeit, TU Braunschweig, April 1987.

[58] Olomski, J.: Bahnplanung und Bahnführung von Industrierobotern. Dissertation, TU Braunschweig. Reihe „Fortschritte der Robotik“, Band 4, Braunschweig, Wiesbaden: Vieweg 1989.

[59] Orin, D.E., Schrader, W.W.: Efficient Jacobian Determination for Robot Manipulators. In: Brady, M., Paul, R.P. (editors): Robotics Research I, Cambridge, Massachusetts: MIT Press 1984, pp. 727–734.

[60] Paul, R.P.: Robot Manipulators: Mathematics, Programming, and Control. Cambridge, Massachusetts: MIT Press 1981.

[61] Paul, R.P., Renaud, M., Stevenson, Ch.M: A Systematic Approach for Obtaining the Kinematics of Recursive Manipulators Based on Homogeneous Transformations. In: Brady, M., Paul, R.P. (editors): Robotics Research I, Cambridge, Massachusetts: MIT Press 1984, pp. 707–726.

[62] Pestel, E.: Technische Mechanik II, Kinematik und Kinetik, 2. Teil. Mannheim: Bibliographisches Institut 1971.

[63] Pfeiffer, F., Reithmeier, E.: Roboterdynamik. Stuttgart: B.G. Teubner 1987.

[64] Plank, G., Landzettel, K.: Echtzeitsteuerung eines Roboters bei Sensorsignalrückführung. Demonstration im DFVLR-Roboterlabor, Lehrgang R2.02 „Roboter mit Sensor-Rückführung“, Carl-Cranz-Gesellschaft, Oberpfaffenhofen, Juli 1988.

[65] Pritschow, G.: Bearbeitung mit Robotersystemen — Wege zu neuen Anwendungen. Technische Rundschau Bd. 81 (1989) H. 13, S. 30–41.

[66] Raibert, M.H., Craig, J.J.: Hybrid Position/Force Control of Manipulators. Trans. ASME J. Dynamic Systems, Measurement and Control 102 (6/1981), pp. 126–133. Reprinted in: Brady, M., Hollerbach, J.M., Johnson, T.L., Lozano-Pérez, T., Mason, M.T. (editors): Robot Motion: Planning and Control. Cambridge, Massachusetts: MIT Press 1982, pp. 419–438.

[67] Randt, M.: Entwurf, Aufbau und Test einer schnellen Prozessorbaugruppe auf Transputer-Basis. Diplomarbeit, TU Braunschweig, September 1988.

[68] Rech, W.: Optimierung von kinematischen Algorithmen für einen Gelenkroboter. Studienarbeit, TU Braunschweig, Juli 1990.

[69] Rechtenbach, B.: Aufbau und Inbetriebnahme des Laborversuchs „Kommunikation und Synchronisation in einem Mehrrechnersystem“. Diplomarbeit, TU Braunschweig, September 1990.

[70] Renaud, M.: Geometric and kinematic models of a robot manipulator: calculation of the Jacobian matrix and its inverse. Proc. 11th Int. Symp. on Industrial Robots, Tokyo, Japan, October 1981, pp. 757–763.

[71] Ribble, E.A.: Synthesis of human skeletal motion and the design of a special-purpose processor for real-time animation of human and animal figure motion. M.S. Thesis, The Ohio State University, June 1982.

[72] Richter, K.: Kraftregelung elastischer Roboter. Dissertation, TU München. Düsseldorf: VDI-Fortschritt-Berichte Reihe 8, Nr. 259, 1991.

[73] Salisbury, J.K.: Active stiffness control of a manipulator in Cartesian coordinates. Proc. 19th IEEE Conf. on Decision and Control, Albuquerque (New Mexico), December 1980, pp. 95–100.

[74] Schmieder, L.: Kraft-Momenten-Fühler. Fertigung, 6/1978, S. 161–164.

[75] Schmieder, L., Vilgertshofer, A., Mettin, F.: Kraft-Drehmoment-Fühler. Patent G 01 L 1/22, angemeldet 06.06.1979.

[76] Schröter, J.: Analogschnittstelle für den SMP-Bus. Studienarbeit, TU Braunschweig, Februar 1987.

[77] Schulze, E.: Achtkanalige D/A-Umsetzer-Karte mit Transputer-Link-Schnittstelle. Studienarbeit, TU Braunschweig, Mai 1991.

[78] Schwarz, N.: Einführung in TEX. 3. überarbeitete Auflage. Bonn: Addison-Wesley Deutschland 1988.

[79] Seeger, G.: Multiprozessor-geregelter Mehrkoordinatenantrieb mit Drehfeldmaschinen. Diplomarbeit, TU Braunschweig, März 1986.

[80] Seeger, G., Leonhard, W.: Estimation of rigid body models for a six-axis manipulator with geared electric drives. Proc. IEEE Int. Conf. on Robotics and Automation, Scottsdale, Arizona, May 1989, pp. 1690–1695.

[81] Seeger, G.: Transputer steuern Robotersystem: Erfahrungen mit einer „schnellen" Implementierung. Begleittexte zum Entwicklerforum „Transputer", Oktober 1989, München: Markt & Technik Verlag 1989.

[82] Seeger, G.: Selbsteinstellende, modellgestützte Regelung eines Industrieroboters. Dissertation, TU Braunschweig. Reihe „Fortschritte der Robotik", Band 13, Braunschweig, Wiesbaden: Vieweg 1992.

[83] Seitner, Dr. R. Meß- und Regeltechnik GmbH: Griff in die Zukunft. Produktbeschreibung, Herrsching 1988.

[84] Spur, G., Dlabka, M., Wendt, W.: Verfahren zur Kraft- und Positionssteuerung bei Industrierobotern. In: Pritschow, G., Spur, G., Weck, M.: Sensordatenverarbeitung in der Fertigungstechnik, München: Hanser 1987, S. 103–131.

[85] Tietze, U., Schenk, Ch.: Halbleiter-Schaltungstechnik. Berlin, Heidelberg: Springer 1983.

[86] Vischer, D., Khatib, O.: Design and Development of Torque-Controlled Joints. Begleittexte zum Lehrgang R2.03 "Robot Dynamics and Control", Carl-Cranz-Gesellschaft, Oberpfaffenhofen, Oktober 1989.

[87] Vukobratović, M., Potkonjak, V.: Contribution of the Forming of Computer Methods for Automatic Modelling of Spatial Mechanisms Motions. Mechanism and Machine Theory 14, 1979, pp. 179–188.

[88] Waldron, K.J.: Geometrically based manipulator rate control algorithms. Mechanism and Machine Theory 17, 1982, pp. 379–385.

[89] Walker, M.W., Orin, D.E.: Efficient Dynamic Computer Simulation of Robotic Mechanisms. Trans. ASME J. Dynamic Systems, Measurement, and Control 104 (1982), pp. 205–211. Reprinted in: Brady, M., Hollerbach, J.M., Johnson, T.L., Lozano-Pérez, T., Mason, M.T. (editors): Robot Motion: Planning and Control. Cambridge, Massachusetts: MIT Press 1982, pp. 107–125.

[90] Whitney, D.E.: Historical Perspective and State of the Art in Robot Force Control. Int. J. Robotics Research, Vol. 6, No. 1, 1987, pp. 3–14.

[91] Wörn, H., Rekewitz, G., Schmid, D., Michalak, E.: Geschwindigkeitsgesteuerte Achsregelung. In: Schmid, D. (Hrsg.): Fortschrittliche Robotersteuerungstechnik. Reihe „Fachberichte Messen, Steuern, Regeln", Berlin, Heidelberg, New York: Springer 1990, S. 192–199.

[92] Zhang, H., Paul, R.P.: Hybrid Control of Robot Manipulators. Proc. IEEE Int. Conf. on Robotics and Automation, St. Louis, Missouri, March 1985, pp. 602–607.

12 Symbolverzeichnis

12.1 Allgemeine Formelzeichen-Systematik

$\vec{b}$, $\vec{B}$	3-dimensionaler Orts- oder Richtungsvektor (formal gleich)
$\vec{\vec{b}}$, $\vec{\vec{B}}$	Raumtupel, $\vec{\vec{b}} = \left[\vec{b}^T_{trans}, \vec{b}^T_{rot}\right]^T$, (Sechser-Vektor bestehend aus translatorischem und rotatorischem Dreier-Richtungsvektor)
$\underline{b}$	Achsgrößen-Satz (pro Roboterachse eine Komponente)
$\mathbf{B}$	Matrix
$\underline{\mathbf{b}}$	Vektor, aufgefaßt als einspaltige Matrix (für Matrizenkalkül)
$\underline{\underline{B}}$, $\underline{\underline{b}}$, $\underline{\underline{\mathrm{B}}}$	Sensorkanal-Tupel (pro elektrischem Sensorkanal eine Komponente; soweit analog: *kursiv*)
$\underline{\underline{\mathbf{B}}}$	homogene Transformation
$\underline{\vec{x}}$	kartesische Lageangabe $[\vec{p}, \mathbf{R}]$ aus Positionsvektor und Orientierungsmatrix; Satz aus 4 Vektoren, ähnlich homogener Transformation
x, y, z	Komponenten-Indizes bei Vektoren $\vec{b}$, $\vec{B}$
x, y, z, X, Y, Z	Komponenten-Indizes bei Raumtupeln $\vec{\vec{b}}$, $\vec{\vec{B}}$
$1, 2, 3, \ldots, N$	Komponenten-Indizes bei Achsgrößen-Sätzen $\underline{b}$
$1, 2, 3, \ldots, 8$	Komponenten-Indizes bei Sensorkanal-Tupeln $\underline{\underline{B}}$, $\underline{\underline{b}}$, $\underline{\underline{\mathrm{B}}}$
b_x , b_y , b_z	x-, y- bzw. z-Komponente von $\vec{b}$ oder $\vec{\vec{b}}$
$b_{a,x}$, $b_{a,y}$, $b_{a,z}$	x-, y- bzw. z-Komponente von $\vec{b}_a$ oder $\vec{\vec{b}}_a$
b_X , b_Y , b_Z	X-, Y- bzw. Z-Komponente von $\vec{\vec{b}}$
b_1 , b_2 , b_3 , ...	Komponenten 1, 2, 3, ... von $\underline{b}$ oder $\underline{\mathbf{b}}$
$\vec{b}^T$, $\underline{b}^T$, $\mathbf{B}^T$	transponierte Größen
B^{-1} , $\mathbf{B}^{-1}$	inverse Abbildung bzw. Matrix
${}^2\mathbf{B}_1$	lineare Abbildung von Koordinatensystem 1 nach 2
${}^2\mathbf{B}_1^T$	$= ({}^2\mathbf{B}_1)^T$
${}^2\mathbf{B}_1^{-1}$	$= ({}^2\mathbf{B}_1)^{-1}$
${}^2\mathbf{B}_1^{-T}$	$= ({}^2\mathbf{B}_1^{-1})^T = ({}^2\mathbf{B}_1^T)^{-1}$
$\dot{b}$	Kennzeichnung der zeitlichen Ableitung bei b

$_{\langle B\rangle}$	„bezüglich B" (*Bezugs*koordinaten $\not\equiv$ *Darstell*koordinaten)
$\dot{\vec{a}}_{\langle B\rangle}$	$= \frac{d}{dt}_{\langle B\rangle}\vec{a}$ ($_{\langle B\rangle}$ entfällt bei Differentiation von Skalaren.)
$\dot{\vec{\vec{a}}}_{\langle B\rangle}$	$= \frac{d}{dt}_{\langle B\rangle}\vec{\vec{a}}$
$\vec{e}_{\vec{b}}$	Einheitsvektor in Richtung $\vec{b}$
$\mathbf{E}_j$	$j\times j$-Einheitsmatrix
$[B_{ik}]$	$i\times k$-Matrix $\mathbf{B}$ aus Elementen B_{ik}
$\mathbf{B}^+$	linke Pseudoinverse zu $\mathbf{B}$, $[B_{ik}]^+ \cdot [B_{ik}] = \mathbf{E}_k$
$\mathbf{B}^\#$	rechte Pseudoinverse zu $\mathbf{B}$, $[B_{ik}] \cdot [B_{ik}]^\# = \mathbf{E}_i$
$b^*, B^*, \tilde{b}, \tilde{B}$	Zwischenform oder abgewandelte Form der Größe b bzw. B
$\hat{b}, \hat{B}$	Schätzwert für b bzw. B

12.2 Links hochgestellte Indizes

$\vec{b}$	Vektor $\vec{b}$ als „Pfeil im Raum" (Objekt)
${}^A\vec{b}$	komponentenweise Darstellung $[{}^Ab_x, {}^Ab_y, {}^Ab_z]^T$ des Vektors $\vec{b}$ im Koordinatensystem A, d.h. von der Wahl von A abhängiges „Zahlenschema" (Erscheinungsform)

Da die das *Darstell*koordinatensystem der Größen kennzeichnenden links hochgestellten Indizes die Größen „an sich" nicht beschreiben, sind diese Indizes im Hauptverzeichnis 12.5 bis auf wenige Ausnahmen weggelassen. Folgende Koordinatensysteme kommen vor:

0	Fußkoordinaten[1)] (oderauch: Roboterkoordinaten)
1, 2, ..., N−1	Zwischen-Armteilkoordinaten in der Armteilkette
H, N	Handkoordinaten ($N \cong 6$)
S	Sensorkoordinaten
G, N+1	Greiferkoordinaten
U, −1	Umgebungskoordinaten[1)]
C	Zwangskoordinaten ($C = U$ oder $C = G$)
J	Jacobi-Koordinaten
ℓ	freie Koordinaten für die Jacobi-Matrix
M	Armmittenkoordinaten mit minimalem Rechenaufwand für die Jacobi-Matrix
$G+\delta G$	durch Integrationsschritt modifiziertes G
$G+dG$	durch Differenzlage-Addition modifiziertes G
$G+\delta G+dG$	neues G nach Integration und anschließender Lage-Addition

1) Der Begriff Basiskoordinaten wird hier vermieden.

12.3 Rechts stehende Indizes

Auf eine separate Aufstellung der rechts stehend benutzten Indizes kann hier im Hinblick auf das Hauptverzeichnis vezichtet werden. Es genügt folgender Hinweis: Die unter 12.2 aufgeführten Indizes haben *rechts* stehend überwiegend die Bedeutung eines *Punktes* anstatt eines *Koordinatensystems*; dieser Punkt ist dann der *Ursprung* des gleichnamigen Koordinatensystems.

12.4 Wortabkürzungen

A. 1, A. 3	Achse 1, Achse 3
A/D	Analog-Digital
D/A	Digital-Analog
DV	Drehzahlvorsteuerung
DMS	Dehnungsmeßstreifen
EGP	Eigengewichtsparameter
H	Heranfahren
K	Kontakt
SM	Sensor-Matrix

12.5 Hauptverzeichnis der mathematischen und physikalischen Größen

a_i	2. Denavit-Hartenberg-Parameter zu Gelenk i
a_i , $\hat{a}_i$	Nennerkoeffizienten von F(p) bzw. $\hat{F}(p)$
A_i	Verstärker i (Amplifier)
${}^{i-1}\mathbf{A}_i$	Denavit-Hartenberg-Matrix zu Gelenk i (3×3-Matrix)
${}^{N}\mathbf{A}_{N+1}$	$= {}^{H}\mathbf{R}_G$, in Algorithmen quasi Denavit-Hartenberg-Matrix N+1
$\mathcal{A}, \mathcal{B}, \mathcal{C}, \ldots$	Kennzeichnung von Schaltungsstufen
b_i , $\hat{b}_i$	Zählerkoeffizienten von F(p) bzw. $\hat{F}(p)$
$\underline{\underline{b}}_{\ddot{U}}$	Byte mit Grenzüberschreitungs-Bits für die 8 Sensorkanäle
B_j	Schnittstellenpunkt in Stromschleife j
B_1 , B_2	$= B_1(p)$, $B_2(p)$, Führungsgrößenfilter-Übertragungsfunktionen
c_i	Nennerkoeffizienten von F(z)
C_i	Kapazität i
d_i	3. Denavit-Hartenberg-Parameter zu Gelenk i
dF	Kraftänderung
$d\vec{\vec{F}}_G$, $d\vec{\vec{F}}$	Raumtupel von Kraft-/Momenten-Änderungen am Greifer
dM, dM_1, dM_2	Drehmomenten-Änderung, allgemein bzw. achsspezifisch

$\underline{dq}$	Satz von Gelenkwinkel-Änderungen
$\underline{dq}_x$	Satz von Gelenkwinkel-Änderungen aufgrund eines $\vec{\vec{dx}}$
dx	Verschiebung
$\vec{\vec{dx}}_G$, $\vec{\vec{dx}}$	Raumtupel von kartesischen Lage-Änderungen am Greifer
dx_z	z-Komponente von $\vec{\vec{dx}}$
$\vec{\vec{dx}}_{stell}$, $\vec{\vec{dx}}_s$	Stellweg-Raumtupel
dx_{sz}	z-Komponente von $\vec{\vec{dx}}_s$
${}^{0,G}\vec{\vec{dx}}$	$= \left[{}^0\vec{dx}^T_{trans}, {}^G\vec{dx}^T_{rot}\right]^T$
$\vec{dx}_{G,trans}$, $\vec{dx}_{trans}$	Greifer-Verschiebungsvektor, erste Hälfte von $\vec{\vec{dx}}_G$
$\vec{dx}_{G,rot}$, $\vec{dx}_{rot}$	Greifer-Verdrehvektor, zweite Hälfte von $\vec{\vec{dx}}_G$
$d\theta$	infinitesimaler Drehwinkel
$\underline{d\tau}$	Satz von Gelenkdrehmoment-Änderungen
$\underline{d\tau}_n$, $\underline{d\tau}_k$	Kurzformen für $\underline{d\tau}_{stell,n}$ bzw. $\underline{d\tau}_{stell,k}$
$\underline{d\tau}_{stell,n}$	Gelenk-Stellmomente im Stellgrößenkanal mit $\mathbf{D}_{q,n}^{-1}$
$\underline{d\tau}_{stell,k}$	Gelenk-Stellmomente im Stellgrößenkanal mit $\mathbf{D}_{q,k}^{-1}$
$\underline{d\tau}_{\widetilde{stat}}$	Gelenk-Stellmomentensatz zu $\vec{\vec{F}}_{\widetilde{ist}}$ ($\mathbf{J}^T$-Störgrößenaufschaltung)
$d\varphi$, $d\varphi_1$, $d\varphi_2$	motorseitige Winkel-Änderungen, allgemein bzw. achsspezifisch
$\underline{d\varphi}_n$, $\underline{d\varphi}_k$	Kurzformen für $\underline{d\varphi}_{soll,n}$ bzw. $\underline{d\varphi}_{soll,k}$
$\underline{d\varphi}_{soll,n}$	Stellwinkel im Stellgrößenkanal mit $\mathbf{D}_{q,n}^{-1}$ („natürlich")
$\underline{d\varphi}_{soll,k}$	Stellwinkel im Stellgrößenkanal mit $\mathbf{D}_{q,k}^{-1}$ („künstlich")
$\underline{d\varphi}_{soll,F}$, $\underline{d\varphi}_F$	Gesamt-Stellwinkel der $\mathbf{J}^T$-Eingriffe
$\underline{d\varphi}^*_{stell,k}$	zu Geschwindigkeiten umfunktionierte Stellwinkel ($\mathbf{J}^T$-Führen)
D	Drehfedersteifigkeit oder Dämpfungsmaß
D_L	Dämpfungsmaß im Lageregelkreis
D_1 , D_2 , D_3	Drehfedersteifigkeiten der Achsen 1 bis 3
D_{23}	Ersatz-Federsteifigkeit für Achse 3 bei Einschluß von Achse 2
$\mathbf{D}_q$	Diagonalmatrix aus Achsfedersteifigkeiten (Gelenkraum)
$\mathbf{D}_{q,n}$, $\mathbf{D}_{q,k}$	$\mathbf{D}_q$ mit natürlichen (gemessenen) bzw. mit künstlich gewichteten Parametern (konzentrierte Ersatzsteifigkeiten)
$\vec{e}_g$	Einheitsvektor der Erdbeschleunigung
$\vec{e}_V$	Einheitsvektor in Vertikalenrichtung, aufwärts gerichtet
$\vec{e}_{z_i}$	Einheitsvektor in z-Richtung von Koordinatensystem i
$\vec{e}_{z_{N-1}}$	Einheitsvektor in Richtung der N-ten Gelenkachse
$\mathbf{E}$	6×6-Einheitsmatrix

Euler(β,ϑ,γ)	Besetzung einer Drehmatrix aufgrund von Euler-Winkeln: ${}^{B}\mathbf{R}_{A} = \mathrm{Euler}(\beta_{A\langle B\rangle}, \vartheta_{A\langle B\rangle}, \gamma_{A\langle B\rangle})$
f( )	Funktion
f, f_o	Frequenz bzw. Eigenfrequenz
$f_{o,D}$	Eigenfrequenz, bei Drehfeder D
$f_{o,DK}$	Eigenfrequenz, bei Drehfeder D und Schraubenfeder K
$\underline{f}$	einspaltige Matrix aus ein oder mehreren Vektoren $\vec{F}_{ab}$
F	Kraft, Kraftbetrag
F(p)	kontinuierliche Übertragungsfunktion
$F_D(p)$	Übertragungsfunktion des geschlossenen Drehzahlregelkreises
$\hat{F}_D(p)$	Übertragungsfunktion des Führungsgrößenfilters bei DV
F(z)	diskrete Übertragungsfunktion
F, F_{ist}	i.a. Kurzformen für $F_{ist,G}$
F_x, F_y, F_z	Komponenten von $\vec{F}$ oder $\vec{\vec{F}}$
F_B	Kraftstellgrößen-Begrenzung
$\vec{\vec{F}}_D$	Stellkraft für aktive kartesische Dämpfung
F_n	Normierungs-Kraft im Kennlinienfeld der H-K-Regelung
F_1, F_2	$= F_1(p)$, $F_2(p)$, Übertragungsfunktionen für Vorsteuerglieder
$\vec{F}_{ab}$	Kraftvektoren-Differenz zu zwei Messungen a und b
$\vec{\vec{F}}_{\widetilde{ist}}$	tiefpaßgefiltertes $\vec{\vec{F}}_{ist}$
$\vec{F}$	Kraftvektor, erste Hälfte von $\vec{\vec{F}}$, i.a. Kurzform für $\vec{F}_{ist,G}$
$\vec{\vec{F}}$	Kraft-/Momenten-Raumtupel $\left[\vec{F}^T, \vec{M}^T\right]^T$, kurz: Kraftvektor
$\vec{\vec{F}}_{ist,G}$	äußere Istkräfte und -momente im/um Greiferbezugspunkt[2)]
$\vec{\vec{F}}_{ist,S}$	äußeres Istkraft-Raumtupel gemessen im Sensormeßzentrum
$\vec{\vec{F}}^*_{ist,S}$, $\vec{\vec{F}}^*_{ist}$	im Sensormeßzentrum registriertes Raumtupel der Roh-Istkraft-komponenten (mit Eigengewichtsanteilen)
$\vec{\vec{F}}_{o,S}$, $\vec{\vec{F}}_o$	Istkraftanzeige (Sensormeßzentrum) aufgrund sensorischem Analog-Offset, ohne Eigengewichtsanteile
$\vec{\vec{F}}^*_{m,S}$, $\vec{\vec{F}}_m$	Gemessene Kräfte/Momente ohne rechnerische Kompensationen
$\vec{\vec{F}}_{soll}$	Kurzform für $\vec{\vec{F}}_{soll,G}$
$\vec{\vec{F}}_{soll,G}$	Sollwert-Raumtupel zu $\vec{\vec{F}}_{ist,G}$

2)G entspricht hier nicht einem Bezugsparameter ⟨G⟩: Ausführlich wäre $\vec{\vec{F}}_{ist,G} \equiv \vec{\vec{F}}_{ist,G(0)}$, da die äußeren Kraftkomponenten sich am Fußsystem „abstützen". Dies ist bei der Roboter-Kraftregelung jedoch immer der Fall.

$\vec{\vec{F}}_{soll,z}$	z-Komponente von $\vec{\vec{F}}_{soll}$, also von $\vec{\vec{F}}_{soll,G}$
$\vec{\vec{F}}_n$, $\vec{\vec{F}}_k$	Kurzformen für $\vec{\vec{F}}_{stell,n}$ bzw. $\vec{\vec{F}}_{stell,k}$
$\vec{\vec{F}}^*_{stell}$	Summe von $\vec{\vec{F}}^*_{stell,x}$, $\vec{\vec{F}}^*_{stell,F}$ und $\vec{\vec{F}}^*_{stell,\dot{x}}$
$\vec{\vec{F}}_{stell,n}$	Stellkraft im Stellgrößenkanal mit $\mathbf{D}^{-1}_{q,n}$ („natürlich")
$\vec{\vec{F}}_{stell,k}$	Stellkraft im Stellgrößenkanal mit $\mathbf{D}^{-1}_{q,k}$ („künstlich")
$\vec{\vec{F}}^*_{stell,x}$, $\vec{\vec{F}}^*_{stell,F}$	Stellkräfte für Positions- bzw. Kraftrichtungen bei Unified Motion Control
$\vec{\vec{F}}^*_{stell,\dot{x}}$	Stellkräfte für kartesische Geschwindigkeitsregelung
F_T	Betrag der Kraft-Totzone bei der $\mathbf{J}^{-1}$-Regelung
F_W	Betrag der Kraft-Totzone bei der $\mathbf{J}^{-1}$,$\mathbf{J}^T$-Wechsel-Regelung
$\mathbf{F}$	$6\times\kappa$-Wertematrix von Lastkombinationen (SM-Identifikation)
$\vec{g}_i$	$= \vec{t}_{G\langle i\rangle}$, Vektor vom Armteil-Ursprung i zum Greiferbezugspunkt
G	Gewicht
G_E	Effektorgewicht
$\vec{G}_E$	Effektor-Gewichtskraftvektor in Richtung von $\vec{e}_V$
$\vec{G}_E^{\nabla}$	Effektor-Gewichtskraftvektor in Richtung von $\vec{e}_g$
$\hat{G}$, $\tilde{G}$, $\hat{G}_{ges}$, $\breve{G}_{ges}$	Schätzwerte für G_E nach verschiedenen Methoden
G_1 , G_2	$= G_1(p)$, $G_2(p)$, Übertragungsfkt. für invertierbare Streckenteile
G_S , G_m	$= G_S(p)$, $G_m(p)$, Übertragungsfkt. für Stellglied bzw. Meßglied
h_l	Nichtlinearitäts-Kennwert bei Lose-Effekt
h_s	Nichtlinearitäts-Kennwert bei Springscheiben-Effekt
$\mathbf{H}$, $\hat{\mathbf{H}}$	Eichungs–Sensor-Matrix bzw. Schätzmatrix dafür
$\mathbf{H}_q(\underline{q})$, $\mathbf{H}_q$	Roboter-Trägheitstensor im Gelenkraum (N×N-Matrix)
$\mathbf{H}_x(\underline{q})$, $\mathbf{H}_x$	Roboter-Trägheitstensor im kartesischen Raum (6×6-Matrix)
i	allgemeiner Index
i_1 , i_2 , i_3	Motorströme der Achsen 1, 2, 3
I_{sMin} , I_{sMed}	minimaler bzw. mittlerer Stromschleifen-Strom
$\underline{\underline{I}}_s$	Tupel der Stromschleifen-Ströme
j , j	allgemeiner Index
$\mathbf{J}_{A\langle B\rangle}(\underline{q})$	Jacobi-Matrix des Systems A bezüglich des Systems B für die Gelenkstellung $\underline{q}$
$\mathbf{J}_{G\langle 0\rangle}(\underline{q})$	„die" Jacobi-Matrix bei der Roboter-Kraftregelung
$\mathbf{J}_G(\underline{q})$, $\mathbf{J}_G$, $\mathbf{J}$	Kurzformen von $\mathbf{J}_{G\langle 0\rangle}$
$\mathbf{J}(\underline{\varphi})$	Berechnung von $\mathbf{J}$ aufgrund der antriebs- anstatt der abtriebsseitigen Gelenkwinkel

k	allgemeiner Index, oder Aufschaltfaktor bei der Drehzahlvorsteuerung
k_F	Anzahl der kraftgeregelten kartesischen Freiheitsgrade
K	Federsteifigkeit einer Schraubenfeder
$\breve{K}(\varphi_{korr}, \breve{n})$	skalares Gütekriterium (EGP-Identifikation)
$\breve{K}_{ab}$	$= \breve{K}(\varphi_{korr,ab}, \breve{n})$
K_{ges}	eindimensionale translatorische Gesamtfedersteifigkeit
$\mathbf{K}_x(\underline{q})$, $\mathbf{K}_x$	kartesische Steifigkeitsmatrix für den Greiferbezugspunkt, vollbesetzte 6×6-Matrix
K_1 , K_2	$= K_1(p)$, $K_2(p)$, Übertragungsfunktionen für Regler
ℓ	Länge bzw. Hebelarm oder Laufindex für Koordinatensysteme
m	Masse
m , $\hat{m}$	Zählergrad von $F(p)$ bzw. $\hat{F}(p)$
m_u	Zahl der linear unabhängigen Zeilen der Jacobi-Matrix
M	Drehmoment, Momentenbetrag; auch: MOSFET
$\vec{M}$	Drehmomentenvektor, zweite Hälfte von $\vec{\vec{F}}$
M_x , M_y , M_z	Komponenten von $\vec{M}$
M , $\vec{M}_{ist}$	Kurzformen für $\vec{M}_{ist,G}$
$\vec{M}_{...}$	i.a. zweite Hälfte von $\vec{\vec{F}}_{...}$
$\vec{M}_{ab}$	Momentenvektoren-Differenz zu zwei Messungen a und b
$\mathbf{M}$	Kraftmeß–Sensor-Matrix, skaliert mit Anpassungsfaktoren
$\hat{\mathbf{M}}$	Schätzmatrix für $\mathbf{M}$
$\mathbf{M}^*$	gelieferte Kraftmeß–Sensor-Matrix, ggf. nach Zeilentausch
M_T	Betrag der Momenten-Totzone bei der $\mathbf{J}^{-1}$-Regelung
M_W	Betrag der Momenten-Totzone bei der $\mathbf{J}^{-1}$,$\mathbf{J}^{T}$-Wechsel-Regelung
n	Nennergrad in Übertragungsfunktionen
$\breve{n}$	Scharparameter im Gütekriterium $\breve{K}(\ )$
N	Zahl der Roboterfreiheitsgrade, oder: Nenner
$N_D(p)$, N_D	Nennerpolynom des geschlossenen Drehzahlregelkreises
$\hat{N}_D(p)$, $\hat{N}_D$	Nennerpolynom des Führungsgrößenfilters bei DV
$\mathrm{Ortho}(\vec{\theta})$	Besetzung einer 3×3-Drehmatrix entsprechend einem gewünschten Verdrehvektor $\vec{\theta}$ (Eigenvektor)
p	komplexe Frequenzvariable
$\vec{p}_i$	$= \vec{t}_{i\langle 0\rangle}$
$\vec{p}_G$	$= \vec{t}_{G\langle 0\rangle}$, Greifer-Ortsvektor
$\vec{p}_i^{\,*}$	$= \vec{t}_{i\langle i-1\rangle}$, Denavit-Hartenberg-Vektor zu Gelenk i
$\vec{p}_G^{\,*}$	$= \vec{p}_{N+1}^{\,*} = \vec{t}_{N+1\langle N\rangle} = \vec{t}_{G\langle H\rangle}$

$\underline{q}_{ist}$, $\underline{q}$	Satz der wahren Gelenk-Lage-Istwerte (i.a. nicht meßbar)
$\dot{\underline{q}}_{ist,virt}$, $\dot{\underline{q}}_{ist,darf}$	siehe $\underline{\Delta q}_{virt}$ bzw. $\underline{\Delta q}_{darf}$ mit $\dot{\underline{q}}_{ist}$ statt $\underline{\Delta q}$
$q_{Grenz,j}$	absolute, von $q_{ist,j}$ weiter entfernte Grenzstellung des Gelenks j
$\underline{q}_{o}$	Lage-Arbeitspunkt im Gelenkraum
$\underline{q}_{soll}$	Satz der Gelenk-Lagesollwerte bei Annahme starrer Achsen
$\underline{q}_{soll,o}$, $\dot{\underline{q}}_{soll,o}$	Grobbahnverlauf im Gelenkraum bei Hybrid Control
$\dot{\underline{q}}_{soll,o,darf}$	Grobbahn-Gelenkgeschwindigkeits-Anteile in Kraftrichtungen
$\underline{q}_{soll,res}$	nachgeführte Grobbahn im Gelenkraum (Hybrid Control)
$\dot{q}$, $\ddot{q}$	Gelenkgeschwindigkeit bzw. -beschleunigung, abtriebsseitig
$\dot{\underline{q}}$, $\ddot{\underline{q}}$	Satz aller Gelenkgeschwindigkeiten bzw. -beschleunigungen
$\dot{\underline{q}}_{o}$	wählbarer, in einen Nullraum zu projizierender Satz von Gelenkgeschwindigkeiten bei Singularitäten
$\underline{q}_{\dot{x}}$	Gelenkwinkel aufgrund $\dot{x}$-Kanal
$\underline{q}_{x}$	Gelenkwinkel aufgrund $\dot{x}$-Kanal und dx-Kanal
$\ddot{\underline{q}}_{x}$	Gelenk-Stellbeschleunigungen bei Positionsregelkreis von Hybrid Control mit inverser Dynamik
$\dot{\underline{q}}_{\dot{x}}$	Gelenkgeschwindigkeiten aufgrund $\dot{x}$-Kanal
r_i	Zählerkoeffizienten von F(z)
r_1 , r_2 , r_φ	Komponenten von $\underline{r}_q$ bzw. skalarer Fall
$\underline{r}_q(\underline{q},\dot{\underline{q}})$	beschleunigungs-unabhängiger Sammelterm des inversen Modells im Gelenkraum
$\vec{r}_x(\underline{q},\dot{\underline{q}})$	beschleunigungs-unabhängiger Sammelterm des kartesischen inversen Modells
$\vec{r}_{\dot{x}}$	Rotationsvektor (kartesische Stellgröße) im $\dot{x}$-Kanal
$\vec{r}_{dx}$	Rotationsvektor (kartesische Stellgröße) im dx-Kanal
R_i	Widerstand i
R_{DMS}	Nennwiderstand der Kraftsensor-Dehnungsmeßstreifen
${}^{j}\mathbf{R}_i$	3×3-Drehmatrix (Rotationsmatrix) von Dreibein i nach j
${}^{0}\mathbf{R}_G$	Greiferorientierungs-Matrix
${}^{H}\mathbf{R}_G$	Greifermatrix, Matrix Greifer-nach-Hand; in Algorithmen aus Rekursionsgründen auch: ${}^{N}\mathbf{A}_{N+1}$
${}^{0}\mathbf{R}_H$	Handorientierungs-Matrix
${}^{C}\mathbf{R}_S$	Matrix Sensor-nach-Zwangs
${}^{H}\mathbf{R}_S$	Matrix Sensor-nach-Hand (nicht: Sensor-Matrix)
${}^{0}\mathbf{R}_S$	Matrix Sensor-nach-Fuß
${}^{0}\mathbf{R}_U$	Umgebungsmatrix

s	kartesischer Relativweg
s_x , s_y , s_z	x-, y-, bzw. z-Komponente des kartesischen Relativweges
s_B	kartesische Stellweg-Begrenzung
s_1 , s_2	Sprungfaktoren bei Änderung von Filterparametern
${}^C\mathbf{S}$, $\mathbf{S}$	Selektionsmatrix in Zwangskoordinaten (6×6-Diagonalmatrix aus Nullen und k_F Einsen)
$\vec{t}_{A(B)}$	Ortsvektor von B nach A, als Richtungsvektor weiterverwendbar
T_1	allgemeine Verzögerungs-Zeitkonstante
T_F	Zeitkonstante Istkraft-Filter
T_H	Heranfahr-Zeitkonstante
T_{vI}	Vorhalt-Zeitkonstante mit I-Kraftregeldynamik
T_{vP}	Vorhalt-Zeitkonstante mit P-Kraftregeldynamik
T_i	Integrierzeit
T_{iI}	Integrierzeit mit I-Kraftregeldynamik
T_{eD}	Ersatz-Zeitkonstante Drehzahlregelkreis
$\hat{T}_{eD}$	Zeitkonstante Führungsgrößenfilter bei DV
T_{eL}	Ersatz-Zeitkonstante Lageregelkreis mit DV
$\check{T}_{eL}$	Ersatz-Zeitkonstante Lageregelkreis ohne Vorsteuerung
$\hat{T}_v$	Vorhalt-Zeitkonstante Führungsgrößenfilter bei DV
ü	Getriebe-Übersetzungsverhältnis
U , U	Spannung bzw. Gleichspannung
U_{VS}	Versorgungsspannung des Sensor-DMS-Netzwerks
U_{bj}	Bezugspotential j
U_{Ana} , $\tilde{U}_{Ana}$	Spannungen vor Analog-Digital-Umsetzung
U_{Dig} , $\tilde{U}_{Dig}$	Spannungen nach Analog-Digital-Umsetzung
$U_{\mu oj}$	Offset auf der Mikrovolt-Signalspannung j
$\underline{U}$, $\underline{I}$	zusammengefaßte Spannungen/Ströme in der Auswerteelektronik
$\underline{U}_\mu$	Signalspannungen des DMS-Netzwerks (Mikrovoltbereich)
$\underline{U}_s$	Signalspannungen vor der Stromschleifen-Umsetzung (unipolar)
$\underline{U}_s^*$	Tupel der rückgewandelten Signalspannungen
$\underline{U}_{m,A}$	Tupel der abzutastenden analogen Meßspannungen
$\underline{U}_m$	Meßspannungstupel (bipolar, Komponenten digitalisiert)
$\underline{U}_o$	Tupel der Meßspannungs-Offsets (digital)
$\mathbf{U}$	8×κ-Wertematrix von Meßspannungs-Tupeln (SM-Identifikation)
v	Bahngeschwindigkeit
v_B	kartesische Stellgeschwindigkeits-Begrenzung

v_x, v_y, v_z	$= {}^0v_x$, ${}^0v_y$, ${}^0v_z$; Istgeschwindigkeits-Komponenten
v_H	stationäre Heranfahrgeschwindigkeit
v_H^*	stationärer Heranfahrgeschwindigkeits-Anteil aus Kennlinienfeld
$v(\nu)$	skalare Zustandsgröße bei diskreten Systemen
$\vec{v}_{ab}$	Vertikalenvektoren-Differenz zu zwei Messungen a und b
$\vec{v}_{A(B)}$	Bahngeschwindigkeit des Systems A gegenüber dem System B
$\vec{v}^{\,o}_{A(B)i}$	translatorischer Spaltenvektor i der Jacobi-Matrix $\mathbf{J}_{A(B)}$
$\vec{v}_G$	$= \vec{v}_{G(0)}$, Greifer-Bahngeschwindigkeitsvektor, 1. Hälfte von $\dot{\vec{\vec{x}}}_G$
$\text{vers}(\theta)$	$= 1 - \cos\theta$
$\underline{v}$	einspaltige Matrix aus ein oder mehreren Vektoren $\vec{v}_{ab}$
V, V_i	Verstärkung bzw. Verstärkung i
$\hat{V}$	Verstärkung des Führungsgrößenfilters bei DV
V_{Eich}	skalarer Nacheichungsfaktor zur Anpassung von $\mathbf{M}^*$ an die Signal-Elektronik
V_L	Lagereglerverstärkung
V_{HW}	wählbare Teilverstärkung auf Hardware-Seite (Sensor-Elektronik)
V_{SW}	Kompensationsfaktor für V_{HW} auf Software-Seite
V_{RP}	Kraftreglerverstärkung mit P-Kraftregeldynamik
V_{RI}	Kraftreglerverstärkung mit I-Kraftregeldynamik
V_{RI_2}	Kraftreglerverstärkung mit I_2-Kraftregeldynamik
$V_{Ku,o}$	Grundverstärkung Kurbelregler
$V_{Ku,t}$	Koppelverstärkung Kurbelregler
$\mathbf{V}$	singuläre 3×3-Matrix einer Kreuzprodukt-Abbildung
$w(\nu)$	skalare Zustandsgröße bei diskreten Systemen
$\vec{w}^*$	$= \vec{t}_{S_B(S)}$, Vektor: Sensormeßzentrum → Effektor-Schwerpunkt
$\hat{\underline{w}}$	3×1-Matrix mit Schätzergebnis für $\vec{w}^*$ (EGP-Identifikation)
${}^{\ell}\mathbf{W}_i$	3×3-Drehmatrix im optimalen Jacobi-Matrizen-Algorithmus
$x(t)$, $y(t)$, $z(t)$	$= {}^0x_G(t)$, ${}^0y_G(t)$, ${}^0z_G(t)$; Fußkoordinaten Greiferbezugspunkt
x_i, y_i, z_i	x-, y-, bzw. z-Achse von Koordinatensystem i
x_1, x_2	allgemeine Regelgrößen
x_{1s}, x_{2s}	Sollwerte zu x_1 bzw. x_2
x_u	Spannungs-Teilverhältnis
$x(\nu)$	skalare Ausgangs- und Zustandsgröße bei diskreten Systemen
$\underline{\vec{x}}$, $\underline{\vec{x}}_G$, $\underline{\vec{x}}_{G,H}$, $\underline{\vec{x}}_H$	kartesische Lage-Angabe entsprechend $\underline{\vec{\Lambda}}$, $\underline{\vec{\Lambda}}_G$, $\underline{\vec{\Lambda}}_{G,H}$ bzw. $\underline{\vec{\Lambda}}_H$
$\underline{\vec{x}}_U$	Lage der Umgebung vor dem Umgebungskontakt
$\underline{\vec{x}}_{soll,G}$, $\underline{\vec{x}}_{soll}$	kartesische Sollposition und Soll-Orientierung des Greifers

$\underline{\vec{x}}_o$	kartesischer Lage-Arbeitspunkt
$\dot{x}$, $\vec{\vec{\dot{x}}}$	kart. Geschwindigkeit, translatorisch skalar bzw. als Raumtupel
$\vec{\vec{\dot{x}}}_G$	Raumtupel der Greifergeschwindigkeit
$\vec{\vec{\dot{x}}}_H$, $\vec{\vec{\dot{x}}}_K$	Stellgeschwindigkeit von Heranfahrregler bzw. Kontaktregler
$\dot{x}_{H,i}$, $\dot{x}_{K,i}$	kartesische Komponente i von $\vec{\vec{\dot{x}}}_H$ bzw. $\vec{\vec{\dot{x}}}_K$
${}^{0,G}\vec{\vec{\dot{x}}}$	$= \left[{}^0\vec{v}^T , {}^G\vec{\omega}^T\right]^T$
$\vec{\vec{\dot{x}}}_{ist,darf}$	kartesische Istgeschwindigkeits-Anteile in Kraftrichtungen
$\dot{x}_{stell,i}$	Komponente i des Stellgeschwindigkeits-Raumtupels
$\vec{\vec{\dot{x}}}_{soll,x}$	Geschwindigkeits-Anteile von der Bahnvorgabe
$\vec{\vec{\dot{x}}}_{soll,F}$	Geschwindigkeits-Anteile aus dem Kraftregelgesetz
$\underline{\vec{x}}_{soll,o}$	kartesischer Grobbahnverlauf bei Hybrid Control
$\ddot{x}$, $\vec{\vec{\ddot{x}}}$	kart. Beschleunigung, translatorisch skalar bzw. als Raumtupel
$\vec{\vec{\dot{x}}}^*_{stell,x}$, $\vec{\vec{\ddot{x}}}^*_{stell,\dot{x}}$	Stellgrößen von kartesischem Lageregler bzw. Geschwindigkeitsregler bei Unified Motion Control
$\underline{x}$	Datenvektor bei der EGP-Identifikation
$y(\nu)$	skalare Eingangsgröße bei diskreten Systemen
$\mathbf{Y}$	Systemmatrix aus Matrizen $\mathbf{V}$ (EGP-Identifikation)
z	$= e^{Tp}$, Variable bei der z-Transformation
$z(\nu)$	skalare Ausgangs- und Zustandsgröße bei diskreten Systemen
Z	Zähler
$Z_D(p)$, Z_D	Zählerpolynom des geschlossenen Drehzahregelkreises
$\hat{Z}_D(p)$, $\hat{Z}_D$	Zählerpolynom des Führungsgrößenfilters bei DV
$\tilde{1}$	theoretisch $= 1$, praktisch jedoch als ≈ 1 zu berücksichtigen
①, ②, ③, ④, ⓔ	Kennzeichnung bestimmter Fälle in Gleichungen und Bildern
α_i , a_i , d_i , θ_i	Denavit-Hartenberg-Parameter zu Gelenk i
α	i.a. Faktor
$\alpha_{q,i}$, $\boldsymbol{\alpha}_q$	gelenkseitige $\mathbf{J}^T$-Störgrößen-Aufschaltfaktoren, komponentenweise bzw. als Diagonalmatrix
$\alpha_{q,max}$	Grenze für $\alpha_{q,j}$
$\alpha_{F,j}$, $\boldsymbol{\alpha}_F$	kartesische $\mathbf{J}^T$-Störgrößen-Aufschaltfaktoren, komponentenweise bzw. als Diagonalmatrix
α_K	Hartkontaktfaktor
$\alpha^*_{K,trans}$, $\alpha^*_{K,rot}$	verallgemeinerter Hartkontaktfaktor, für translatorische bzw. rotatorische Freiheitsgrade
α^*_K	zusammenfassend für verallgemeinerten Hartkontaktfaktor

α_V	Zeitfaktor zwischen Ersatz-Zeitkonstanten für den Lageregelkreis
β, ϑ, γ	Euler-Winkel
$\beta_{A\langle B\rangle}$, $\vartheta_{A\langle B\rangle}$, ...	Euler-Winkel der Orientierungsmatrix ${}^B\mathbf{R}_A$, siehe Euler( )
γ, $\gamma_{A\langle B\rangle}$	3. Euler-Winkel, siehe β bzw. Euler( )
δ_{min}	$= \sin\vartheta_{min}$, Kriterium zur Testachsen-Wahl (EGP-Identifikation)
δt, T	Abtast-Zeitintervall
Δ	Regelabweichung, Abweichung von Arbeitspunkt
$\vec{\Delta F}$	kartesische Kraft-/Momenten-Regelabweichung
ΔF_i	Komponente i von $\vec{\Delta F}$
$\vec{\Delta F}^*$	Hilfsgröße vor Anwendung der Selektionsmatrix
$\vec{\Delta F}^\circ$	Kraftregelabweichung nach Betrags-Totzone
$\vec{\Delta F}^\square$	Kraftregelabweichung nach Komponenten-Totzone
$\vec{\Delta F}_{stell}$	Rückstellkräfte bei Steifigkeitsregelung nach Salisbury
$\underline{\Delta q}$	Gelenk-Lageregelabweichungen (starres Modell)
$\underline{\Delta q}_{darf}$	Gelenk-Lageregelabweichungen entsprechend $\vec{\Delta x}_{darf}$
$\underline{\Delta q}_{soll,darf}$	Ausgangsgröße der Sollwert-Nachführung für Hybrid Control
$\underline{\Delta q}_{virt}$	Gelenk-Lageregelabweichungen nach Ausblendungsmatrix
$\vec{\Delta x}$	kartesische Lageregelabweichungen
$\vec{\Delta x}_{darf}$	kartesische Lageregelabweichungen nach Selektionsmatrix
$\vec{\Delta x}_{virt}$	kartesische Lageregelabweichungen nach komplementärer Selektionsmatrix
$\vec{\Delta \dot{x}}$	kart. Geschwindigkeitsregelabweichung (Unified Motion Control)
$\underline{\Delta \tau}_{stell}$	Gelenk-Rückstellmomente bei Steifigkeitsregelung nach Salisbury
ε	Toleranzbreite beim Heranfahrregler der $\mathbf{J}^{-1}$,$\mathbf{J}^T$-Kombi-Regelung
$\vec{\varepsilon}$, $\vec{\tilde{\varepsilon}}$, $\hat{\boldsymbol{\varepsilon}}$, $\tilde{\boldsymbol{\varepsilon}}$, $\hat{\boldsymbol{\varepsilon}}_1$	Schätzfehlervektoren
η	Kennliniengrad im Kennlinienfeld der H-K-Regelung
θ	Drehwinkel
θ_i	4. Denavit-Hartenberg-Parameter zu Gelenk i
Θ, Θ_1, Θ_2	Trägheitsmoment, allgemein bzw. achsspezifisch
$\boldsymbol{\Theta}$	N×N-Diagonalmatrix der abtriebsseitigen Antriebsträgheiten
ϑ, $\vartheta_{A\langle B\rangle}$	2. Euler-Winkel, siehe β bzw. Euler( )
$\bar{\vartheta}$	$= 180° - \vartheta$, komplementärer 2. Euler-Winkel
ϑ_{min}	Mindestwinkel einer möglichen Testachse zur Vertikalenrichtung
κ	Zahl der Lastkombinationen bei der SM-Identifikation

$^0\underline{\vec{\Lambda}}_G(\underline{q})$	Hintransformation für Greiferposition und Greiferorientierung als Funktion der Gelenkwinkel
$^0\underline{\vec{\Lambda}}_G(\underline{\varphi})$	Hintransformation angewandt auf die antriebsseitigen Winkel
$\underline{\vec{\Lambda}}$, $\underline{\vec{\Lambda}}_G$, $^0\underline{\vec{\Lambda}}_G$	Kurzformen für $^0\underline{\vec{\Lambda}}_G(\underline{q})$
$^0\underline{\vec{\Lambda}}_{G,H}$	Hintransformation für Greiferposition und Handorientierung
$^0\underline{\vec{\Lambda}}_H$	Hintransformation für Handposition und Handorientierung
$^0\underline{\vec{\Lambda}}_G^{-1}(^0\underline{\vec{x}}_G)$	Rücktransformation als Funktion der Greiferlage
$\underline{\vec{\Lambda}}^{-1}$, $\underline{\vec{\Lambda}}_G^{-1}$, $^0\underline{\vec{\Lambda}}_G^{-1}$	Kurzformen für $^0\underline{\vec{\Lambda}}_G^{-1}(^0\underline{\vec{x}}_G)$
$^0\underline{\vec{\Lambda}}_{G,H}^{-1}$	Rücktransformation als Funktion von Greiferposition und Handorientierung
$^0\underline{\vec{\Lambda}}_H^{-1}$	Rücktransformation als Funktion von Handposition und Handorientierung
ν	Zählindex für Abtastschritte bei zeitdiskreten Systemen
$\dot{\varrho}_z$	Stellgeschwindigkeit des Kurbelreglers (virtuelle Kurbeldrehung um z-Achse)
$\underline{\tau}$	Satz der Drehmomente (Schubgelenke: Kräfte) im Gelenkraum
$\underline{\tau}_{dyn}$	Gelenkmomente durch dynamische Verkopplungen der Achsen
$\underline{\tau}_D$	Gelenk-Stellmomente für aktive kartesische Dämpfung
$\check{\underline{\tau}}_F$	entspricht $\underline{\tau}_F$ bei Kraftregelung im kartesischen Raum
$\underline{\tau}_{F_G}$	Gelenkmomenten-Rückwirkungen durch äußere Kräfte am Greifer
$\underline{\tau}_{\vec{g}}$	Gelenkmomente durch Gravitationseinwirkung
$\underline{\tau}^*_{q,\dot{q}}$	beschleunigungs-unabhängiger Inverse-Dynamik-Term entsprechend $\mathbf{J}^T\ \vec{\underline{r}}_x(\underline{q},\dot{\underline{q}})$
$\underline{\tau}_{R\varphi}$	Reibmomente der Achsantriebe
$\underline{\tau}_{Rq}$	Reibmomente in den Gelenken
$\underline{\tau}_{stell}$	Gesamt-Stellgröße bei Unified Motion Control
$\underline{\tau}^*_{stell}$	Projektion von $\vec{\underline{F}}^*_{stell}$ in den Gelenkraum
$\underline{\tau}_x$, $\underline{\tau}_F$	Gelenk-Momentenstellgrößen für Positions- bzw. Kraftrichtungen bei Hybrid Control
$\check{\underline{\tau}}_x$	entspricht $\underline{\tau}_x$ bei Steuerung über inverse Dynamik
Υ , Υ_i	bestimmtes Verhältnis von Eigenfrequenzen
φ	geregelter (antriebsseitiger) Achswinkel, abtriebsseitig gerechnet
φ_{soll}	Sollwert zu φ
φ_s	Sollwert zu φ bei DV, vor Führungsgrößenfilter
$\check{\varphi}_s$	Sollwert zu φ bei DV, nach Führungsgrößenfilter
$\underline{\varphi}_{ist}$, $\underline{\varphi}$	Satz der motorseitigen Achs-Lage-Istwerte (elastische Achsen)
$\dot{\varphi}$, $\ddot{\varphi}$	Achsgeschwindigkeit bzw. -beschleunigung, antriebsseitig

$\dot{\underline{\varphi}}$, $\ddot{\underline{\varphi}}$	Satz aller Achsgeschwindigkeiten bzw. -beschleunigungen
$\dot{\varphi}_1$, $\dot{\varphi}_2$, $\dot{\varphi}$	achsspezifische Winkelgeschwindigkeiten
$\underline{\varphi}_{soll}$	Satz der motorseitigen Achs-Lagesollwerte (elastische Achsen)
φ_{korr}	Korrelationswinkel bei der EGP-Identifikation
$\varphi_{korr,ab}$	φ_{korr} zu Meßpaarung (a,b)
ϕ	Parameter der Kraftregelabweichung in $\Omega(\ )$
ψ_1, ψ_2, ψ_{ges}	Testdrehwinkel einer Handachse bei der EGP-Identifikation
ω	kartesische Winkelgeschwindigkeit
$\vec{\omega}_{A\langle B\rangle}$	räumliche Winkelgeschwindigkeit des Systems A gegenüber B
$\vec{\omega}^{o}_{A\langle B\rangle i}$	rotatorischer Spaltenvektor i der Jacobi-Matrix $\mathbf{J}_{A\langle B\rangle}$
$\vec{\omega}_G$	$= \vec{\omega}_{G\langle 0\rangle}$, Greifer-Winkelgeschwindigkeitsvektor, 2. Hälfte von $\vec{\vec{x}}_G$
$\Omega(\phi, \lvert F_{soll}\rvert)$	Kennlinienfeld bei der H-K-Regelung

12.6 Symbolik bei Ortsvektoren und Richtungsvektoren

Die verwendete Nomenklatur unterscheidet zwischen dem Anfangspunkt eines Ortsvektors (Ursprung) und dem für die Richtungsdarstellung (Achsenprojektion) verwendeten Koordinatensystem. Dadurch sind übersichtlich die am folgenden Beispiel gezeigten Unterscheidungen möglich:

$\vec{t}_{G\langle 0\rangle} = \vec{t}_{H\langle 0\rangle} + \vec{t}_{G\langle H\rangle}$	Pfeile im Raum	„Physik“
${}^0\vec{t}_{G\langle 0\rangle} = {}^0\vec{t}_{H\langle 0\rangle} + {}^0\vec{t}_{G\langle H\rangle}$	theoretische Zahlenwerte	„Mathematik“
${}^0\vec{t}_{G\langle 0\rangle} = {}^0\vec{t}_{H\langle 0\rangle} + {}^0\mathbf{R}_H\ {}^H\vec{t}_{G\langle H\rangle}$	verfügbare Zahlenwerte	„Implementierung“

12.7 Hinweis zu den Meßschrieben

In fast allen Fällen liegt der Triggerpegel auf dem anfänglich gültigen Sollwert einer gewählten Kraftkomponente. Die Triggerung erfolgt dann kurz nach dem Aufprall-Ereignis, das ein erstes Überschwingen sicherstellt. Der Triggerpegel ist in den Meßschrieben als gestrichelte horizontale Linie ausgegeben und kennzeichnet somit gleichzeitig den Sollwert oder den Nennwert des Sollwertverlaufs.

13 Bildverzeichnis

14 Tabellenverzeichnis

Roboterkinematik

von Harald Rieseler

1992. X, 253 Seiten. (Fortschritte der Robotik; herausgegeben von W. Ameling und M. Weck) Kartoniert.
ISBN 3-528-06515-X

Aus dem Inhalt: Denativ – Hartenberg Parameter – Homogene Koordinatentransformationen – Erkennung global degenerierter Roboter – Klassenbildung – Roboter mit einer ebenen Gelenkgruppe – Prinzipien symbolischer Invertierungssysteme – Prototypgleichungen – Gleichungsmerkmale – Identifikation lösbarer Gleichungen – Exemplarische Implementierung – Anwendungsgebiete.

In dieser Arbeit wird ein Konzept zur automatisierten, symbolischen Herleitung geschlossener Lösungsformeln dieses Problems für nicht-redundante Roboter vorgestellt. Prototypgleichungen zur Lösung immer wieder auftretender Gleichungskombinationen und eine vor dem Lösungsprozeß stattfindende Extraktion lösungsrelevanter Gleichungsmerkmale bilden den Kern des Ansatzes.

GPSR Compliance

The European Union's (EU) General Product Safety Regulation (GPSR) is a set of rules that requires consumer products to be safe and our obligations to ensure this.

If you have any concerns about our products, you can contact us on ProductSafety@springernature.com

In case Publisher is established outside the EU, the EU authorized representative is:

Springer Nature Customer Service Center GmbH
Europaplatz 3
69115 Heidelberg, Germany

Batch number: 10577919

Printed by Printforce, the Netherlands